教科書ぴったりトレーニング

はなまるシール

…」に使おう！
…も犬を選んで、
がんばり表に…
★ 学習が終わったら、がんばり表に
「はなまるシール」をはろう！
★ 余ったシールは自由に使ってね。

キミのおとも犬

元気いっぱい
お肉大好き！
つっこみ役
みんなの世話係
ちょっとこわがり
最年少
おっとり
読書好き
やさしくて物知り
みんなの先生

はなまるシール

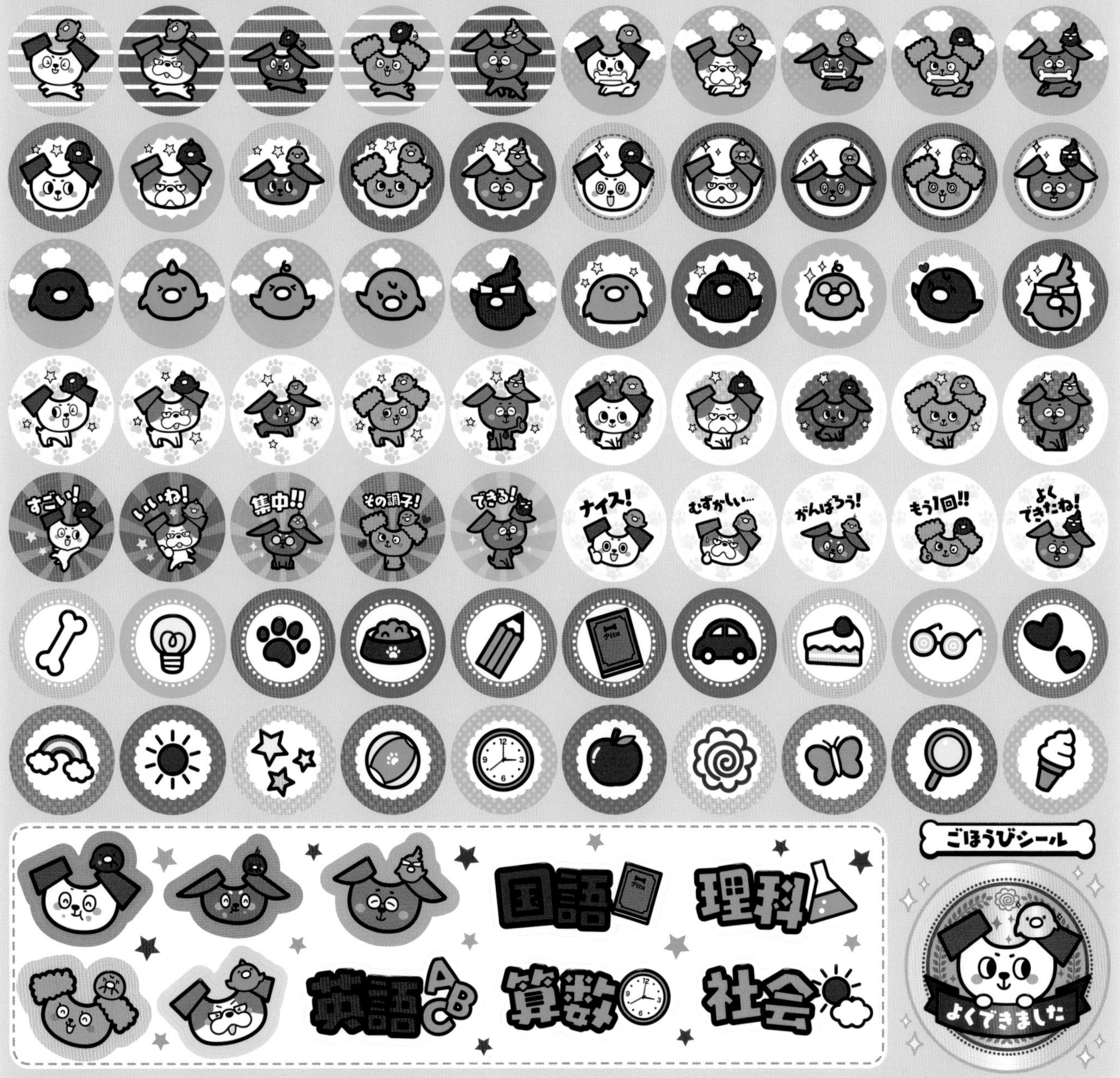

すごい！
いいね！
集中!!
その調子！
できる！
ナイス！
むずかしい…
がんばろう！
もう1回!!
よく
できたね！
国語
理科
英語
算数
社会
ごほうびシール
よくできました

教科書ぴったりトレーニング

理科 5年 がんばり表

好きななまえをつけてね！

なまえ

ぴた犬（おとも犬）シールをはろう

シールの中から好きなぴた犬を選ぼう。

いつも見えるところに、この「がんばり表」をはっておこう。
この「ぴたトレ」を学習したら、シールをはろう！
どこまでがんばったかわかるよ。

おうちのかたへ

がんばり表のデジタル版「デジタルがんばり表」では、デジタル端末でも学習の進捗記録をつけることができます。1冊やり終えると、抽選でプレゼントが当たります。「ぴたサポシステム」にご登録いただき、「デジタルがんばり表」をお使いください。LINE または PC・ブラウザを利用する方法があります。

LINE用

PC・ブラウザ用

★ ぴたサポシステムご利用ガイドはこちら ★
https://www.shinko-keirin.co.jp/shinko/news/pittari-support-system

スタート

★ 花のつくり

- 2〜3ページ ぴったり1 2 できたらシールをはろう
- 4〜5ページ ぴったり3 できたらシールをはろう

1. 雲と天気の変化

① 雲のようすと天気の変化
② 天気の変化のきまり

- 6〜7ページ ぴったり1 2 できたらシールをはろう
- 8〜9ページ ぴったり1 2 できたらシールをはろう
- 10〜11ページ ぴったり3 できたらシールをはろう

2. 植物の発芽と成長

① 種子が発芽する条件
② 種子の発芽と養分
③ 植物が成長する条件

- 12〜13ページ ぴったり1 2 できたらシールをはろう
- 14〜15ページ ぴったり1 2 できたらシールをはろう
- 16〜17ページ ぴったり1 2 できたらシールをはろう
- 18〜19ページ ぴったり3 できたらシールをはろう

3. メダカのたんじょう

① メダカのたまご

- 20〜21ページ ぴったり1 2 できたらシールをはろう
- 22〜23ページ ぴったり1 2 できたらシールをはろう
- 24〜25ページ ぴったり3 できたらシールをはろう

★ 台風と気象情報

- 26〜27ページ ぴったり1 2 できたらシールをはろう
- 28〜29ページ ぴったり3 できたらシールをはろう

4. 花から実へ

① 花のつくり
② 花粉のはたらき

- 30〜31ページ ぴったり1 2 できたらシールをはろう
- 32〜33ページ ぴったり1 2 できたらシールをはろう
- 34〜35ページ ぴったり1 2 できたらシールをはろう
- 36〜37ページ ぴったり3 できたらシールをはろう

5. ヒトのたんじょう

① ヒトの受精卵

- 38〜39ページ ぴったり1 2 できたらシールをはろう
- 40〜41ページ ぴったり1 2 できたらシールをはろう
- 42〜43ページ ぴったり3 できたらシールをはろう

6. 流れる水のはたらき

① 地面を流れる水
② 川の流れとそのはたらき
③ 流れる水の量が変わるとき

- 44〜45ページ ぴったり1 2 できたらシールをはろう
- 46〜47ページ ぴったり1 2 できたらシールをはろう
- 48〜49ページ ぴったり3 できたらシールをはろう

7. ふりこのきまり

① ふりこが1往復する時間

- 50〜51ページ ぴったり1 2 できたらシールをはろう
- 52〜53ページ ぴったり1 2 できたらシールをはろう
- 54〜55ページ ぴったり3 できたらシールをはろう

8. もののとけ方

① とけたもののゆくえ
② 水にとけるものの量
③ とかしたものを取り出すには

- 56〜57ページ ぴったり1 2 できたらシールをはろう
- 58〜59ページ ぴったり1 2 できたらシールをはろう
- 60〜61ページ ぴったり1 2 できたらシールをはろう
- 62〜63ページ ぴったり1 2 できたらシールをはろう
- 64〜65ページ ぴったり3 できたらシールをはろう

9. 電流と電磁石

① 電磁石の極の性質
② 電磁石の強さ

- 66〜67ページ ぴったり1 2 できたらシールをはろう
- 68〜69ページ ぴったり1 2 できたらシールをはろう
- 70〜71ページ ぴったり3 できたらシールをはろう

★ 理科で使う器具

- 72ページ ぴったり1 できたらシールをはろう

ゴール

最後までがんばったキミは「ごほうびシール」をはろう！

ごほうびシールをはろう

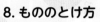

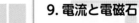

教科書ぴったりトレーニングの使い方

『ぴたトレ』は教科書にぴったり合わせて使うことができるよ。教科書も見ながら、勉強していこうね。ぴた犬たちが勉強をサポートするよ。

ふだんの学習

ぴったり1 準備

教科書のだいじなところをまとめていくよ。
めあて でどんなことを勉強するかわかるよ。
問題に答えながら、わかっているかかくにんしよう。
QR コードから「3 分でまとめ動画」が見られるよ。

※QR コードは株式会社デンソーウェーブの登録商標です。

ぴったり2 練習

「ぴったり 1」で勉強したこと、おぼえているかな？
かくにんしながら、問題に答える練習をしよう。

ぴったり3 確かめのテスト

「ぴったり 1」「ぴったり 2」が終わったら取り組んでみよう。
学校のテストの前にやってもいいね。
わからない問題は、ふりかえり を見て前にもどってかくにんしよう。

実力チェック

- 夏のチャレンジテスト
- 冬のチャレンジテスト
- 春のチャレンジテスト
- 5年 理科のまとめ 学力診断《しんだん》テスト

夏休み、冬休み、春休み前に使いましょう。
学期の終わりや学年の終わりのテストの前にやってもいいね。

ふだんの学習が終わったら、「がんばり表」にシールをはろう。

別冊《べっさつ》

丸つけラクラク解答

問題と同じ紙面に赤字で「答え」が書いてあるよ。
取り組んだ問題の答え合わせをしてみよう。まちがえた問題やわからなかった問題は、右の「てびき」を読んだり、教科書を読み返したりして、もう一度見直そう。

おうちのかたへ

本書『教科書ぴったりトレーニング』は、教科書の要点や重要事項をつかむ「ぴったり 1 準備」、おさらいをしながら問題に慣れる「ぴったり 2 練習」、テスト形式で学習事項が定着したか確認する「ぴったり 3 確かめのテスト」の 3 段階構成になっています。教科書の学習順序やねらいに完全対応していますので、日々の学習（トレーニング）にぴったりです。

「観点別学習状況の評価」について

学校の通知表は、「知識・技能」「思考・判断・表現」「主体的に学習に取り組む態度」の 3 つの観点による評価がもとになっています。

問題集やドリルでは、一般に知識を問う問題が中心になりますが、本書『教科書ぴったりトレーニング』では、次のように、観点別学習状況の評価に基づく問題を取り入れて、成績アップに結びつくことをねらいました。

ぴったり 3 確かめのテスト

- 「知識・技能」のうち、特に技能（観察・実験の器具の使い方など）を取り上げた問題には「技能」と表示しています。
- 「思考・判断・表現」のうち、特に思考や表現（予想したり文章で説明したりすることなど）を取り上げた問題には「思考・表現」と表示しています。

チャレンジテスト

- 主に「知識・技能」を問う問題か、「思考・判断・表現」を問う問題かで、それぞれに分類して出題しています。

別冊『丸つけラクラク解答』について

おうちのかたへ では、次のようなものを示しています。

- 学習のねらいやポイント
- 他の学年や他の単元の学習内容とのつながり
- まちがいやすいことやつまずきやすいところ

お子様への説明や、学習内容の把握などにご活用ください。

内容の例

おうちのかたへ **1. 生き物をさがそう**
身の回りの生き物を観察して、大きさ、形、色など、姿に違いがあることを学習します。虫眼鏡の使い方や記録のしかたを覚えているか、生き物どうしを比べて、特徴を捉えたり、違うところや共通しているところを見つけたりすることができるか、などがポイントです。

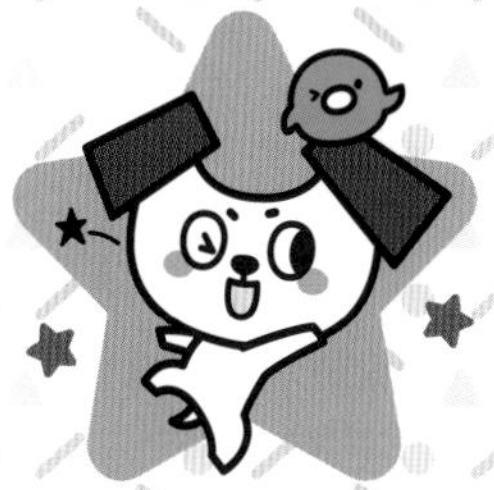

バッチリポスター

自由研究にチャレンジ！

「自由研究はやりたい，でもテーマが決まらない…。」
そんなときは，この付録を参考に，自由研究を進めてみよう。
この付録では，『いろいろな種子のつくり』というテーマを例に，説明していきます。

①研究のテーマを決める

「インゲンマメの種子のつくりを調べたけど，ほかの植物の種子はどのようなつくりをしているのか，調べてみたい。」など，身近なぎもんからテーマを決めよう。

②予想・計画を立てる

「いろいろな植物の種子を切って観察して，どのようなつくりをしているのか調べる。」など，テーマに合わせて調べる方法と準備《じゅんび》するものを考え，計画を立てよう。わからないことは，本やコンピュータで調べよう。

③調べたりつくったりする

計画をもとに，調べたりつくったりしよう。結果だけでなく，気づいたことや考えたことも記録しておこう。

④まとめよう

調べたことや気づいたことなどを文でまとめよう。
観察したことは，図を使うとわかりやすいです。

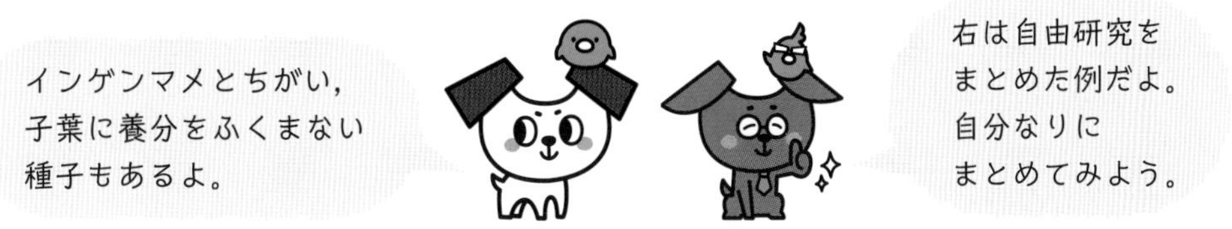
インゲンマメとちがい，
子葉に養分をふくまない
種子もあるよ。
右は自由研究を
まとめた例だよ。
自分なりに
まとめてみよう。

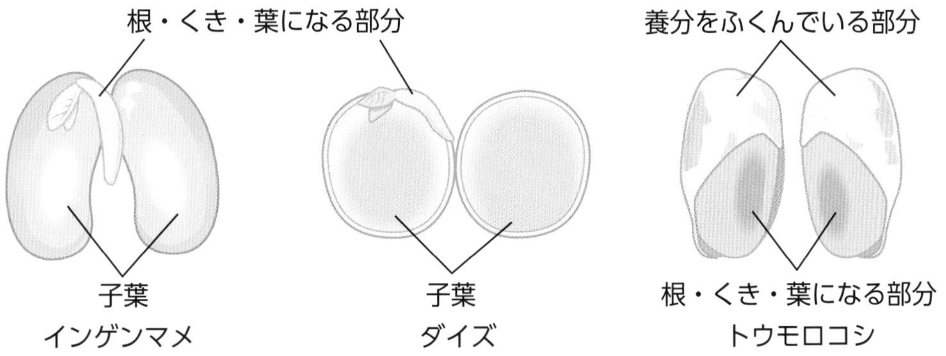
根・くき・葉になる部分
養分をふくんでいる部分
子葉
インゲンマメ
子葉
ダイズ
根・くき・葉になる部分
トウモロコシ

いろいろな種子のつくり

年　　組

【1】研究のきっかけ

小学校で，インゲンマメの種子のつくりを観察して，根・くき・葉になる部分と，養分をふくむ子葉があることを学習した。それで，ほかの植物の種子も，同じつくりをしているのか調べてみたいと思った。

【2】調べ方

①野菜や果物などから，種子を集める。
②種子をカッターナイフなどで切って，種子のつくりを調べる。

【3】結果

・ダイズ

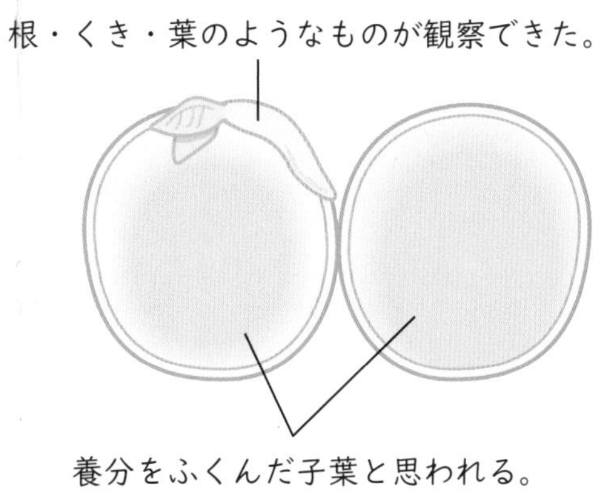
根・くき・葉のようなものが観察できた。
養分をふくんだ子葉と思われる。

・トウモロコシ

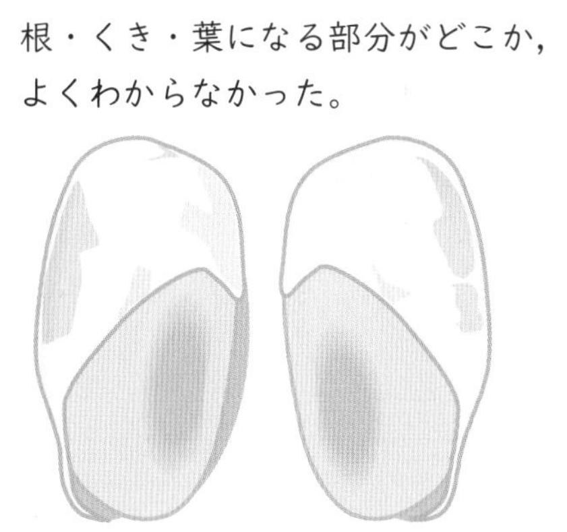
根・くき・葉になる部分がどこか，
よくわからなかった。

【4】わかったこと

ダイズの種子のつくりは，インゲンマメによく似ていた。トウモロコシの種子のつくりを観察してもよくわからなかったので，図鑑で調べたところ，インゲンマメなどとちがい，子葉に養分をふくんでいないことがわかった。

興味を広げる・深める！

観察・実験カード

5年

雲

何という
雲かな？

雲

何という
雲かな？

雲

何という
雲かな？

雲

何という
雲かな？

雲

何という
雲かな？

雲

何という
雲かな？

雲

何という
雲かな？

雲

何という
雲かな？

雲

何という
雲かな？

雲

何という
雲かな？

生物

メダカの
おすとめすの
どちらかな？

積乱雲《せきらんうん》(入道雲)

雨や雪をふらせるとても大きな雲。山やとうのような形をしている。かみなりをともなった大雨をふらせることもある。

使い方

●切り取り線にそって切りはなしましょう。

説　明

●「雲」「生物」「器具等」の答えはうら面に書いてあります。

巻層雲《けんそううん》(うす雲)

空をうすくおおう白っぽいベールのような雲。この雲が出ると、やがて雨になることが多い。

積雲《せきうん》(わた雲)

ドームのような形をした厚《あつ》い雲。この雲が大きくなって積乱雲《せきらんうん》になると、雨や雪になることが多い。

巻雲《けんうん》(すじ雲)

せんい状《じょう》ではなればなれの雲。上空の風が強い、よく晴れた日に出てくることが多い。

巻積雲《けんせきうん》(いわし雲・うろこ雲)

白い小さな雲の集まりのように見える。この雲がすぐに消えると、晴れることが多い。

高積雲《こうせきうん》(ひつじ雲)

小さなかたまりが群れをなした、まだら状《じょう》、または帯状の雲。この雲がすぐに消えると、晴れることが多い。

高層雲《こうそううん》(おぼろ雲)

空の広いはんいをおおう。うすいときは、うっすらと太陽や月が見えることがある。この雲が厚《あつ》くなると、雨になることが多い。

層積雲《そうせきうん》(うね雲)

波打ったような形をしている。この雲がつぎつぎと出てくると、雨になることが多い。

乱層雲《らんそううん》(雨雲)

黒っぽい色で空一面に広がっている。雨や雪をふらせることが多い。青空は見えない。

めす

めすとおすは、体の形で見分けることができる。

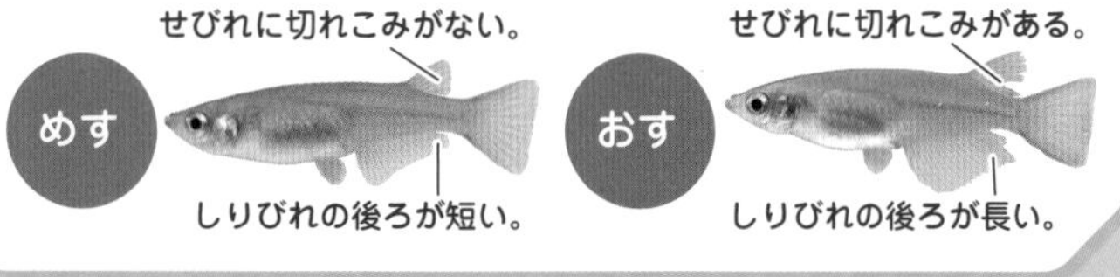
せびれに切れこみがない。
めす
しりびれの後ろが短い。
せびれに切れこみがある。
おす
しりびれの後ろが長い。

層雲《そううん》(きり雲)

きりのような雲で、低いところにできる。雨上がりや雨のふり始めに、山によくかかっている。

生物

アブラナの花の★は、おしべかなめしべかな？

器具等

何という器具かな？

器具等

何という器具かな？

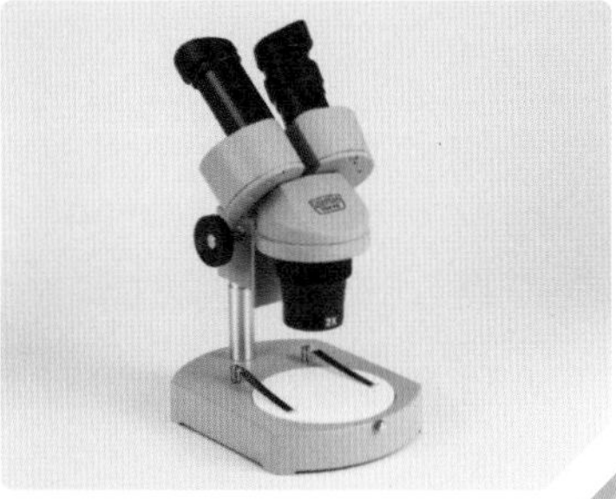

器具等

何という器具かな？

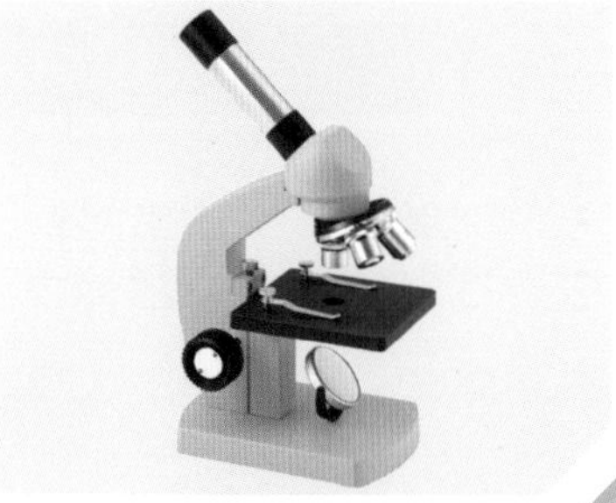

器具等

何という器具かな？

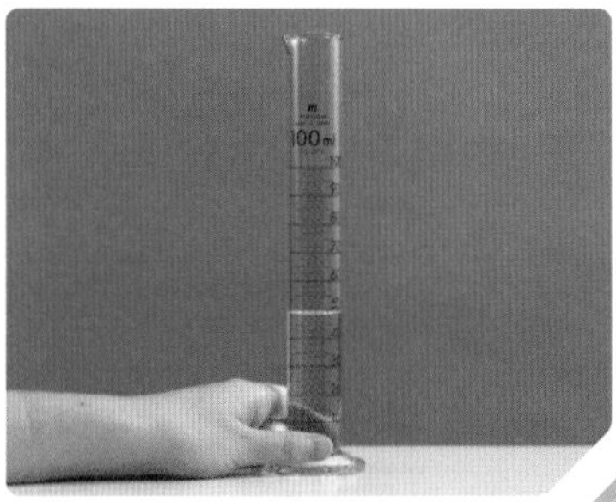

器具等

ろ過《か》に使う、★のガラス器具と紙を何というかな？

器具等

何という器具かな？

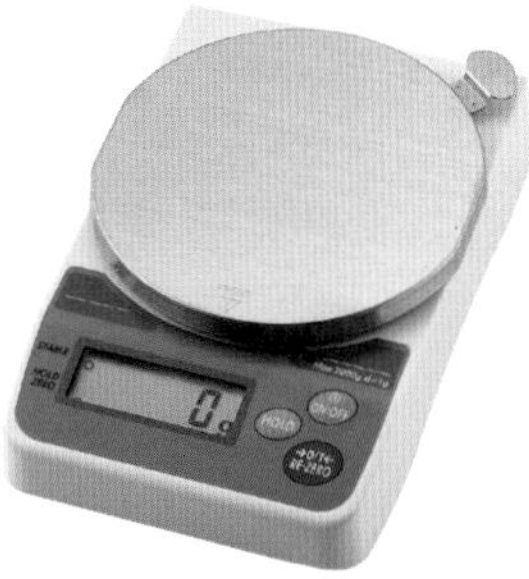

器具等

導線《どうせん》（エナメル線）をまいたもの（★）を何というかな？

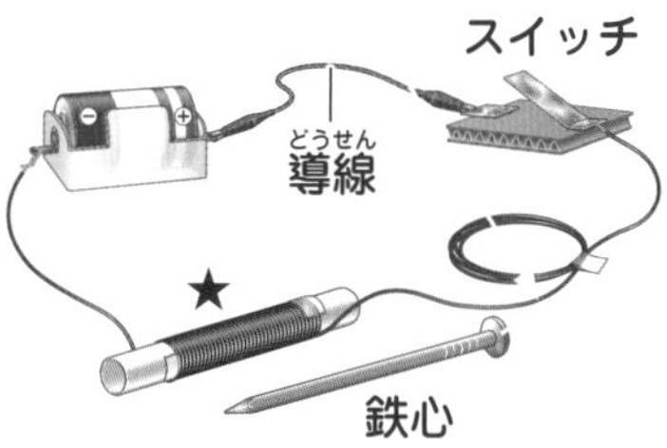

器具等

何という器具かな？

器具等

写真のような回路に電流を流す器具を何というかな？

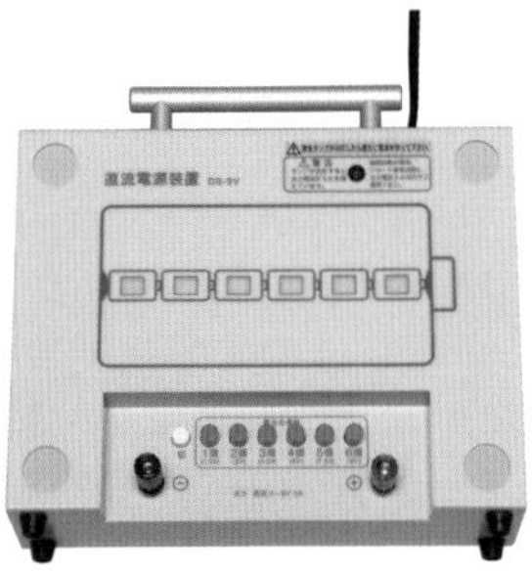

器具等

でんぷんがあるか調べるために、何を使うかな？

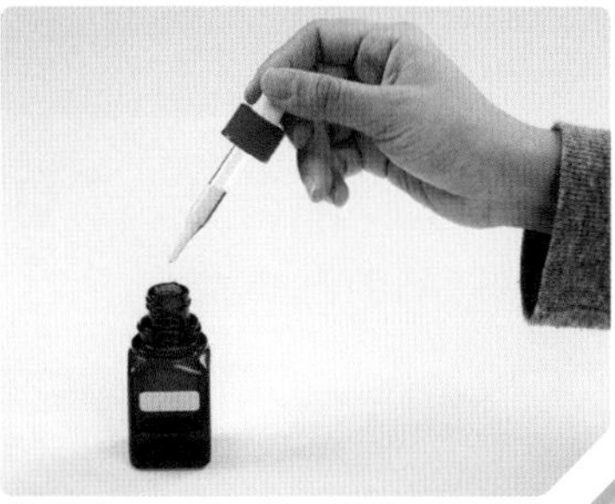

器具等

スライドガラスに観察するものをはりつけたものを何というかな？

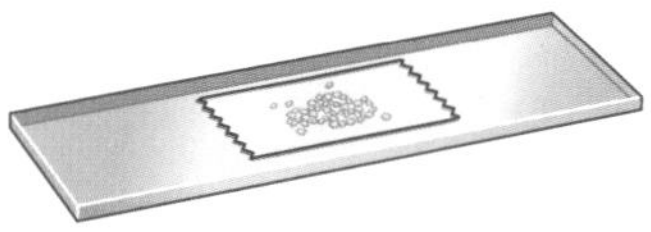

かいぼうけんび鏡

観察したいものを、10～20倍にして観察するときに使う。観察したいものとレンズがふれてレンズをよごさないようにして使う。

めしべ

アブラナの花には、
めしべやおしべ、
花びらやがくがある。

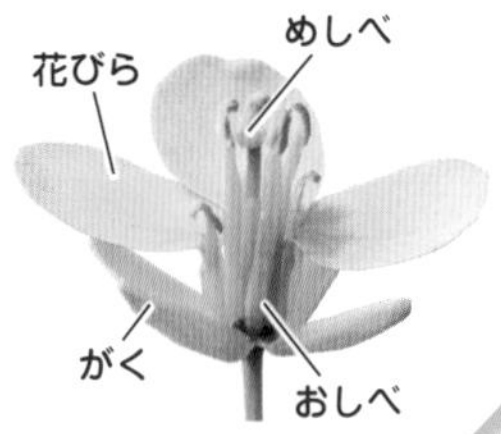

けんび鏡

観察したいものを、50～300倍にして観察するときに使う。日光が当たらない、明るい水平なところに置いて使う。

そう眼《がん》実体けんび鏡

観察したいものを、20～40倍にして観察するときに使う。両目で見るため、立体的に見ることができる。

ろうと、ろ紙

液《えき》の中にとけ切れなかったつぶがあるときは、ろ紙でこして、つぶと水よう液を分けることができる。ろ紙などを使って固体と液体を分けることをろ過《か》という。

メスシリンダー

液体《えきたい》の体積を正確《せいかく》にはかるときに使う。目もりは、液面のへこんだ下の面を真横から見て読む。

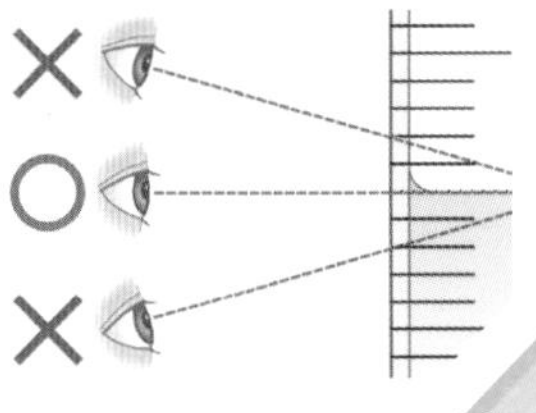

コイル

コイルに鉄心を入れ、電流を流すと、鉄心が鉄を引きつけるようになる。これを電磁石《てんじしゃく》という。

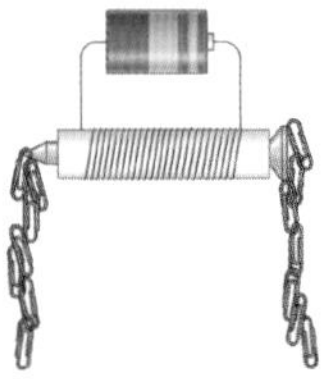

電子てんびん

ものの重さを正確《せいかく》にはかることができる。電子てんびんは水平なところに置き、スイッチを入れる。はかるものをのせる前の表示《ひょうじ》が「0g」となるように、ボタンをおす。はかるものを、静かにのせる。

電源《でんげん》そうち

かん電池の代わりに使う。回路に流す電流の大きさを変えることができ、かん電池とはちがって、使い続けても電流が小さくなることがない。

電流計

回路を流れる電流の大きさを調べるときに使う。電流の大きさはA（アンペア）という単位で表す。

プレパラート

スライドガラスに観察したいものをのせ、セロハンテープやカバーガラスでおおって、観察できる状態《じょうたい》にしたもの。
けんび鏡のステージにのせて観察する。

ヨウ素液《そえき》

でんぷんがあるかどうかを調べるときに使う。でんぷんにうすめたヨウ素液をつけると、（こい）青むらさき色になる。

もくじ

理科5年
啓林館版
わくわく理科

教科書ぴったりトレーニング
▶ 3分でまとめ動画

【写真提供】
アフロ／内田洋行／NNP／コーベット・フォトエージェンシー／日本気象協会

ぴったり1 準備

★花のつくり

学習日　　月　　日

めあて
植物の花や実のつくり、実のでき方をかくにんしよう。

教科書　9～13ページ　答え　2ページ

3分でまとめ

下の(　　)にあてはまる言葉をかくか、あてはまるものを○で囲《かこ》もう。

1 アブラナの花は、どんなつくりをしているのだろうか。

教科書　9～10ページ

▶アブラナの花には、めしべやおしべ、花びら、がくがある。

アブラナの花のつくり
(花びらを１まい外したところ)

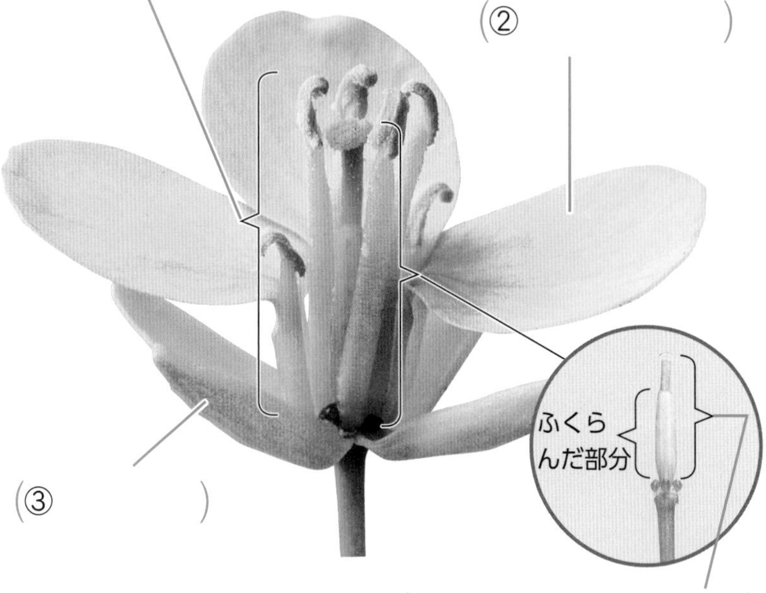

2 花がさいた後、実はどのようにしてできるのだろうか。

教科書　11～13ページ

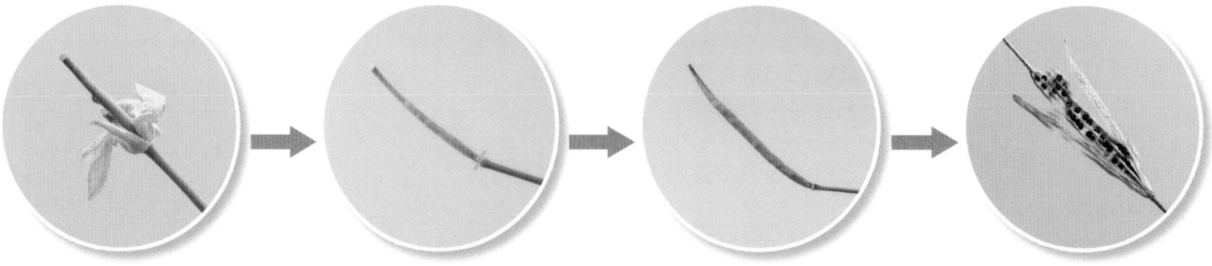

さき終わりそうな花　→　わかい実　→　大きく育った実　→　じゅくした実

▶花がさいた後、めしべのもとのふくらんだ部分が育って、(①　　　)になる。

▶(　①　)の中には、たくさんの(②　　　　)がある。

ここがだいじ!

①アブラナの花には、めしべやおしべ、花びら、がくがある。
②花がさいた後、めしべのもとのふくらんだ部分が育って、実になる。
③実の中には、たくさんの種子がある。

ぴたトリビア　植物の種類によって、花のめしべやおしべの本数、花びらのまい数などはちがいますが、花のつくりは同じです。

ぴったり2
練習

★花のつくり

学習日　　月　　日

教科書　9〜13ページ　　答え　2ページ

1 アブラナの花のつくりを調べました。

アブラナの花の花びらを1まい外したところ

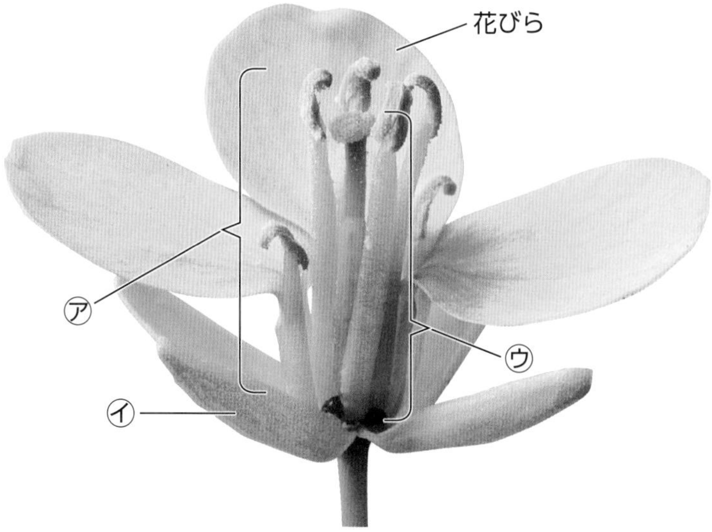

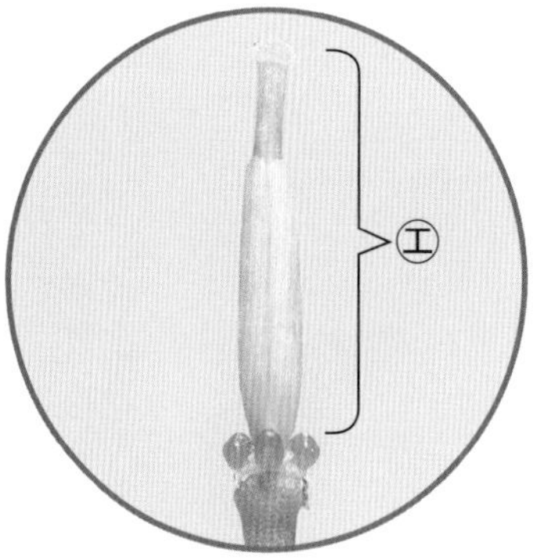

(1) ㋐〜㋒の部分を何といいますか。

㋐(　　　　　)　㋑(　　　　　)　㋒(　　　　　)

(2) ㋓は、㋐〜㋒のどれですか。

(　　)

(3) ㋓のようすとして正しいものに○をつけましょう。

①(　)どこも同じ太さをしている。

②(　)もとの部分がふくらんでいる。

③(　)先のほうほどふくらんでいる。

2 アブラナの花がさき終わった後のようすを観察しました。

(1) やがて実になるのは、どれですか。正しいものに○をつけましょう。

①(　)花びら　②(　)がく　③(　)めしべ　④(　)おしべ

(2) 実の中にある㋐は何ですか。

(　　　　　)

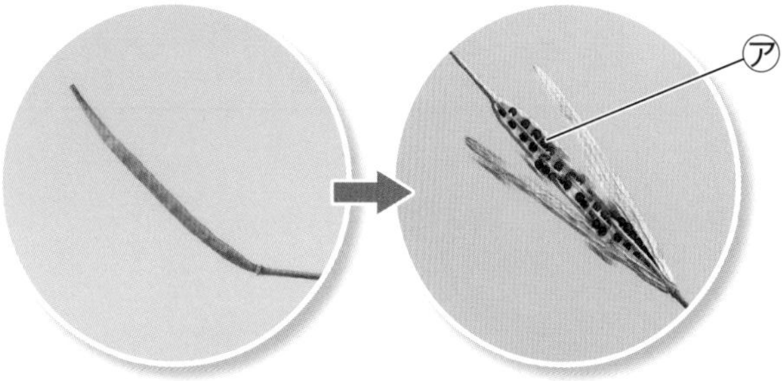

ぴったり3
確かめのテスト
★花のつくり

時間 30分
／100
合格 70点

教科書 8〜13ページ　答え 3ページ

よく出る
1 アブラナの花と実を観察しました。　1つ10点(60点)

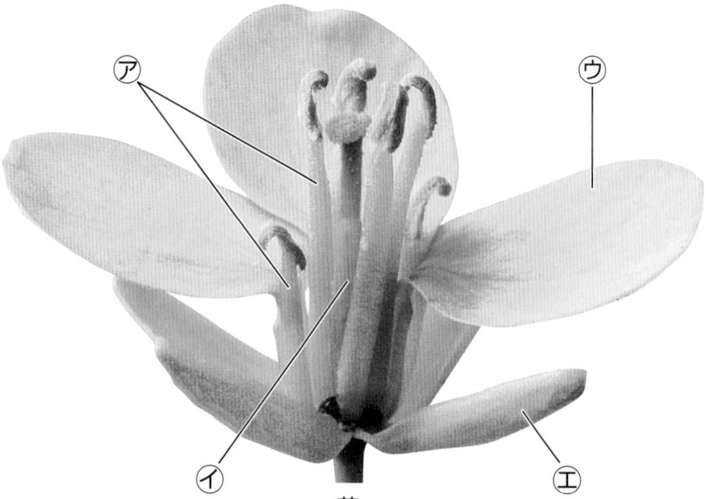

花

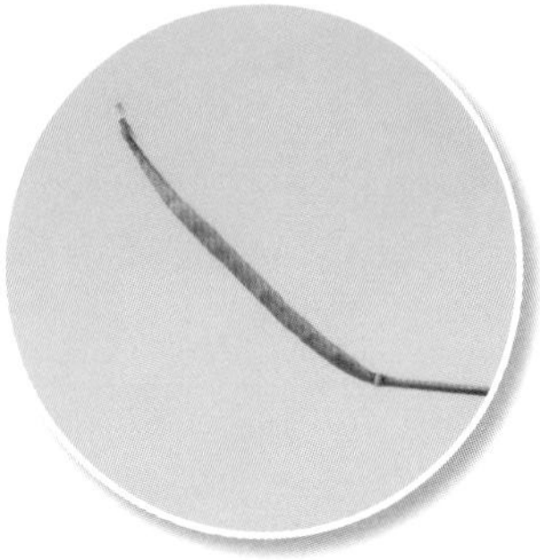
実

(1) 花のつくりを調べました。㋐〜㋓を何といいますか。

㋐(　　　　　)
㋑(　　　　　)
㋒(　　　　　)
㋓(　　　　　)

(2) 実は、花のどの部分が育ったものですか。正しいものに○をつけましょう。

①(　　)
㋐の先の部分が育って、
実になった。

②(　　)
㋐のもとの部分が育って、
実になった。

③(　　)
㋑の先の部分が育って、
実になった。

④(　　)
㋑のもとの部分が育って、
実になった。

(3) 実の中には、何がありますか。

(　　　　　)

2 アブラナの花を観察しました。

技能 (1)は10点、(2)は全部できて10点(20点)

(1) 花びらやがくを外すとき、つまむために使う右の道具を何といいますか。

(　　　　　　　　)

(2) 記録カードにはどこに何をかきますか。
①～④にあてはまるものを[　　]から選んで、記号をかきましょう。

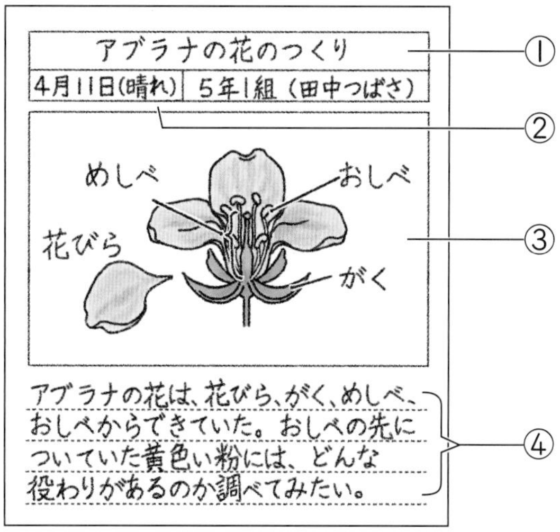
アブラナの花のつくり
4月11日(晴れ)　5年1組（田中つばさ）
めしべ
おしべ
花びら
がく
アブラナの花は、花びら、がく、めしべ、おしべからできていた。おしべの先についていた黄色い粉には、どんな役わりがあるのか調べてみたい。
①
②
③
④

①(　　　)
②(　　　)
③(　　　)
④(　　　)

ア　調べた日付、天気をかく。
イ　題名(調べたもの)をかく。
ウ　スケッチをかく。
エ　調べたことや、ぎ問に思ったことなどをかく。

できたらスゴイ！

3 アブラナの花から実への変化を調べました。

(1)は10点、(2)は全部できて10点(20点)

①
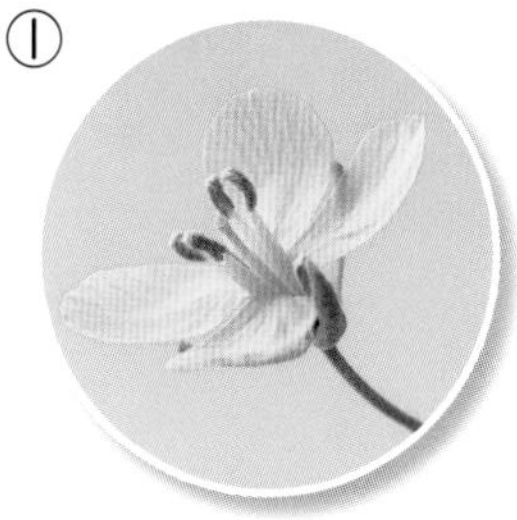

②
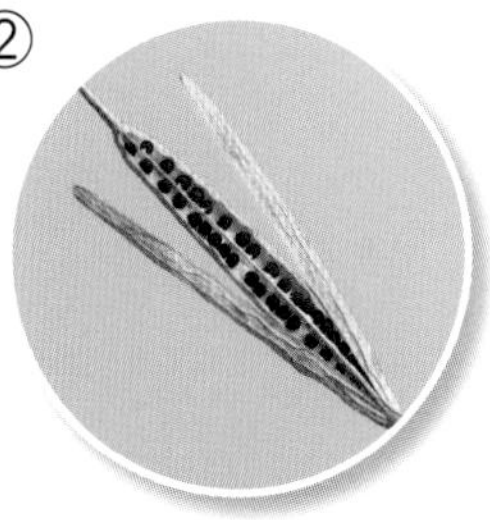

③
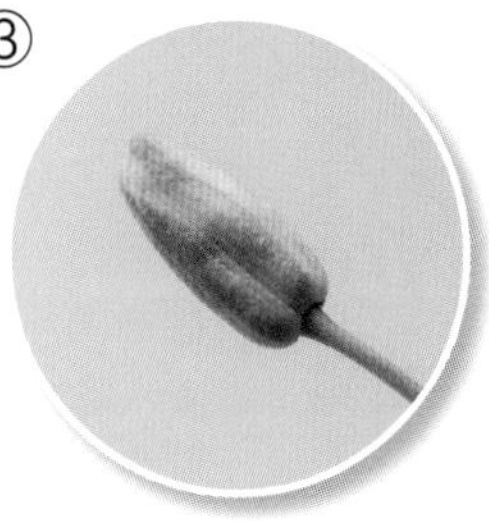

④
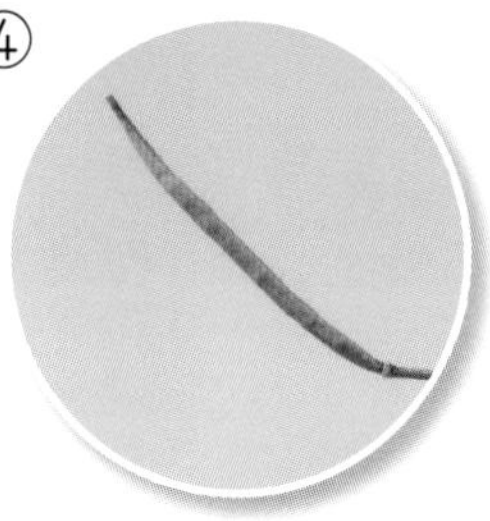

⑤
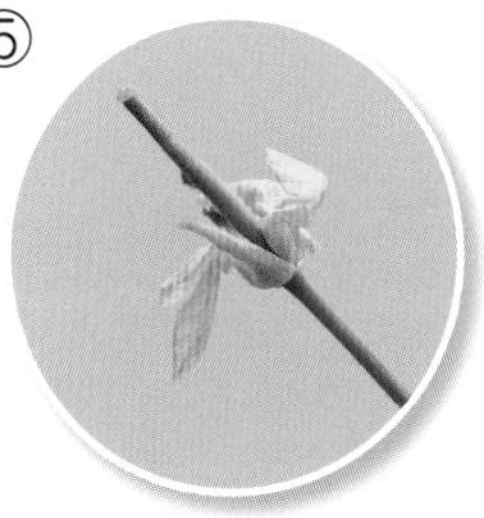

(1) ③のような、さく前の花を何といいますか。

(　　　　　　　　)

(2) ①～⑤の写真を、育ちの順にならべましょう。

(　　　)→(　　　)→(　　　)→(　　　)→(　　　)

ふりかえり
❶がわからないときは、２ページの❶にもどってかくにんしてみましょう。
❸がわからないときは、２ページの❷にもどってかくにんしてみましょう。

学習日　　月　　日

1. 雲と天気の変化

①雲のようすと天気の変化

めあて
雲のようすと天気の変化の関係をかくにんしよう。

教科書 16〜19ページ　答え 4ページ

下の（　）にあてはまる言葉をかこう。

1 雲のようすと天気の変化には、どんな関係があるのだろうか。 教科書 16〜19ページ

▶雲の量と天気の決め方
- 「晴れ」か「くもり」かは、（①　　　）の量で決める。
- 晴れとくもりの決め方

空全体の広さを10として、雲がおおっている空の広さが0〜8のとき、（②　　　　　　）とする。

空全体の広さを10として、雲がおおっている空の広さが9〜10のとき、（③　　　　　　）とする。

▶雲が動く方位は、（⑥　　　）方位を使って表す。

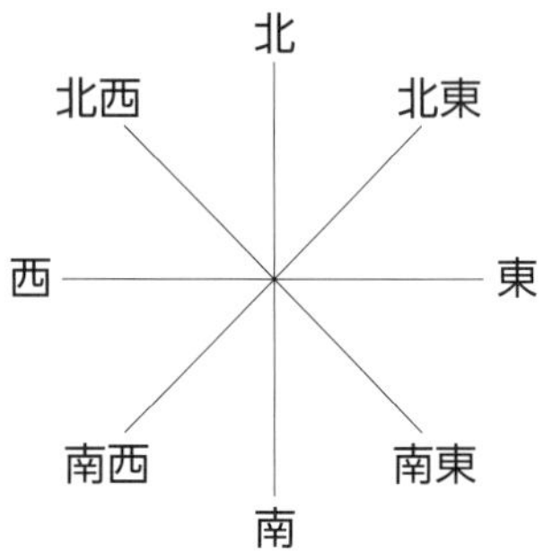
北
北西
北東
西
東
南西
南東
南

方位は、方位磁針《じしん》を使って調べよう。

- （　①　）の量に関係なく、
雨がふっていれば天気は（④　　　）、
雪がふっていれば天気は（⑤　　　）とする。

▶雲のようすと天気の変化の観察

午前9時ごろ
晴れ
雲の量…5
白くてうすい雲。
雲は西から東へ移動《いどう》。

午後3時ごろ
くもり
雲の量…10
もこもことした黒い雲。
雲は南西から北東へ移動。

▶天気が変わるとき、（⑦　　　）は動きながら、量が増《ふ》えたり減《へ》ったりする。
▶雲は（⑧　　　）や形が変わることがある。
▶黒っぽい雲の量が増えてくると、（⑨　　　）になることが多い。

ここが、だいじ！
①雲の色や形は変わることがある。
②黒っぽい雲の量が増えてくると、雨になることが多い。

ぴたトリビア　雲は、できる高さと形によって、10種類に分けられます。雲の種類によって特ちょうがあり、雨がふるかどうかを知るのに、役立てることができます。

ぴったり2 練習

1. 雲と天気の変化

①雲のようすと天気の変化

学習日　　月　　日

教科書 16～19ページ　　答え 4ページ

1 雲のようすと天気の変化について調べました。

(1) 空を見上げると、空の半分ぐらいが雲におおわれていました。このときの天気は「晴れ」ですか、「くもり」ですか。

（　　　　　）

(2)「晴れ」か「くもり」かを調べるには、次の①～④のどれを調べますか。正しいものに○をつけましょう。

①（　　）雲の量はどれぐらいかを調べる。
②（　　）雲はどの方位からどの方位へ動いているかを調べる。
③（　　）雲はどんな形をしているかを調べる。
④（　　）雲はどんな色をしているかを調べる。

(3) 空全体の広さを10として、雲がおおっている空の広さが10で、雨がふっているとき、天気は何ですか。

（　　　　　）

(4) 雲が動く方位は、何方位を使って表しますか。

（　　　　　）

(5) 右の写真は、ある日のある時こくの雲のようすです。

①このとき、空全体が雲におおわれて太陽は見えませんでしたが、雨はふっていませんでした。天気は何ですか。

（　　　　　）

②写真をとった数時間後、黒っぽい雲の量が増《ふ》えてきました。このとき、天気の変化の予想として正しいものに○をつけましょう。

ア（　　）黒っぽい雲の量が増えてきたので、すぐに晴れる。
イ（　　）黒っぽい雲の量が増えてきたので、雨がふるかもしれない。
ウ（　　）黒っぽい雲の量が増えてきたので、雨がふることはない。

1.雲と天気の変化

②天気の変化のきまり

学習日　月　日

めあて
雲の動きと天気の変化のきまりをかくにんしよう。

教科書 20〜23ページ　答え 5ページ

下の(　)にあてはまる言葉をかこう。

1 雲の動きや天気の変化には、何かきまりがあるのだろうか。　教科書 20〜23ページ

▶いろいろな気象情報《きしょうじょうほう》

- 気象衛星《えいせい》(人工衛星)による(①　　　　　)で、雲のようすがわかる。
- (②　　　　　)の降水量《こうすいりょう》情報で、雨や雪がふっている地いきと降水量がわかる。

雲画像《くもがぞう》　　アメダスの降水量情報

4月17日　正午

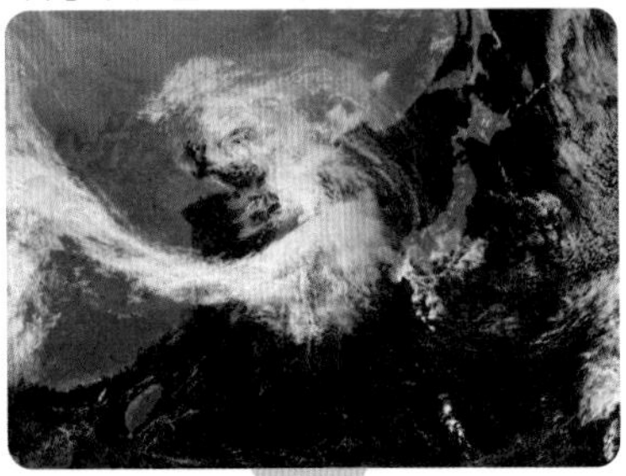

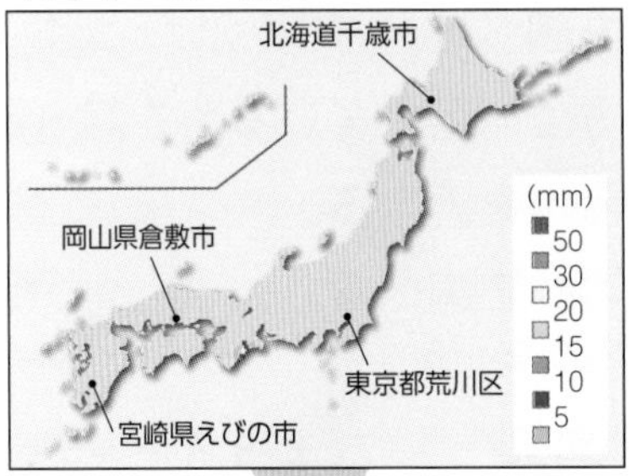

- 宮崎県えびの市　くもり
- 岡山県倉敷《くらしき》市　くもり
- 東京都荒川《あらかわ》区　くもり
- 北海道千歳《ちとせ》市　晴れ

4月18日　正午

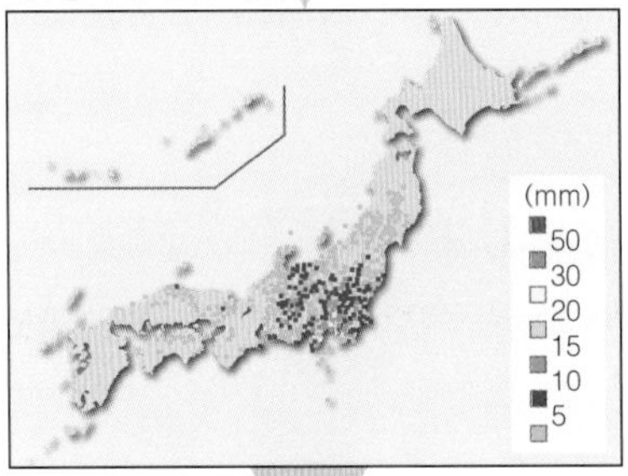

- 宮崎県えびの市　晴れ
- 岡山県倉敷市　晴れ
- 東京都荒川区　雨
- 北海道千歳市　くもり

4月19日　正午

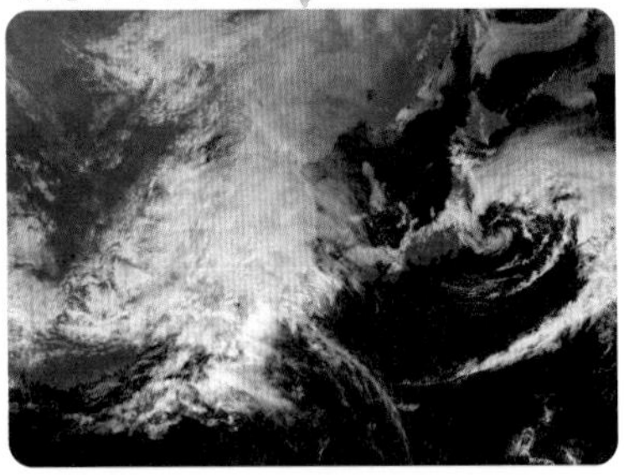

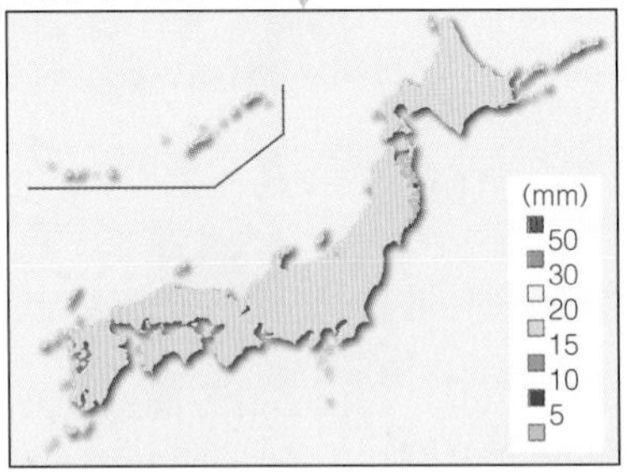

- 宮崎県えびの市　くもり
- 岡山県倉敷市　くもり
- 東京都荒川区　晴れ
- 北海道千歳市　晴れ

▶春のころの日本付近では、雲はおよそ(③　　　)から東へ動いていく。また、天気も雲の動きとともに、およそ西から(④　　　)へ変化していく。

ここが、だいじ！
①気象衛星による雲画像やアメダスの降水量情報など、日本全国の気象情報を知ることができる。
②雲はおよそ西から東へ動いていき、天気も雲の動きとともに、およそ西から東へ変化していく。

ぴたトリビア　無人の観測所《かんそくじょ》で自動的に気象観測を行い、その結果を気象庁《きしょうちょう》で集計するしくみを、「アメダス(地いき気象観測システム)」といいます。

1 天気がどのように変わっていくのかを調べました。

(1) 下の図は、ある連続した3日間における、同じ時こくの日本付近の雲《くも》画《が》像《ぞう》です。

㋐

㋑

㋒

①図の㋕、㋖にはそれぞれどの方位が入りますか。正しいものに○をつけましょう。

ア(　　)㋕…北、㋖…南

イ(　　)㋕…南、㋖…北

ウ(　　)㋕…東、㋖…西

エ(　　)㋕…西、㋖…東

②㋐～㋒を、日にちの早いものから順にならべましょう。

(　　)→(　　)→(　　)

(2) 下の図は、(1)の雲画像と同じ連続した3日間における、同じ時こくのアメダスの降《こう》水《すい》量《りょう》情《じょう》報《ほう》です。

㋐

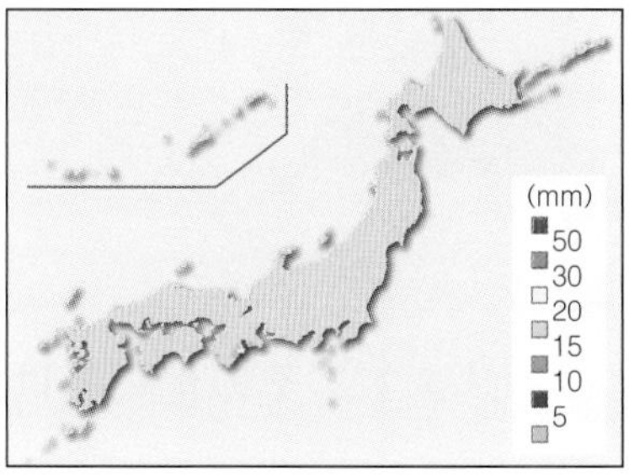

㋑

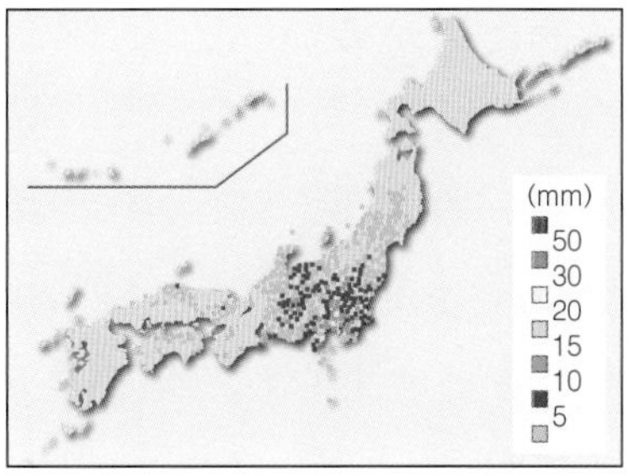

㋒

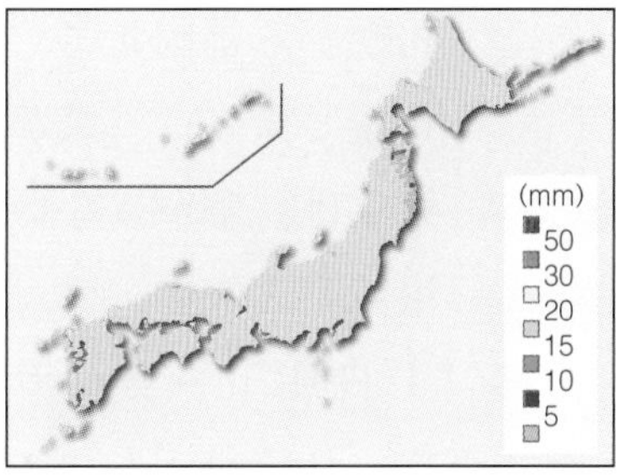

①3つの図からわかることとして、正しいものに○をつけましょう。

ア(　　)気温の変化

イ(　　)風速の変化

ウ(　　)雨のふっている地いきの変化

②㋐～㋒を、日にちの早いものから順にならべましょう。

(　　)→(　　)→(　　)

③天気は何の動きとともに変わりますか。

(　　　　)

ヒント **1** (1)②、(2)②雲はおよそ西から東へ動いていきます。雲の動きとともに、天気も変化します。雲や、雨のふっている地いきが、西から東へ動くようにならべます。

ぴったり3
確かめのテスト

1. 雲と天気の変化

時間 30 分

／100

合格 70 点

教科書 14～31ページ　答え 6ページ

1 空を見上げて、雲のようすを調べました。　1つ8点(32点)

(1) 空を見るとき、あるものを直接《ちょくせつ》見てはいけないと注意されました。あるものとは何ですか。

(　　　　　)

(2) 天気が「晴れ」か「くもり」かを決めるためには、何を調べればよいですか。　技能

(　　　　　)

(3) 空のようすを午前9時ごろと午後3時ごろに調べると、写真のようでした。この日の天気はどうでしたか。正しいものに○をつけましょう。

午前9時ごろ

午後3時ごろ

①(　　)午前も午後もくもりだった。

②(　　)午前も午後も晴れだった。

③(　　)午前はくもりだったが、午後は晴れになった。

④(　　)午前は晴れだったが、午後はくもりになった。

(4) 雨になることが多いのは、何色の雲が増《ふ》えてくるときですか。

(　　　　　)

2 右の図は、ある月の10日の各地の天気のようすです。　(1)は8点、(2)は10点(18点)

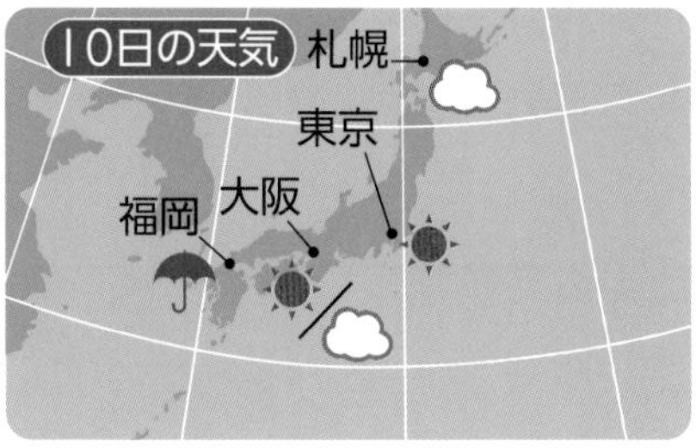

(1) 図の4つの地いきの上空における雲のようすとして考えられるものはどれですか。正しいものに○をつけましょう。

①(　　)札幌《さっぽろ》から福岡まで、全体的に雲が多い。

②(　　)札幌と東京は、雲が多い。

③(　　)東京は、雲が少ない。

④(　　)福岡と大阪は、雲が少ない。

(2) 次の日(11日)に、天気が雨に変わると考えられる地いきが1つあります。その地いきは福岡、大阪、東京、札幌のうちのどこですか。

(　　　　　)

よく出る

❸ いろいろな気象情報《きしょうじょうほう》について調べました。

1つ8点(32点)

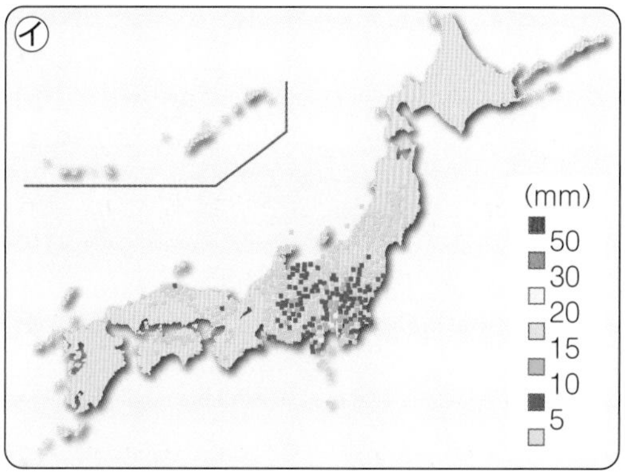

(1) ㋐は気象衛星《えいせい》の雲のようすを表す画像《がぞう》です。白く見える部分は何ですか。

(　　　　)

(2) ㋑の情報は、日本全国の観測所《かんそくじょ》で得られた気象観測のデータを集める気象庁《きしょうちょう》の観測システムを利用した情報です。この情報を何といいますか。

アメダスの(　　　　　　)情報

(3) ㋐と㋑は同じ日時の気象情報です。㋐の白く見える部分と天気の関係として、正しいほうに○をつけましょう。

①(　　)白く見える部分には、晴れている地いきが多い。

②(　　)白く見える部分には、雨がふっている地いきが多い。

(4) ㋐の白く見える部分は、図の位置にくるまでにどのように動いてきたと考えられますか。正しいほうに○をつけましょう。

①(　　)およそ東から西へ動いてきた。

②(　　)およそ西から東へ動いてきた。

できたらスゴイ!

❹ 天気と雲のようすの関係について調べました。

思考・表現　(1)は8点、(2)は10点(18点)

(1) 雲画像《くもがぞう》を見て、東京の天気はこの後どう変わると考えられますか。正しいほうに○をつけましょう。

①(　　)晴れ→雨

②(　　)雨→晴れ

(2) 記述 (1)のように考えた理由をかきましょう。

(　　　　　　　　　　　　　　　　)

ふりかえり
❸がわからないときは、8ページの❶にもどってかくにんしてみましょう。
❹がわからないときは、8ページの❶にもどってかくにんしてみましょう。

2. 植物の発芽《はつが》と成長

①種子が発芽する条件《じょうけん》

めあて
植物が発芽するための条件をかくにんしよう。

教科書 34～39ページ　答え 7ページ

下の（　）にあてはまる言葉をかこう。

1 種子の発芽には、水が必要なのだろうか。

教科書 34～36ページ

▶植物の種子が芽を出すことを（①　　　　　）という。

		ア	イ
変える条件	水	水をあたえる。	水をあたえない。
同じ条件	温度	同じ温度の室内	
同じ条件	空気	空気にふれる。	
結果		すべて発芽した。	すべて発芽しなかった。

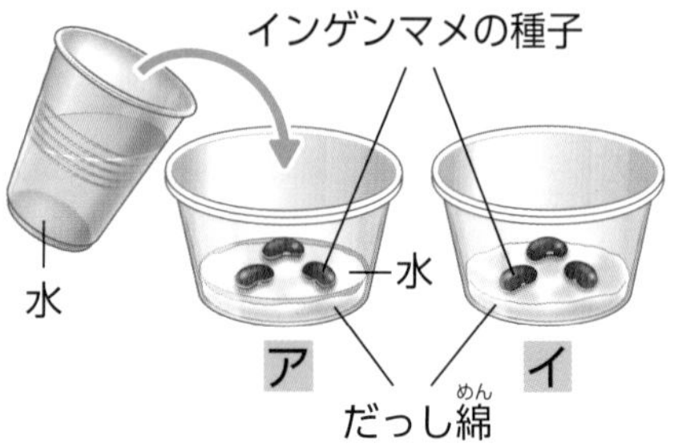
インゲンマメの種子
水
水
ア
イ
だっし綿《めん》

▶種子の発芽には、（②　　　　　）が必要である。

2 種子の発芽には、適当《てきとう》な温度や空気も必要なのだろうか。

教科書 36～39ページ

		ウ	エ
同じ条件	水	水をあたえる。	
変える条件	温度	あたたかい。 （室内）	冷たい。 （冷ぞう庫の中）
同じ条件	空気	空気にふれる。	
結果		すべて発芽した。	すべて発芽しなかった。

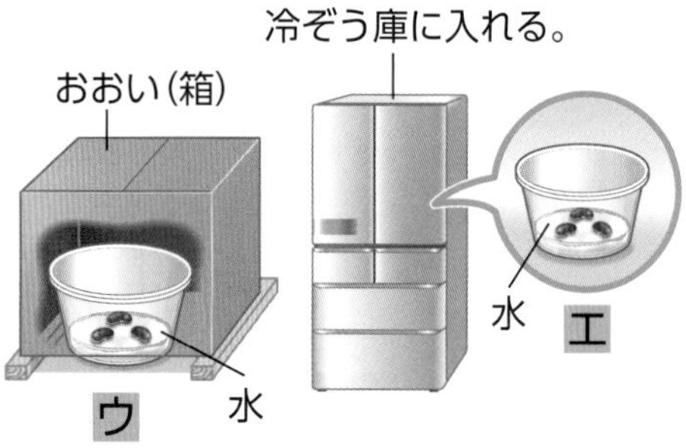
冷ぞう庫に入れる。
おおい（箱）
水
エ
ウ
水

▶種子の発芽には、適当な（①　　　　　）が必要である。

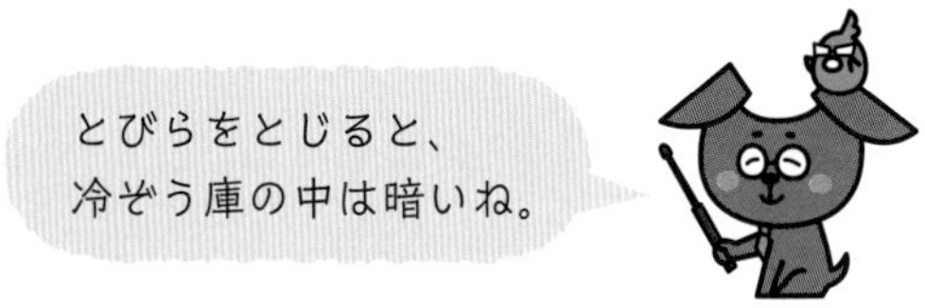
とびらをとじると、
冷ぞう庫の中は暗いね。

		オ	カ
同じ条件	水	水をあたえる。	
同じ条件	温度	同じ温度の室内	
変える条件	空気	空気にふれる。	空気にふれない。
結果		すべて発芽した。	すべて発芽しなかった。

水
オ
カ

▶種子の発芽には、（②　　　　　）が必要である。

ここが、だいじ！
①植物の種子が芽を出すことを、発芽という。
②種子の発芽には、水のほかに、適当な温度と空気が必要である。
③水・適当な温度・空気のどれか１つでも条件がたりないと、種子は発芽しない。

ぴたトリビア
長い時間がたった種子でも、発芽することがあります。1000年以上前の種子が、発芽に必要なすべての条件をそろえたら発芽したという研究結果もあります。

2. 植物の発芽《はつが》と成長

①種子が発芽する条件《じょうけん》

教科書 34〜39ページ 答え 7ページ

1 インゲンマメの種子を使って、種子が発芽する条件を調べました。

どちらもあたたかいところに置く。

結果　発芽した。　発芽しなかった。

(1) アとイの結果から、種子が発芽するには、何が必要なことがわかりますか。

（　　　　　　）

(2) ウとエでは、発芽に適当《てきとう》な温度が必要かどうかを調べました。

①ウにおおいをしたのはなぜですか。正しいものに○をつけましょう。

ア（　）だっし綿《めん》がかわかないようにするため。

イ（　）あたたかくするため。

ウ（　）冷ぞう庫の中と同じように暗くするため。

②ウとエの結果はどうなりましたか。それぞれ答えましょう。

ウ（　　　　　　）

エ（　　　　　　）

あたたかいところに置き、箱でおおいをする。　冷ぞう庫に入れる。

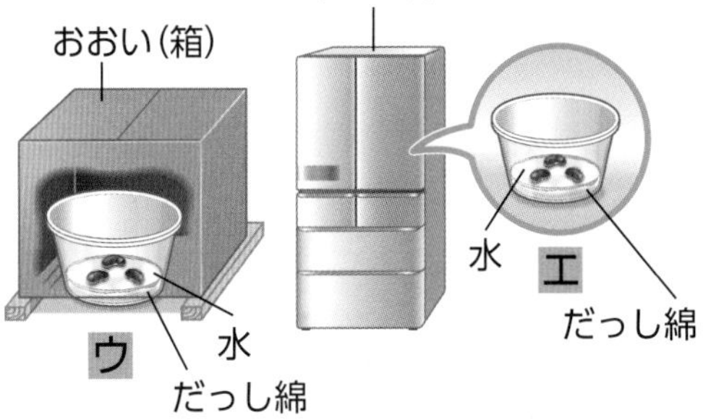

(3) オとカでは、発芽に空気が必要かどうかを調べました。

①オとカはどんなところに置けばよいですか。正しいものに○をつけましょう。

ア（　）オはあたたかいところ、カは冷たいところに置く。

イ（　）オは冷たいところ、カはあたたかいところに置く。

ウ（　）オもカもあたたかいところに置く。

②オとカの結果から、発芽に空気は必要だといえますか。

（　　　　　　）

結果　発芽した。　発芽しなかった。

ヒント ❶ 調べる条件以外は、同じにして実験します。

2. 植物の発芽《はつが》と成長

②種子の発芽と養分

めあて
種子の発芽と、種子にふくまれる養分の変化をかくにんしよう。

教科書 40～43ページ　答え 8ページ

下の(　)にあてはまる言葉をかくか、あてはまるものを○で囲《かこ》もう。

1 なぜ、子葉はしぼんでしまったのだろうか。

教科書 40～43ページ

- インゲンマメの種子には、根・くき・葉になる部分と(　①　)の部分がある。
- 種子が発芽すると、子葉は(②　ふくらんで　・　しぼんで　)いく。

インゲンマメの種子

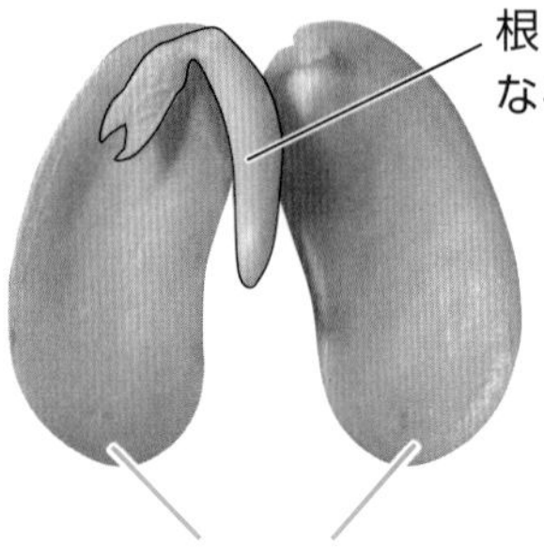
根・くき・葉になる部分
(①　　)

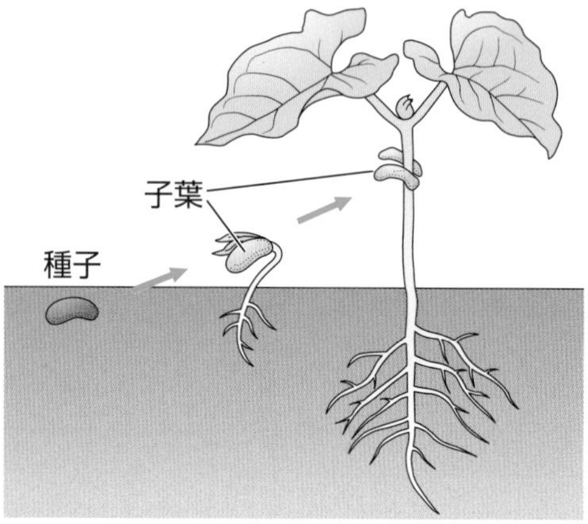
子葉
種子

- でんぷんに、うすめたヨウ素《そ》液《えき》をつけると、こい(③　青むらさき色　・　赤色　)になる。

でんぷんは、米やいもなどに多くふくまれている養分だよ。

ヨウ素液

うすめたヨウ素液

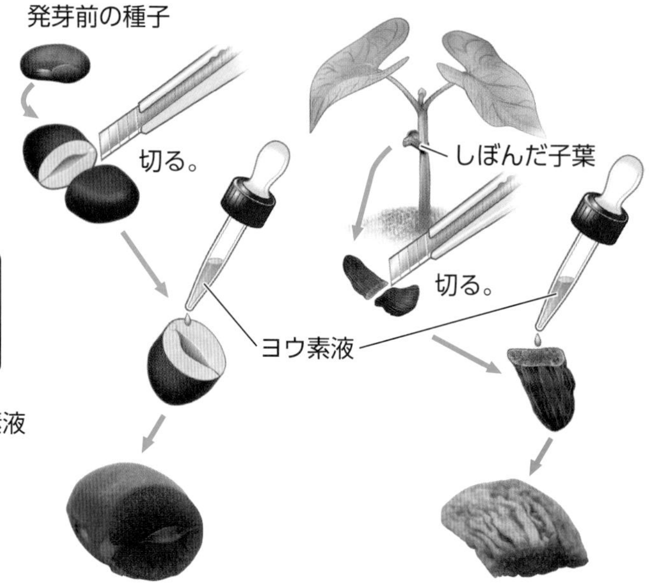
発芽前の種子
切る。
しぼんだ子葉
切る。
ヨウ素液

青むらさき色に変化する。
でんぷんが多くふくまれて(④　いる　・　いない　)。

色はあまり変化しない。
でんぷんが少なくなっている。

- 種子が発芽して、成長していくと、子葉はしぼんで、でんぷんは(⑤　増《ふ》えて　・　減《へ》って　)いく。
- 種子の子葉にあった(⑥　　　)は、発芽や成長のための養分として使われる。

ここがだいじ!　①種子の子葉にふくまれるでんぷんは、発芽や成長のための養分として使われる。

ぴたトリビア　種子にでんぷんを多くふくむイネ、ムギ、トウモロコシなどは地球上の多くの地いきで主食として食べられるほか、家ちくのえさとしても利用されます。

2. 植物の発《はつ》芽《が》と成長

②種子の発芽と養分

1 インゲンマメの種子のつくりを調べました。

(1) インゲンマメの種子の㋐の部分は、発芽後は(あ)になります。㋐や(あ)の部分を何といいますか。

(　　　　)

(2) インゲンマメの種子の㋑の部分は、発芽後、成長すると何になりますか。

(　　　　)

インゲンマメの種子

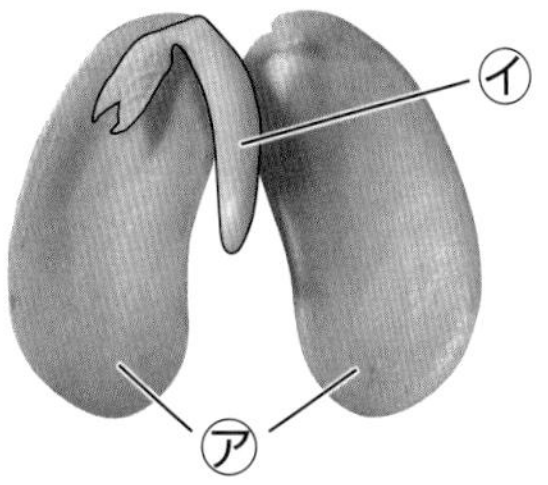

成長したインゲンマメ

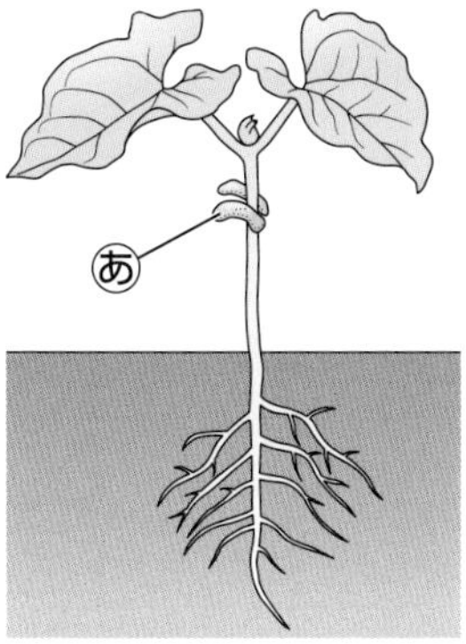

2 発芽に必要な養分について、インゲンマメの発芽前の種子と発芽後の子葉を調べました。

(1) 養分がふくまれているかどうかを調べるために使った(あ)の液体《えきたい》を何といいますか。

(　　　　)

(2) 発芽前の種子に(あ)の液体をつけると青むらさき色に変化したことから、発芽前の種子には何がふくまれていたことがわかりますか。

(　　　　)

発芽前の種子

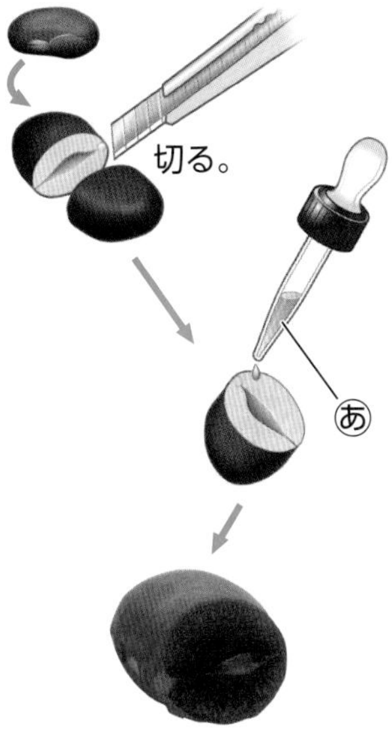

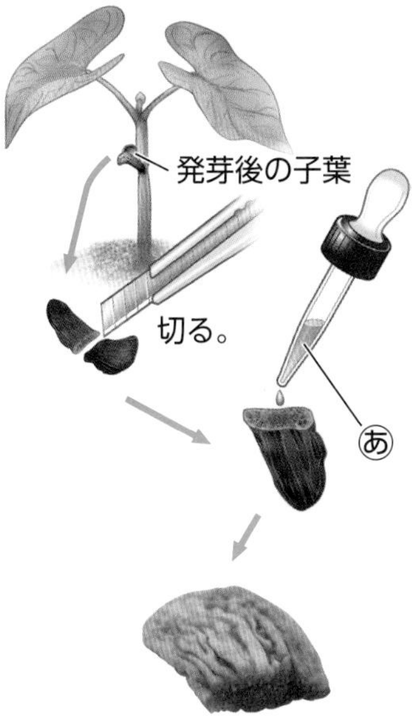

(3) 発芽後の子葉に(あ)の液体をつけると、どうなりましたか。正しいほうに○をつけましょう。

①(　　)青むらさき色に変化した。
②(　　)色はあまり変わらなかった。

(4) 種子が発芽するための養分について、正しいもの2つに○をつけましょう。

①(　　)種子にふくまれている。
②(　　)肥料《ひりょう》から取り入れる。
③(　　)発芽などに使われて少なくなっていく。
④(　　)かれるまで減《へ》らない。

ぴったり1 準備

2. 植物の発芽《はつが》と成長

③植物が成長する条件《じょうけん》

学習日　月　日

めあて
植物が成長するための条件をかくにんしよう。

教科書 44〜46ページ　答え 9ページ

下の(　)にあてはまる言葉をかくか、あてはまるものを○で囲《かこ》もう。

1 子葉が取れた植物が成長するには、どんな条件が必要なのだろうか。 教科書 44〜46ページ

▶植物が成長する条件を調べる実験

変える条件	同じ条件
ア 日光に当てる。 イ 日光に当てない。	日光以外のすべての条件。

2週間後

・大きく成長し、くきが太い。
・葉の数が多く、こい緑色をしている。

・ひょろ長く、くきが細い。
・葉の数が少なく、黄色っぽい。

どの実験も、発芽に必要な条件(水・適当な温度・空気)はそろえておくよ。

(① ア ・ イ)のほうがよく成長した。

・植物は、日光を(② 当てる ・ 当てない)とよく成長する。

変える条件	同じ条件
ウ 肥料《ひりょう》をあたえる。 エ 肥料をあたえない。	肥料以外のすべての条件。

2週間後

・大きく成長し、くきが太い。
・葉の数が多く、こい緑色をしている。

・草たけが短く、くきが細い。
・葉の数が少なく、うすい緑色。

(③ ウ ・ エ)のほうがよく成長した。

・植物は、(④　　　　)をあたえるとよく成長する。

ここが、だいじ!
①子葉が取れた植物がよく成長するには、日光と肥料が必要である。
②植物の成長には、発芽に必要な水・適当《てきとう》な温度・空気も必要である。

ぴたトリビア　ダイズなどの種子を光に当てないまま発芽させて育てた野菜が「もやし」です。

1 同じくらいに育ったインゲンマメのなえを、条件を変えて育て、成長のようすを比《くら》べる実験をしました。

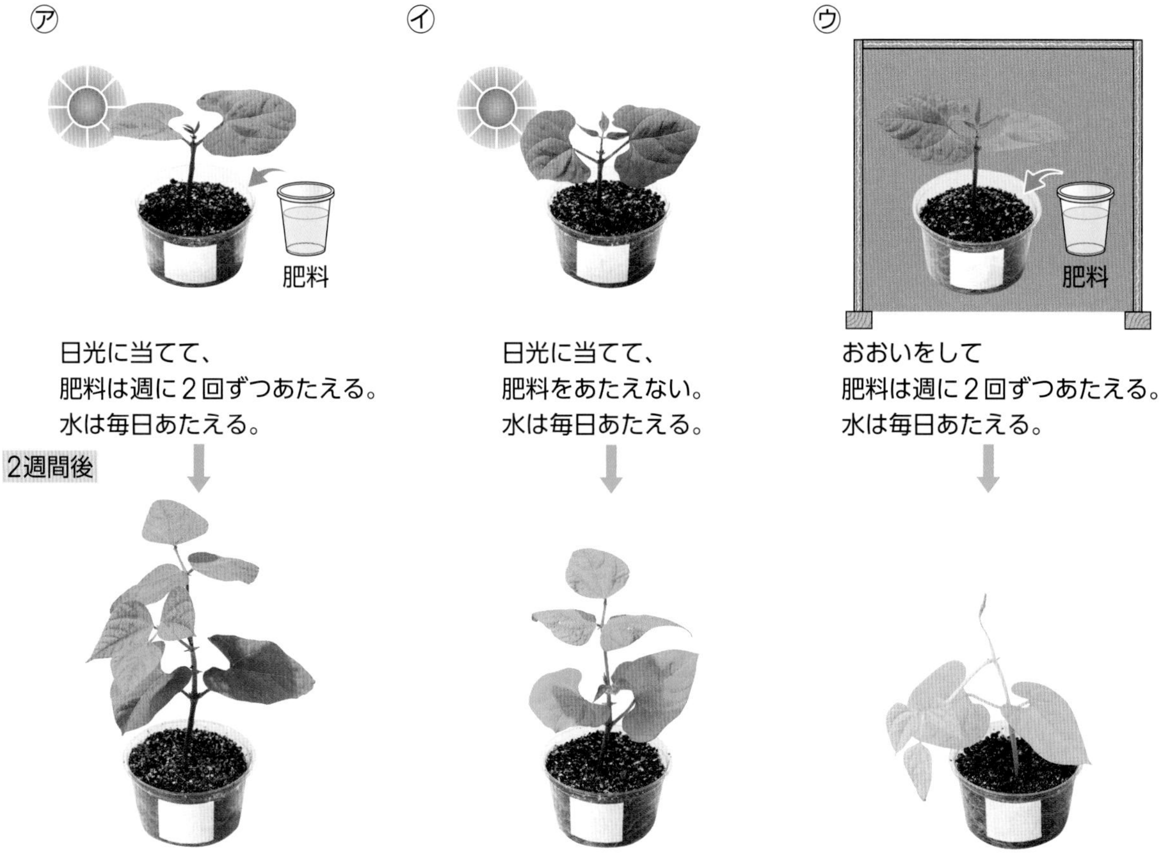
㋐
肥料
日光に当てて、
肥料は週に２回ずつあたえる。
水は毎日あたえる。
㋑
日光に当てて、
肥料をあたえない。
水は毎日あたえる。
㋒
肥料
おおいをして
肥料は週に２回ずつあたえる。
水は毎日あたえる。
2週間後

(1) 日光と植物の成長との関係を調べるには、㋐〜㋒のどれとどれを比べればよいですか。
（　　と　　）

(2) 肥料《ひりょう》と植物の成長との関係を調べるには、㋐〜㋒のどれとどれを比べればよいですか。
（　　と　　）

(3) ２週間後のようすで、いちばんよく成長しているといえるのは、㋐〜㋒のどれですか。
（　　）

(4) この実験から、どんなことがわかりますか。正しいものに○をつけましょう。
①（　　）日光に当てれば、肥料をあたえてもあたえなくても同じように成長する。
②（　　）肥料をあたえれば、日光に当てても当てなくても同じように成長する。
③（　　）日光に当て、肥料をあたえるとよく成長する。
④（　　）日光や肥料は、植物の成長には関係しない。

ヒント **1** (3)葉の数や色、くきの太さやのびから、育ちのちがいがわかります。

ぴったり3

確かめのテスト

2. 植物の発芽《はつが》と成長

時間 30 分

／100

合格 70 点

教科書 32～51ページ　答え 10ページ

よく出る

1 インゲンマメを使って、種子が発芽する条件《じょうけん》を調べます。

⑴、⑵、⑷は1つ6点、⑶、⑹はそれぞれ全部できて10点、⑸は10点（48点）

㋐
㋑
㋒
水
だっし綿《めん》
かわいただっし綿

⑴ 発芽に水が必要かどうかを調べるには、㋐～㋒のどれとどれを比《くら》べればよいですか。　技能

（　　　と　　　）

⑵ 発芽に空気が必要かどうかを調べるには、㋐～㋒のどれとどれを比べればよいですか。　技能

（　　　と　　　）

⑶ ㋐～㋒で、発芽するものには○を、発芽しないものには×をつけましょう。

㋐（　　）　㋑（　　）　㋒（　　）

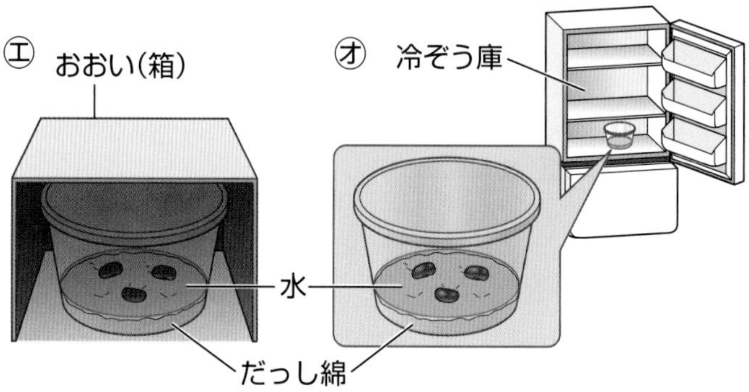

㋓ おおい(箱)
㋔ 冷ぞう庫
水
だっし綿

⑷ ㋓と㋔を比べると、発芽に何が必要なことがわかりますか。正しいものに○をつけましょう。

①（　　）明るさ　②（　　）適当《てきとう》な温度　③（　　）肥料《ひりょう》

⑸ 記述 ㋓と㋔を比べるとき、㋓でおおいをするのはなぜですか。　思考・表現

（　　　　　　　　　　　　　　　　　　　　）

⑹ 種子の発芽には、どんな条件が必要でしょうか。3つかきましょう。

（　　　　　）、（　　　　　）、（　　　　　）

2 インゲンマメの種子を調べました。

1つ6点（12点）

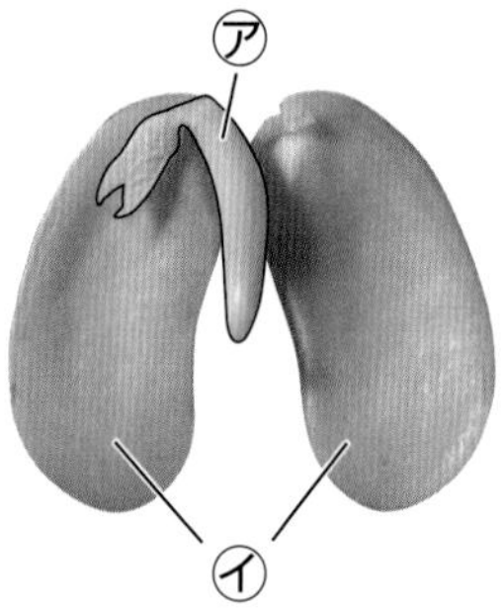

㋐
㋑

⑴ インゲンマメの種子の根・くき・葉になる部分は、㋐、㋑のどちらですか。

（　　　）

⑵ うすめたヨウ素液《そえき》をつけて、青むらさき色になる部分は、㋐、㋑のどちらですか。

（　　　）

よく出る

3 **同じくらいに育ったインゲンマメのなえを使って、日光や肥料と植物の成長との関係を調べました。**

1つ6点(12点)

㋐

日光に当てる。
肥料はあたえない。

㋑

日光に当てる。
肥料をあたえる。

㋒

おおいをする。
肥料をあたえる。

(1) ㋐～㋒で成長のようすを比べるとき、水はどうしますか。正しいものに○をつけましょう。

①(　　)どれにも同じように水をあたえる。

②(　　)どれにも同じように水をあたえない。

③(　　)㋐と㋑にだけ水をあたえる。

(2) ㋐～㋒で、いちばんよく成長するものはどれですか。

(　　)

できたらスゴイ！

4 **インゲンマメの種子の養分を調べました。**

(1)、(2)、(3)は1つ6点、(4)は10点(28点)

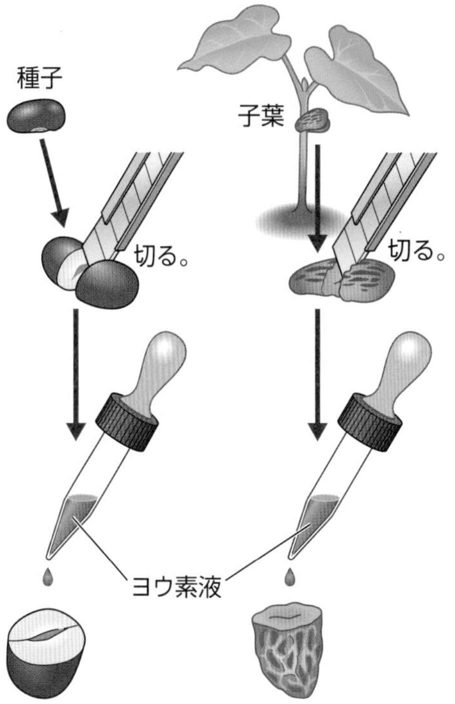

(1) インゲンマメの種子を切り、ヨウ素液をつけると、色が変わりました。何色になりましたか。 技能

(　　)

(2) (1)で色が変わったことから、インゲンマメの種子にある養分は何であるとわかりますか。

(　　)

(3) 発芽した後の子葉を切り、ヨウ素液をつけても、色はあまり変わりませんでした。このことから、種子にあった養分はどうなったことがわかりますか。正しいものに○をつけましょう。

①(　　)増《ふ》えた。

②(　　)減《へ》った。

③(　　)変わらなかった。

(4) 記述 種子にあった養分が(3)のようになったのはなぜですか。 思考・表現

(　　)

ふりかえり
1 がわからないときは、12ページの **1** や **2** にもどってかくにんしてみましょう。
3 がわからないときは、16ページの **1** にもどってかくにんしてみましょう。

3. メダカのたんじょう

①メダカのたまご(1)

学習日　　月　　日

めあて
メダカのめすとおすのちがいと、受精についてかくにんしよう。

教科書 54〜55ページ　答え 11ページ

下の（　）にあてはまる言葉をかくか、あてはまるものを○で囲《かこ》もう。

1 メダカのめすとおすを見分けて、いっしょの水そうで飼《か》ってみよう。 教科書 54〜55ページ

▶めすとおすの見分け方

（① めす ・ おす）

せびれに切れこみがない。

しりびれの後ろが（③ 長い ・ 短い）。

（② めす ・ おす）

せびれに切れこみが（④ ある ・ ない）。

しりびれの後ろが長い。

▶メダカの飼い方

・水そうは、日光が直接《ちょくせつ》（⑤ 当たる ・ 当たらない）明るいところに置く。

水がよごれたら、3分の1ぐらいを（⑥　　　）と入れかえる。

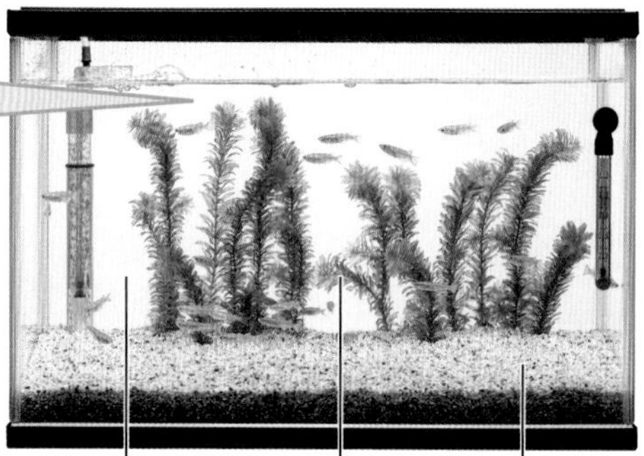

くみ置きの水　水草　小石やすな

・えさは、食べ残さないぐらいの量を（⑦ 毎日 ・ 1日おきに）1〜2回あたえる。

▶メダカの産卵《さんらん》

おすとめすが体をすり合わせ、めすはたまご(卵《らん》)を産み、おすは精子《せいし》を出す。

たまごと精子が結びつく。このことを（⑧　　　）という。

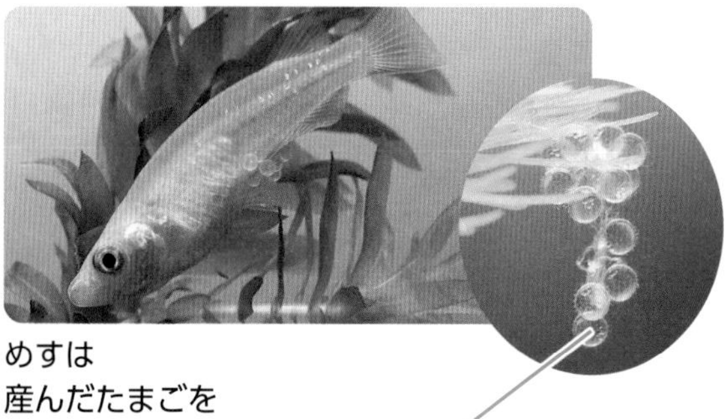

めすは産んだたまごを水草につける。

受精《じゅせい》したたまごを（⑨　　　）という。

ここがだいじ!

①メダカのめすは、せびれに切れこみがなく、しりびれの後ろが短い。
メダカのおすは、せびれに切れこみがあり、しりびれの後ろが長い。

②めすが産んだたまごと、おすが出す精子が結びつくことを受精といい、受精したたまごを受精卵《じゅせいらん》という。

ぴたトリビア　メダカ以外の魚も、めすが産んだ卵が、おすが出す精子と結びついて、たまごが育ち始めます。

ぴったり2 練習

学習日　　月　　日

3. メダカのたんじょう

①メダカのたまご(1)

教科書　54～55ページ　答え　11ページ

1 水そうで、メダカのめすとおすを飼《か》います。

(1) 水そうは、どのようなところに置くとよいですか。正しいものに○をつけましょう。

①(　　)日光が直接《ちょくせつ》当たる明るいところ。

②(　　)日光が直接当たらない明るいところ。

③(　　)日光が直接当たらない暗いところ。

(2) えさは、食べ残さないぐらいの量を、毎日何回あたえるとよいですか。正しいものに○をつけましょう。

①(　　)1～2回　②(　　)4～5回　③(　　)7～8回

2 メダカのめすとおすを比《くら》べます。

㋐　㋑

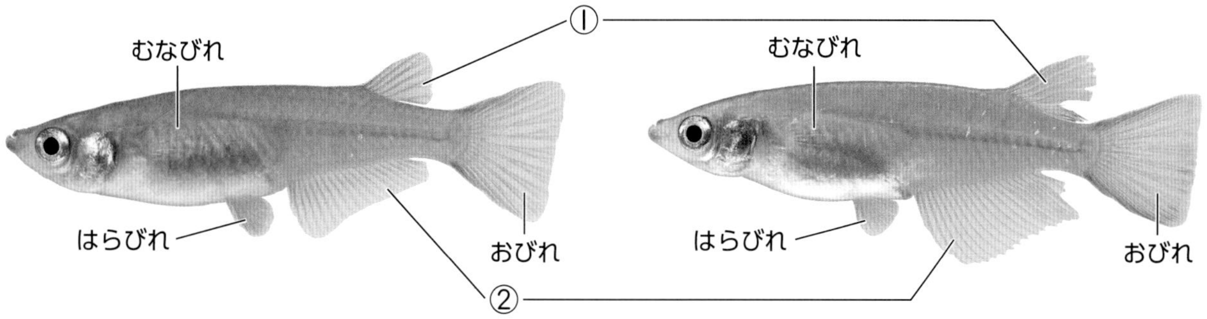

むなびれ
はらびれ
おびれ
①
②
むなびれ
はらびれ
おびれ

(1) ①、②のひれを何といいますか。それぞれのひれの名前をかきましょう。

①(　　　　　)

②(　　　　　)

(2) ㋐、㋑のどちらがおすのメダカですか。

(　　)

(3) メダカの産卵《さんらん》では、めすが産んだたまごとおすが出した精子《せいし》が結びつきます。たまごと精子が結びつくことを何といいますか。

(　　　　　)

(4) (3)で精子と結びついたたまごのことを何といいますか。

(　　　　　)

ヒント 2 (1)ひれがどこについているかで考えましょう。
(2)メダカのおすとめすは、ひれの形のちがいで見分けることができます。

3. メダカのたんじょう

①メダカのたまご(2)

学習日　　月　　日

めあて
受精したメダカのたまごの育ちをかくにんしよう。

教科書 56～60ページ　答え 12ページ

下の(　)にあてはまる言葉をかくか、あてはまるものを○で囲《かこ》もう。

1 メダカのたまごは、どのように変化して子メダカになるのだろうか。 教科書 56～60ページ

▶メダカのたまごを(① 虫眼鏡《むしめがね》 ・ かいぼうけんび鏡)やそう眼《がん》実体けんび鏡で観察する。

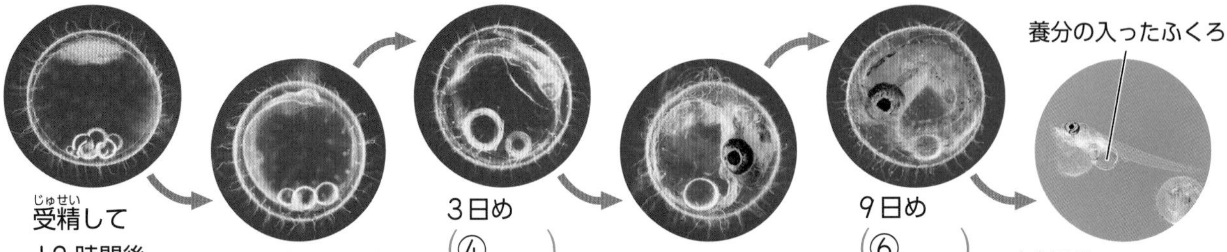
養分の入ったふくろ

受精《じゅせい》して12時間後 (②　　)

2日め(③　　)

3日め (④　　)

6日め(⑤　　)

9日め (⑥　　)

11日め たまごのまくを破《やぶ》って、子メダカがたんじょうする。

㋐ふくらんだ部分ができてくる。
㋑体が大きくなり、ときどきくるりと動く。
㋒血液の流れがわかるようになる。
㋓だんだん体の形が見えてくる。
㋔体の形がわかるようになり、目が目立ってくる。

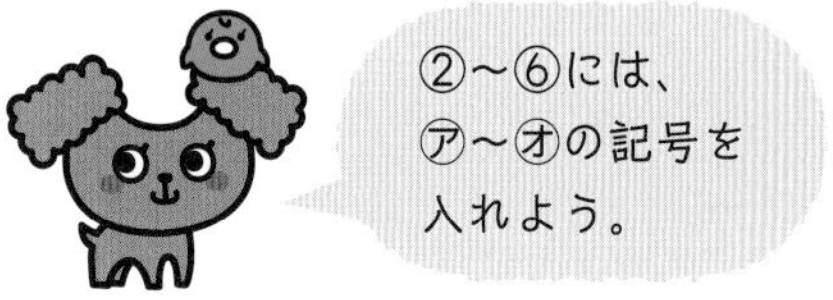
②～⑥には、
㋐～㋔の記号を
入れよう。

▶かいぼうけんび鏡の使い方

(1) レンズをのぞきながら(⑦　　　　)を動かして、明るく見えるようにする。

(2) 観察するものをステージに置き、見たい部分が(⑧　　　　)の真下にくるようにする。

(3) (⑨　　　　)を少しずつ回して、ピントを合わせる。

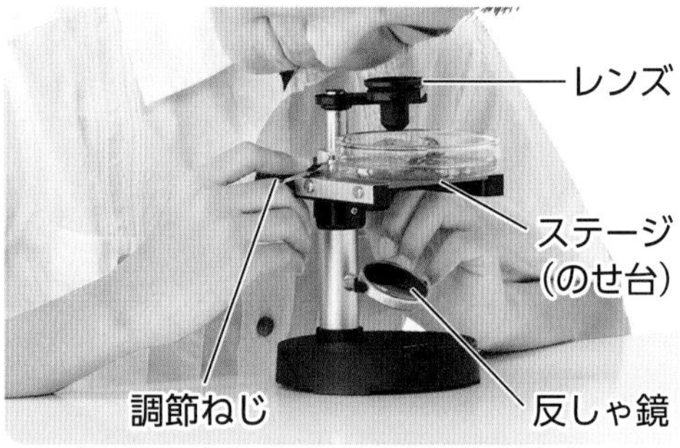
レンズ
ステージ
(のせ台)
調節ねじ
反しゃ鏡

▶そう眼実体けんび鏡の使い方

(1) 観察するものを(⑩　　　　)に置く。

(2) (⑪　　　　)レンズのはばを目のはばに合わせ、両目で見て、見えるはんいが、ぴったり重なるようにする。

(3) 右目でのぞきながら(⑫　　　　)を回して、ピントを合わせる。次に、左目でのぞきながら(⑬　　　　)を回し、はっきり見えるようにする。

接眼《せつがん》レンズ
視度《しど》調節
リング
対物レンズ
調節ねじ
ステージ(のせ台)

ここが、だいじ！

①メダカのたまごは、受精後、中のようすが変化し、メダカの体ができていき、やがて子メダカがたんじょうする。
②たまごの中の子メダカは、たまごにふくまれる養分を使って育つ。

ぴたトリビア
黄色で観賞用《かんしょうよう》のメダカはヒメダカという種類で、黒っぽい野生のメダカとは別の種類です。飼《か》っているメダカを自然の川などに放さないようにしましょう。

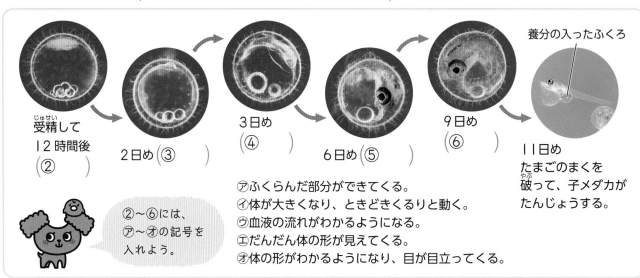

ぴったり2
練習

3. メダカのたんじょう

①メダカのたまご(2)

学習日　　月　　日

教科書　56～60ページ　答え　12ページ

1 メダカのたまごが育っていくようすを観察しました。

㋐(　　)　㋑(　　)　㋒(　　)　たまごからかえった直後

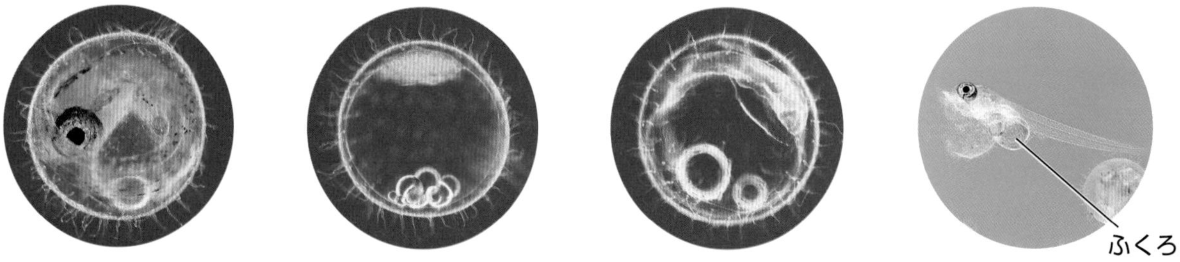

(1) ㋐で、赤く見えるものは何ですか。　(　　　　)

(2) たまごが育っていく順に、㋐～㋒の(　　)に１～３の番号をつけましょう。

(3) たまごの中の子メダカが育っていくための養分について、正しいものに○をつけましょう。

①(　　)たまごの中にふくまれている。

②(　　)水から取り入れている。

③(　　)親メダカがときどきあたえている。

(4) たまごからかえった直後のメダカのはらのふくろの中には、何が入っていますか。

(　　　　)

2 かいぼうけんび鏡について、次の問いに答えましょう。

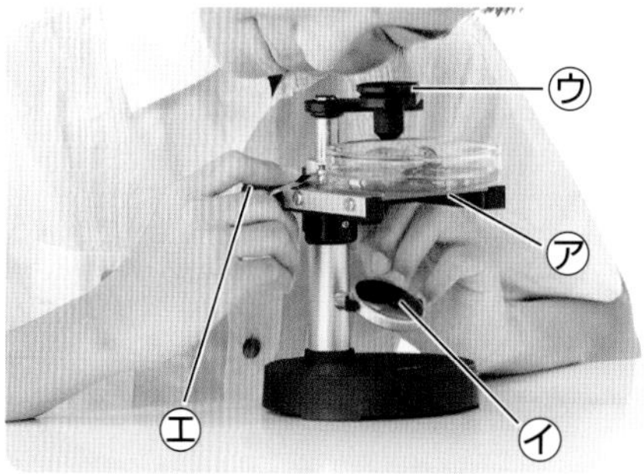

(1) かいぼうけんび鏡は、どんなところに置いて使いますか。正しいものに○をつけましょう。

①(　　)日光が直接《ちょくせつ》当たる明るいところ。

②(　　)日光が直接当たらない明るいところ。

③(　　)日光が当たらないうす暗いところ。

④(　　)真っ暗なところ。

(2) ㋐～㋓の部分の名前をそれぞれかきましょう。

㋐(　　　　)　㋑(　　　　)

㋒(　　　　)　㋓(　　　　)

(3) 観察するものが明るく見えるようにするためには、どこを動かしますか。㋐～㋓の記号をかきましょう。

(　　)

ヒント ❷ (1)目をいためるので、強い光が直接当たるところでは使わないようにします。

ぴったり3

確かめのテスト

3. メダカのたんじょう

時間 30 分

／100

合格 70 点

教科書 52～63ページ　答え 13ページ

1 水そうで、メダカを飼(か)いました。メダカの飼い方について、正しいものに○をつけましょう。

技能　1つ6点(12点)

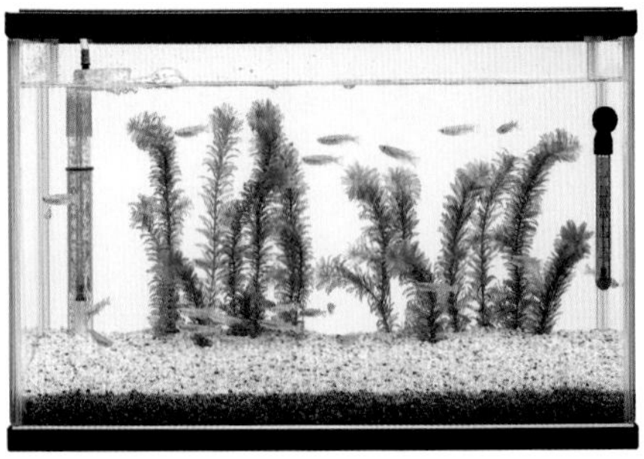

(1) 水そうを置くところ

①(　　)日光が当たるところに置く。

②(　　)日光が直接(ちょくせつ)当たらない明るいところに置く。

③(　　)暗いところに置く。

(2) 水がよごれたとき

①(　　)一度にぜんぶをくみ置きの水と入れかえる。

②(　　)3分の1ぐらいをくみ置きの水と入れかえる。

よく出る

2 メダカの育ちについて調べました。

(1)、(4)はそれぞれ全部できて8点、(2)、(3)は1つ8点(32点)

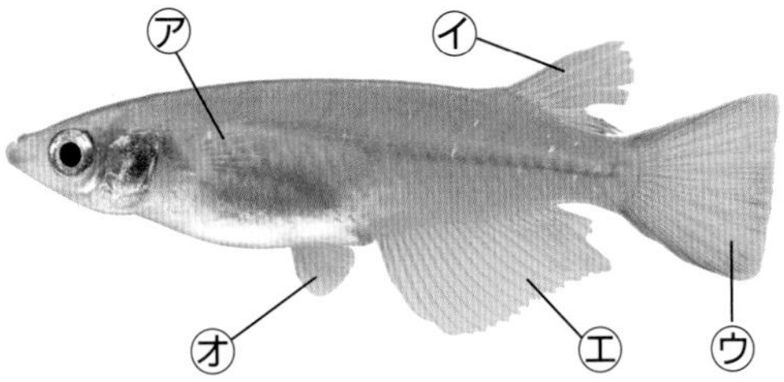

(1) 図のメダカがめすかおすかを見分けるには、どのひれを手がかりにするとよいですか。㋐～㋔から2つ選び、記号をかきましょう。

(　　　)、(　　　)

(2) 図のメダカは、めすとおすのどちらですか。

(　　　　　)

(3) 受精卵(じゅせいらん)は、何と何が結びつくことでできますか。

(　　　　　と　　　　　)

(4) 次の写真は、受精卵が育っていくとちゅうのようすです。受精卵が変化していく順に、①～⑤の(　　)に1～5の番号をつけましょう。

①(5)　②(　　)　③(　　)　④(　　)　⑤(　　)

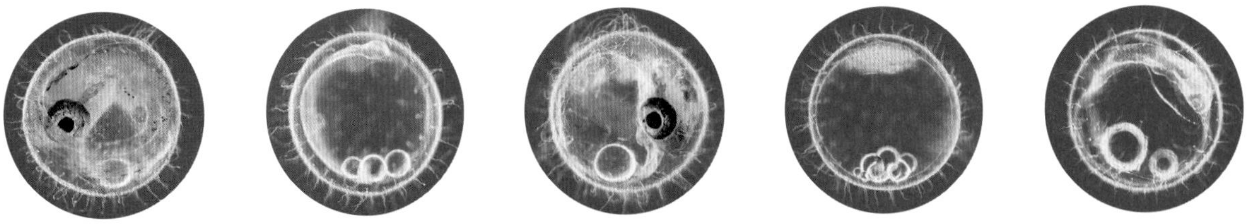

3 メダカのたまごの育ちを観察しました。

技能　1つ6点(24点)

(1) ㋐、㋑の器具の名前をかきましょう。

㋐(　　　　　　　　　　)

㋑(　　　　　　　　　　)

(2) ㋐や㋑の器具は、どんなところに置いて使いますか。正しいものに○をつけましょう。

①(　　)日光が直接当たる明るいところ。

②(　　)日光が直接当たらない明るいところ。

③(　　)暗いところ。

(3) メダカのたまごを観察するときは、どのようにすればよいですか。正しいほうに○をつけましょう。

①(　　)水草についたたまごをピンセットでペトリ皿に取って観察する。

②(　　)たまごのついた水草ごとペトリ皿に取って観察する。

㋐

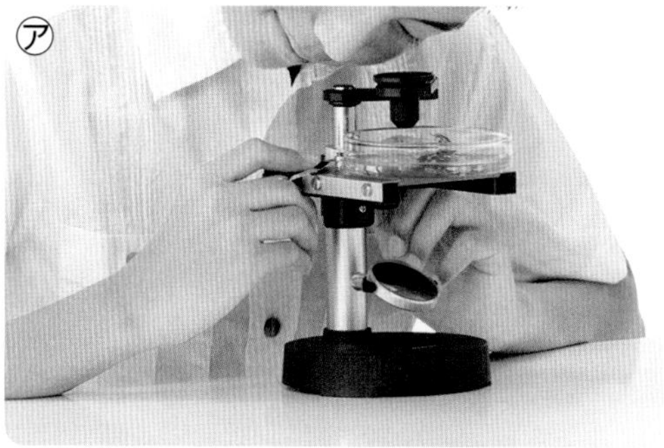

㋑

できたらスゴイ!

4 メダカのたんじょうについて、正しいものには○を、正しくないものには×をつけましょう。

1つ8点(32点)

親メダカの体の中で育って、子メダカは生まれてくるよ。

①(　　)

メダカは、たまごにふくまれている養分を使って育つんだね。

②(　　)

おすが出したたまご(卵《らん》)と、めすが出した精子《せいし》が結びつくことを受精《じゅせい》というよ。

③(　　)

たまごと精子が結びつくと、たまごは育ち始めるんだね。

④(　　)

ふりかえり
2がわからないときは、20ページの1と22ページの1にもどってかくにんしてみましょう。
4がわからないときは、20ページの1と22ページの1にもどってかくにんしてみましょう。

ぴったり1 準備

★台風《たいふう》と気象情報《きしょうじょうほう》

3分でまとめ

学習日　月　日

めあて
台風の動きや台風が近づいてきたときの天気をかくにんしよう。

教科書 65〜67ページ　答え 14ページ

下の(　)にあてはまる言葉をかこう。

1 台風はどのように動き、台風が近づくと天気はどのように変わるのだろうか。 教科書 65〜67ページ

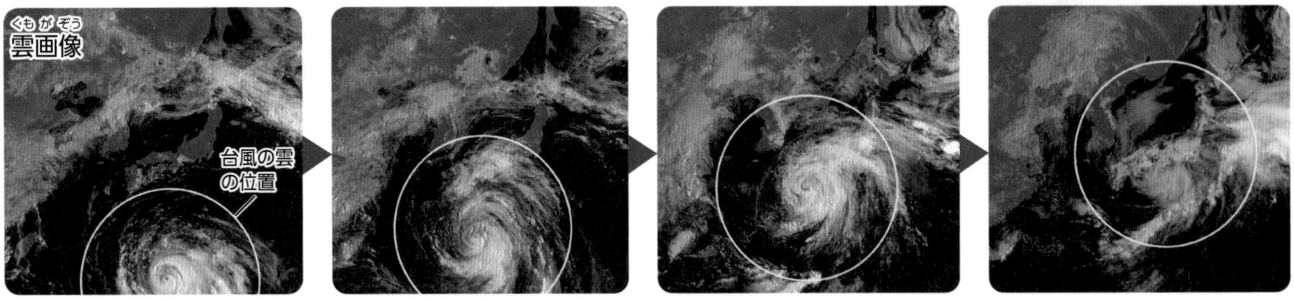

雲画像《くもがぞう》
台風の雲の位置

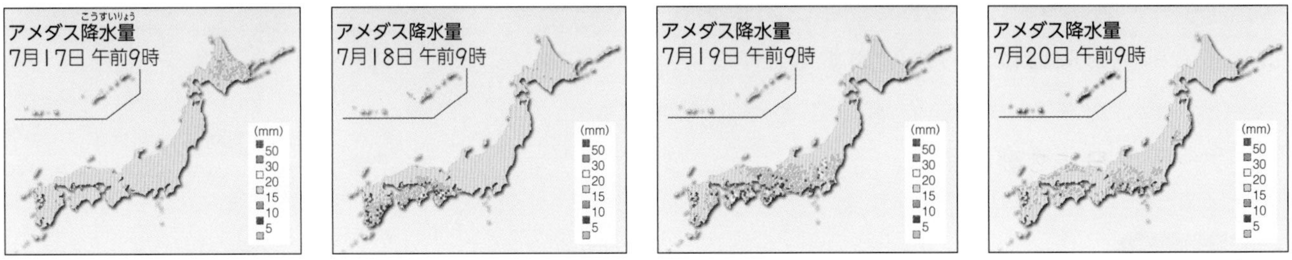

アメダス降水量《こうすいりょう》
7月17日 午前9時
アメダス降水量
7月18日 午前9時
アメダス降水量
7月19日 午前9時
アメダス降水量
7月20日 午前9時
(mm)
50
30
20
15
10
5

7月17日午前9時　7月18日午前9時　7月19日午前9時　7月20日午前9時

▶日本では、夏から(①　　　)にかけて、台風が近づいてくることがある。

▶日本に近づく台風は、(②　　　)の海上で発生し、(③　　　)へ向かって進むことが多い。

台風の経路《けいろ》
7月20日
7月19日
7月18日
7月17日

台風の雲があるところはどんな天気か考えてみよう。

▶台風が近づくと、強い(④　　　)がふいたり、短い時間に大(⑤　　　)がふったりして、(⑥　　　　)が起こることがある。

ここがだいじ!

①台風は、南の海上で発生し、北へ向かって進むことが多い。

②台風が近づくと、強い風がふいたり、短い時間に大雨がふったりして、災害《さいがい》が起こることがある。

ぴたトリビア　自然災害が起こったときに予想されるひ害を、地図上に表したものを「ハザードマップ」といいます。

★台風《たいふう》と気《き》象情報《しょうじょうほう》

学習日　月　日

教科書 65～67ページ　答え 14ページ

1 次の図は、台風が日本に近づいたときの雲のようすを、１日ごとに表したものです。

㋐

㋑

㋒

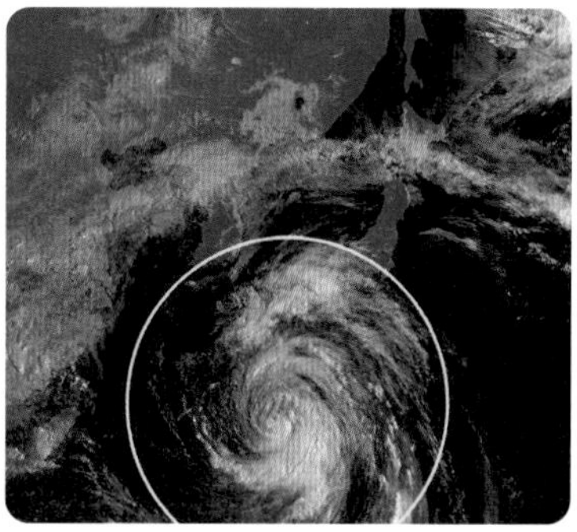

(1) 図の黄色の円の中の白い部分(雲)は何を表していますか。

(　　　　　)

(2) ㋐～㋒を日にちの早い順にならべましょう。

(　　)→(　　)→(　　)

(3) 台風が多く日本に近づくのはいつごろですか。正しいものに○をつけましょう。

①(　　)春～夏　②(　　)夏～秋

③(　　)秋～冬　④(　　)冬～春

(4) 台風が近づくと、風や雨はどうなりますか。正しいものに○をつけましょう。

①(　　)風は弱くなり、雨の量は少なくなる。

②(　　)強い風はふくが、雨の量は少なくなる。

③(　　)風は弱くなるが、大雨がふる。

④(　　)強い風がふいたり、大雨がふったりする。

2 次の①～⑥の災害《さいがい》を、雨による災害と風による災害とに分け、(　　)に「雨」か「風」をかき入れましょう。

①(　　　)洪水《こうずい》が起き、家の中に水が入ってくる。

②(　　　)かん板や屋根がわらが、ふき飛ばされる。

③(　　　)がけくずれが起きて、家がおしつぶされたり、道路がふさがれたりする。

④(　　　)しゅうかく前のリンゴやナシが落とされる。

⑤(　　　)電柱がたおされる。

⑥(　　　)川の増水《ぞうすい》で橋が流される。

ヒント ❶ (1)台風の雲の集まりは、うずをまいた形をしています。

ぴったり3
確かめのテスト
★台風《たいふう》と気象情報《きしょうじょうほう》

時間 30 分

／100

合格 70 点

教科書 64〜69ページ　答え 15ページ

よく出る

1 次の図は、ある連続した3日間の雲のようすを表したものです。

⑵、⑶、⑷は1つ7点、⑴は全部できて7点（28点）

㋐

㋑

㋒

⑴ 上の㋐〜㋒を、日にちの早いものから順にならべましょう。

（　　　）→（　　　）→（　　　）

⑵ 白くうずをまいて見える雲は何ですか。

（　　　）

⑶ ⑵の雲は、東・西・南・北のどの方位からどの方位へ動いたといえますか。

（　　　から　　　）

⑷ 関東地方で、風や雨が最もはげしくなったのは、㋐〜㋒のどの日にちと考えられますか。記号をかきましょう。

思考・表現

（　　　）

2 右の図は、月ごとの台風のおもな経路《けいろ》を表したものです。

⑴、⑶は1つ6点、⑵は8点（20点）

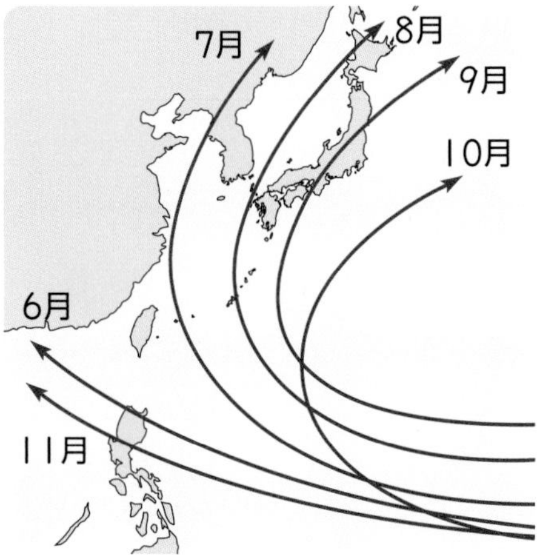

⑴ 台風は、日本から見てどの方位の海上で発生しますか。東・西・南・北で答えましょう。

（　　　）

⑵ 日本に台風が近づいてくることが多いのは、いつからいつにかけてですか。春・夏・秋・冬で答えましょう。

（　　　から　　　）

⑶ 台風の動きと天気の変化には関係がありますか、ありませんか。

（　　　）

❸ 右の図は、ある日の日本付近の台風の雲のようすです。

1つ7点(28点)

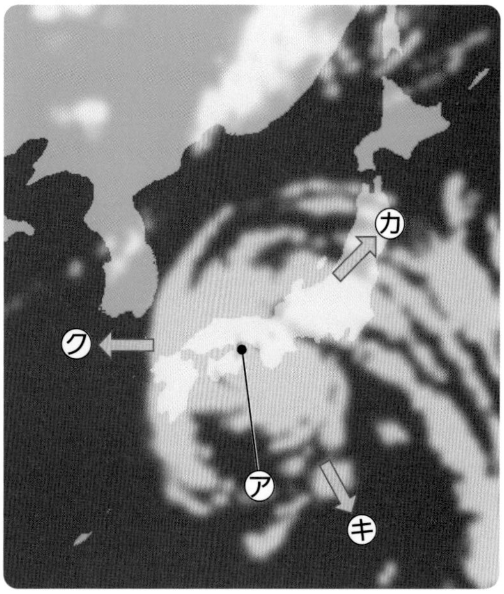

(1) 気象衛星《えいせい》(人工衛星)から送られてくる情報をもとに、雲のようすをわかりやすく表した画像《がぞう》を何といいますか。（　　　　）

(2) 日本付近の台風の動きと天気の変化について調べるには、何月ごろの気象情報を集めるとよいですか。正しいものに○をつけましょう。

①(　　)1～2月ごろ　②(　　)3～4月ごろ

③(　　)8～9月ごろ　④(　　)12～1月ごろ

(3) ㋐の地いきの天気としてあてはまると考えられるものに○をつけましょう。

①(　　)強い風がふき、大雨がふっている。

②(　　)雨はふっていないがくもっている。

③(　　)風や雨はおさまり、晴れている。

(4) この後、台風は、どの向きに動くと考えられますか。図の㋕～㋗の矢印から選んで、記号をかきましょう。（　　）

できたらスゴイ!

❹ 右の図は、連続した2日間の台風の雲のようすです。

1つ8点(24点)

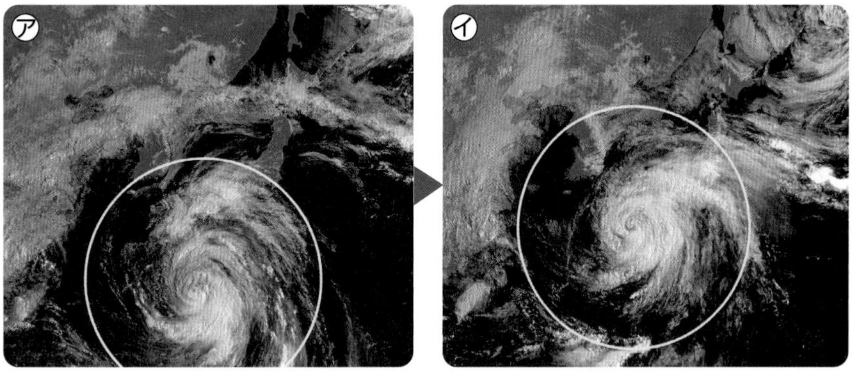

(1) ㋐、㋑のときの降水量《こうすいりょう》を表していると考えられるものを、下の①～③からそれぞれ選びましょう。

㋐(　　)　㋑(　　)

(2) ㋐のときの東京の天気として正しいと考えられるほうに○をつけましょう。

ア(　　)晴れ

イ(　　)雨

①

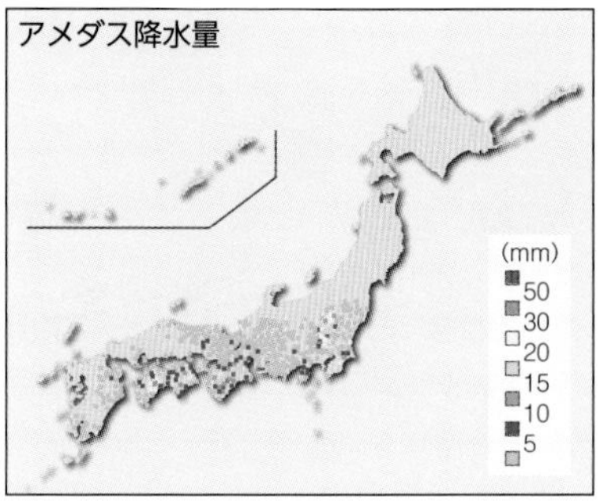

②

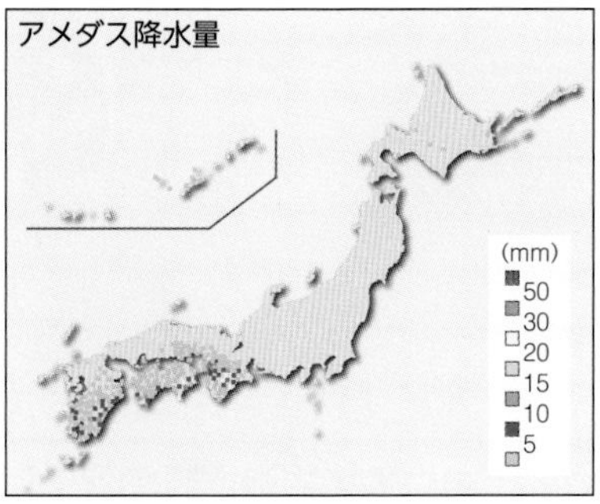

③

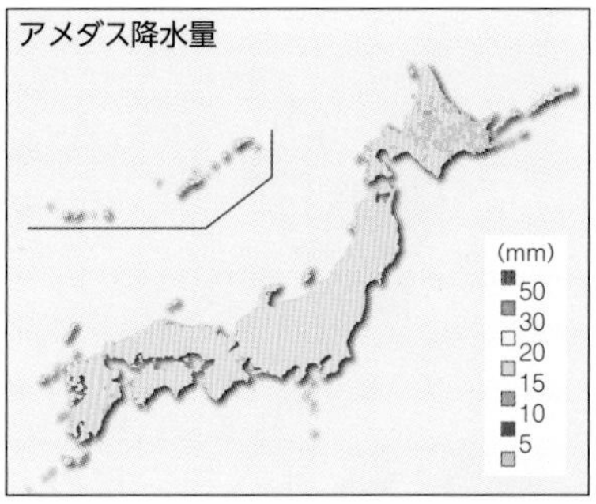

この本の終わりにある「夏のチャレンジテスト」をやってみよう！

ふりかえり
❸がわからないときは、26ページの❶にもどってかくにんしてみましょう。
❹がわからないときは、26ページの❶にもどってかくにんしてみましょう。

4. 花から実へ

①花のつくり(1)

学習日　　月　　日

めあて
植物の花のつくりをかくにんしよう。

教科書　74～79ページ　答え　16ページ

下の(　　)にあてはまる言葉をかくか、あてはまるものを○で囲《かこ》もう。

1 ヘチマのめばなとおばなは、どんなつくりになっているのだろうか。

教科書　74～79ページ

▶アブラナやアサガオは、1つの花にめしべと(①　　　　　)がある。

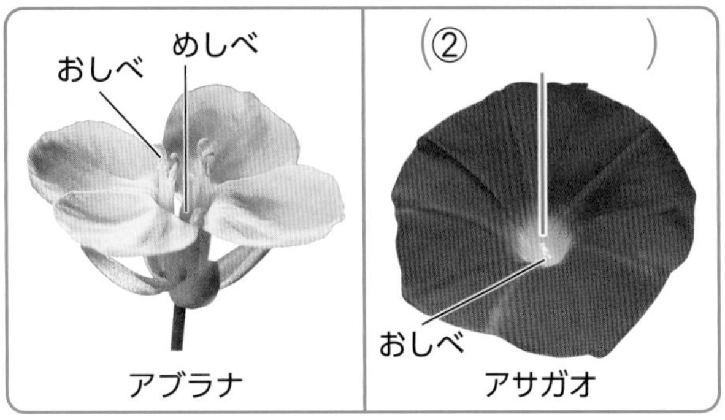
おしべ
めしべ
アブラナ
(②　　　　　)
おしべ
アサガオ

▶ヘチマには(③　1　・　2　)種類の花がさく。

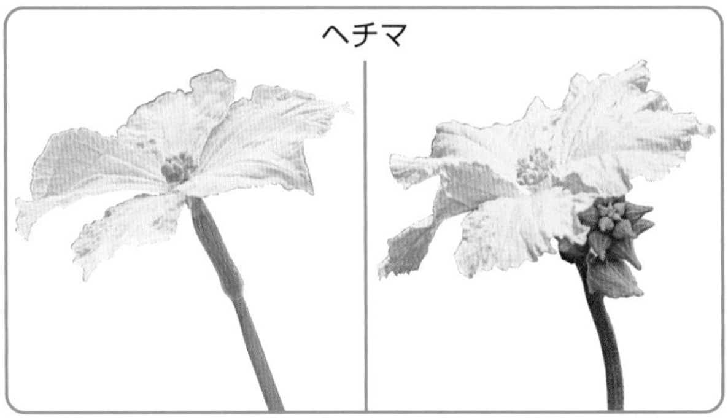
ヘチマ

▶ヘチマのめばなにはめしべがあり、おばなには(④　　　　　　　)があります。

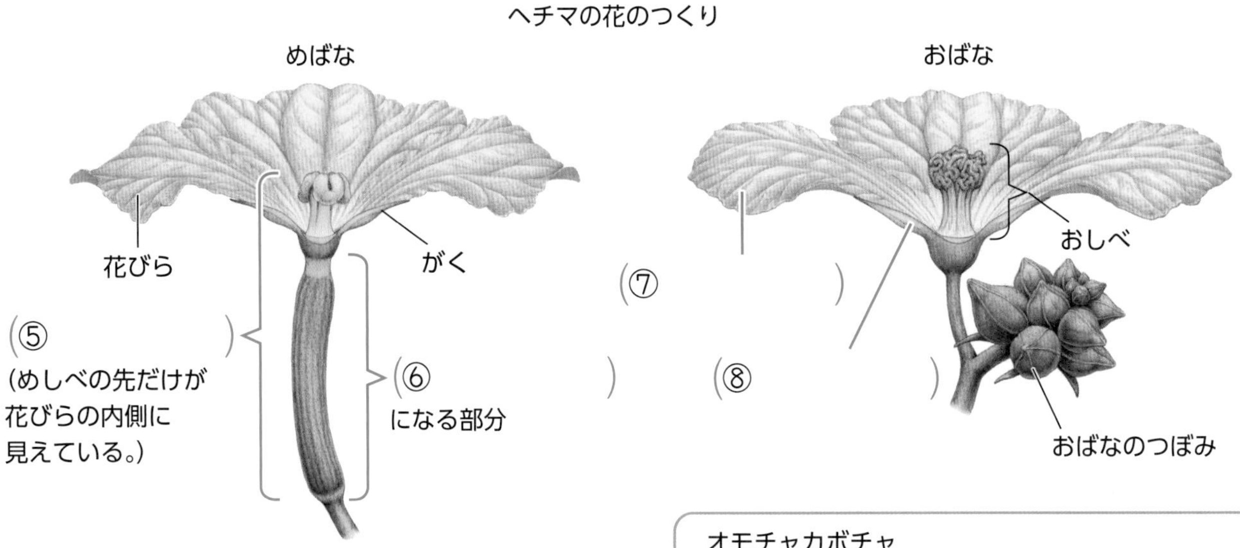
ヘチマの花のつくり
めばな
花びら
がく
(⑤　　　　　)
(めしべの先だけが花びらの内側に見えている。)
(⑥　　　　　)
になる部分
おばな
おしべ
(⑦　　　　　)
(⑧　　　　　)
おばなのつぼみ

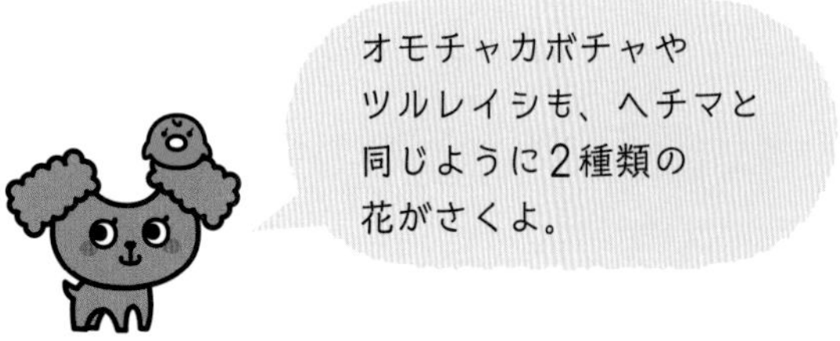
オモチャカボチャやツルレイシも、ヘチマと同じように2種類の花がさくよ。

オモチャカボチャ
めばな
おばな

ここが、だいじ！
①ヘチマには、めばなとおばなの2種類の花がさく。
②めばなにはめしべがあり、おばなにはおしべがある。

ぴたトリビア　花は、色や形のほか、においやみつを出すことで、虫などをよびよせているよ。

1 アブラナの花とヘチマの花のつくりを調べました。

アブラナ

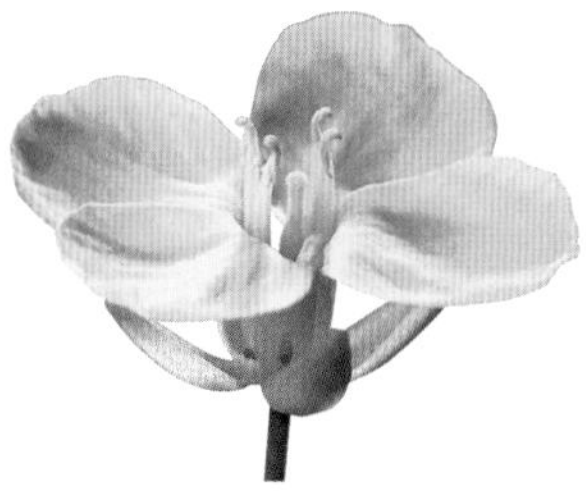

ヘチマ

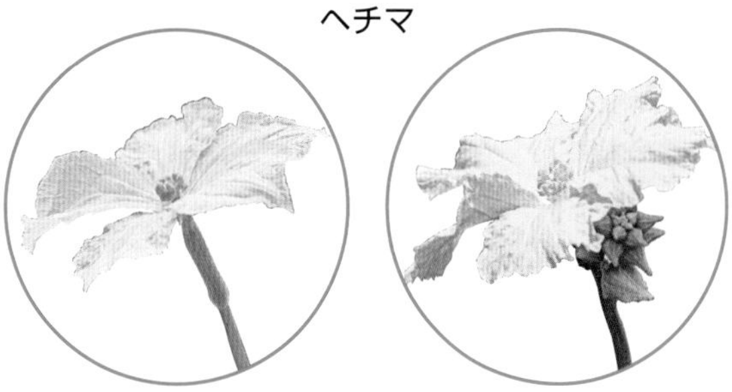

(1) 2種類の花がさくのは、アブラナ、ヘチマのどちらですか。

(　　　　　　　　)

(2) アブラナの花のつくりとして、正しいものに○をつけましょう。

①(　　)どの花も1つの花にめしべとおしべの両方がある。
②(　　)おしべはあるがめしべのない花がある。
③(　　)めしべはあるがおしべのない花がある。

2 ヘチマの花のつくりを調べました。

㋐　　　　　　　　　　㋑

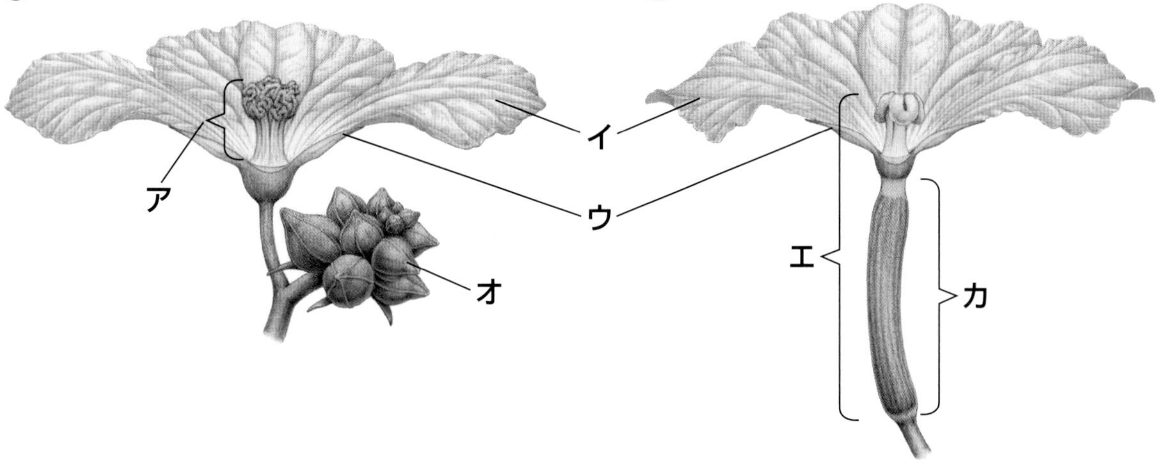

(1) ㋐、㋑のどちらがめばなですか。

(　　)

(2) **ア**～**エ**の部分をそれぞれ何といいますか。

ア(　　　　　　)　**イ**(　　　　　　)
ウ(　　　　　　)　**エ**(　　　　　　)

(3) **ア**～**カ**のどこが実になる部分ですか。

(　　)

(4) めばなとおばなの2種類の花がある植物に○をつけましょう。

①(　　)アサガオ　②(　　)オモチャカボチャ　③(　　)アブラナ

4. 花から実へ

①花のつくり(2)

めあて

花のつくりや、おしべからめしべへ花粉が運ばれることをかくにんしよう。

教科書 75～79ページ　答え 17ページ

下の(　　)にあてはまる言葉をかくか、あてはまるものを○で囲《かこ》もう。

1 ヘチマのめしべやおしべを観察してみよう。

教科書 75～79ページ

▶(①　　　　　　　)を使うと、目や虫眼鏡《むしめがね》では見えにくい小さなものをかく大して、調べることができます。

(1)対物レンズをいちばん(②　高い　・　低い　)倍率《ばいりつ》のものにする。接眼《せつがん》レンズをのぞきながら、(③　　　　　　　　)を動かして、明るく見えるようにする。

(2)観察したい部分が、対物レンズの真下にくるように、プレパラートを(④　　　　　　　　)に置いて、クリップで留《と》める。

(3)横から見ながら(⑤　　　　　　　　)を回して、対物レンズとプレパラートをできるだけ近づける。

(4)接眼レンズをのぞきながら、調節ねじを(3)とは逆《ぎゃく》向《む》きに(対物レンズとプレパラートをはなす向きに)ゆっくりと回し、ピントを合わせる。

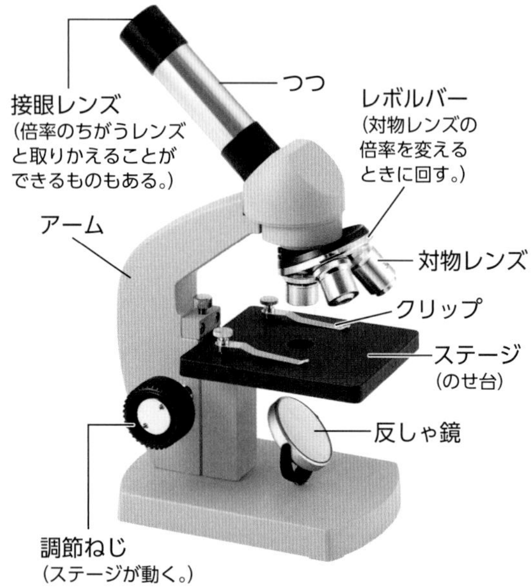
つつ
接眼レンズ
(倍率のちがうレンズと取りかえることができるものもある。)
レボルバー
(対物レンズの倍率を変えるときに回す。)
アーム
対物レンズ
クリップ
ステージ
(のせ台)
反しゃ鏡
調節ねじ
(ステージが動く。)

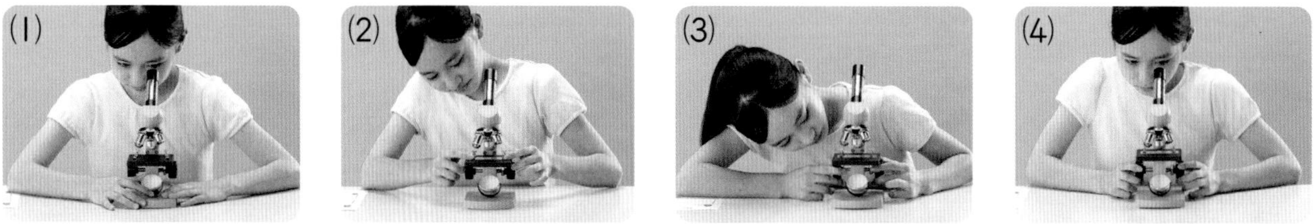
(1)
(2)
(3)
(4)

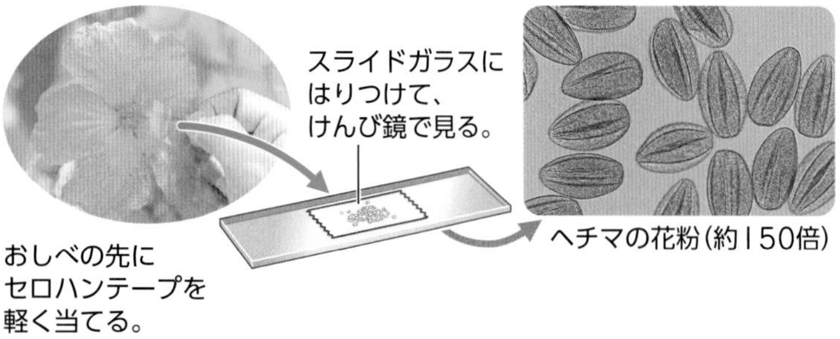
スライドガラスにはりつけて、けんび鏡で見る。
おしべの先にセロハンテープを軽く当てる。
ヘチマの花粉(約150倍)

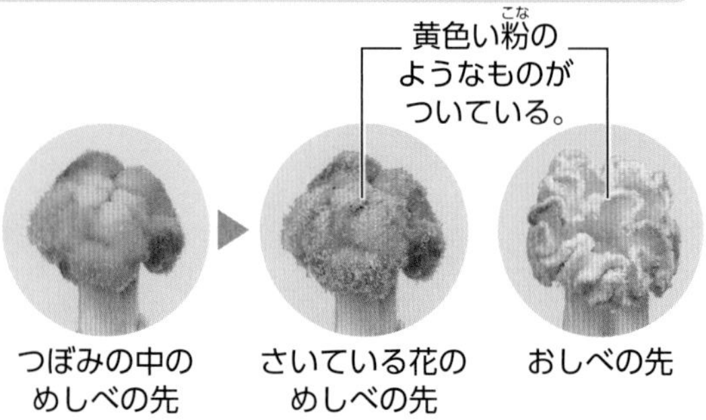
黄色い粉《こな》のようなものがついている。
つぼみの中のめしべの先
さいている花のめしべの先
おしべの先

▶おしべの先には(⑥　　　　　)がついている。

▶めしべの先についている(　⑥　)はハチなどのこん虫により、(⑦　　　　　　　)から運ばれたものである。

ここが、だいじ!

①おしべの先についている粉のようなものを花粉《かふん》という。

②おしべの花粉が運ばれて、めしべにつく。

ぴたトリビア　花粉には、風にとばされやすいように軽《かる》くてざらざらしたものや、虫などの体にくっつきやすいようにねばねばしたものがあるよ。

ぴったり2 練習

4. 花から実へ

①花のつくり⑵

学習日　月　日

教科書 75~79ページ　答え 17ページ

1 ヘチマのめしべの先とおしべの先を調べたところ、さいている花のめしべの先とおしべの先に黄色い粉《こな》のようなものがついていました。

さいている花のめしべの先

おしべの先

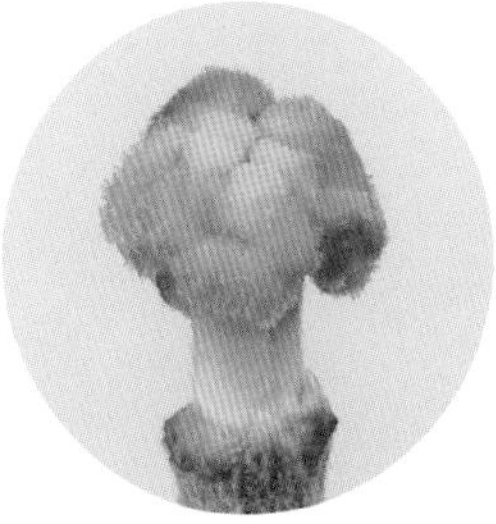

つぼみの中のめしべの先

⑴ この黄色い粉のようなものを何といいますか。

（　　　　　　　）

⑵ この黄色い粉のようなものがたくさんついていたのは、さいている花のめしべの先と、おしべの先のどちらですか。

（　　　　　　　）

⑶ つぼみの中のめしべの先に、黄色い粉のようなものはついていますか。

（　　　　　　　）

⑷ この黄色い粉のようなものについて、正しいほうに○をつけましょう。

①（　　）おしべから運ばれて、めしべの先についた。

②（　　）めしべから運ばれて、おしべの先についた。

⑸ ヘチマのこの黄色い粉のようなものは、主に何によって運ばれますか。正しいものに○をつけましょう。

①（　　）風　　②（　　）こん虫　　③（　　）鳥

2 ヘチマの花粉《かふん》をくわしく観察しました。

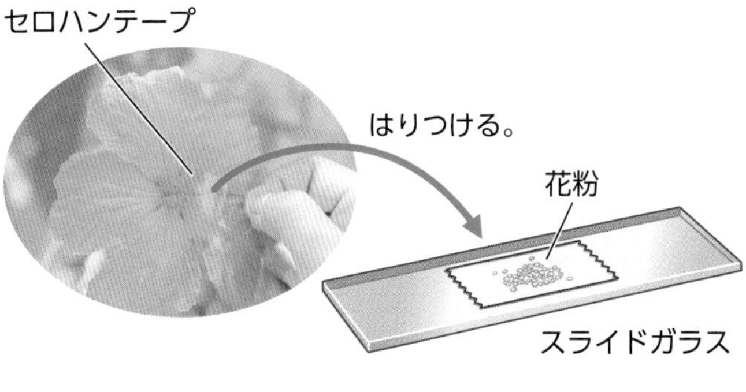

⑴ セロハンテープは、めしべの先と、おしべの先のどちらに当てて花粉をつけるとよいですか。

（　　　　　　　）

⑵ スライドガラスにはりつけた花粉は、何という器具を使って観察するとよいですか。

（　　　　　　　）

⑶ ⑵の器具で観察するためにつくったものを何といいますか。

（　　　　　　　）

4. 花から実へ

②花粉《かふん》のはたらき

学習日　　月　　日

めあて
受粉の役割や、実のでき方をかくにんしよう。

教科書 80〜83ページ　答え 18ページ

下の（　）にあてはまる言葉をかくか、あてはまるものを○で囲《かこ》もう。

1 実ができるためには、受粉《じゅふん》が必要なのだろうか。　教科書 80〜83ページ

▶花粉がめしべの先につくことを（①　　　　）という。

夕方

明日さきそうな（② めばな ・ おばな）のつぼみ２つにふくろをかぶせる。

次の日

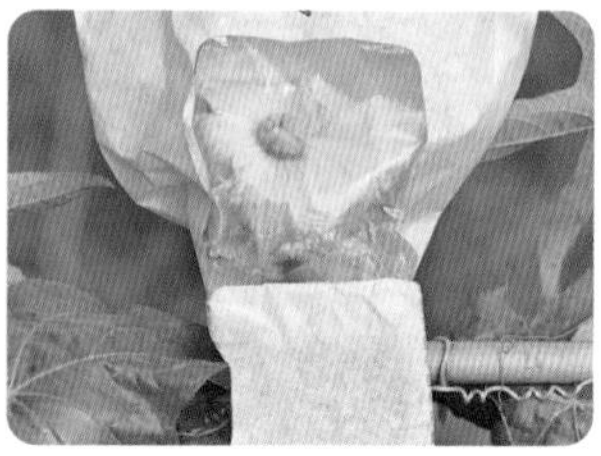

花がさいたらふくろを外してめしべの先に（③　　　　）をつけて、もう一度ふくろをかぶせる。（受粉させる。）

ふくろをかぶせたままにしておく。（受粉させない。）

その後　花がしおれたらふくろを外す。

受粉しためばな

めばながしぼむ。

実ができる。

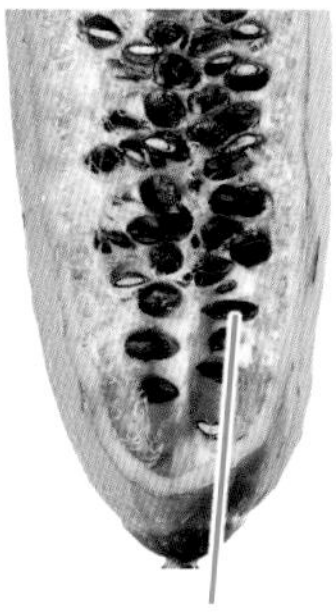

（④　　　　）

受粉しなかっためばな

めばながしぼむ。

かれ落ちる。

▶ヘチマは受粉すると、めしべのふくらんだ部分が育って（⑤　　）になり、中に（　④　）ができる。

▶ヘチマは、受粉しないと実が（⑥ できる ・ できない）。

ここがだいじ！
①花粉がめしべの先につくことを、受粉という。
②ヘチマは受粉すると実ができ、中に種子ができる。

ぴたトリビア　ハチなどのこん虫が花粉を運び受粉させることは、農業でも利用されています。

学習日　　月　　日

4. 花から実へ

②花粉《かふん》のはたらき

教科書 80〜83ページ　答え 18ページ

1 育てているヘチマで、花粉のはたらきと実のでき方を調べました。

夕方

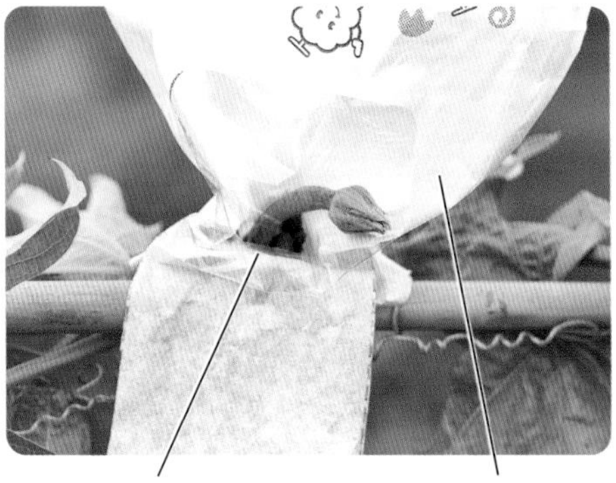

明日さきそうなつぼみ

ふくろをかぶせておく。

次の日

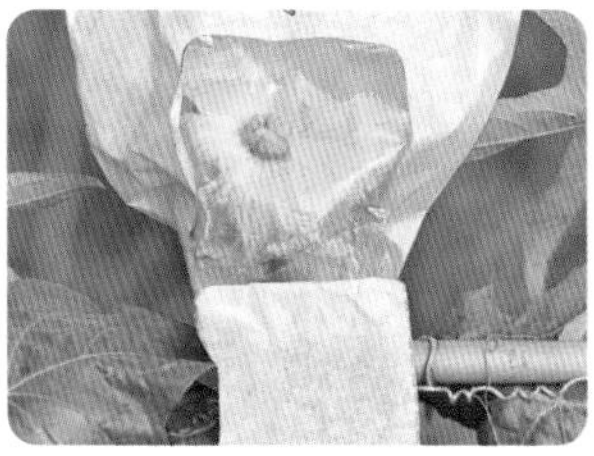

その後 → ㋐

花がさいたらふくろを外し、めしべの先に花粉をつけて、もう一度ふくろをかぶせる。

そのままにしておく。 → ㋑

(1) ふくろをかぶせるつぼみは、めばな、おばなのどちらですか。

(　　　　　　)

(2) つぼみにふくろをかぶせるのはなぜですか。正しいものに○をつけましょう。

①(　　)日光を直接《ちょくせつ》当てないようにするため。

②(　　)雨や風に当てないようにするため。

③(　　)花がさいたときに、めしべの先に花粉がつかないようにするため。

(3) 花粉がめしべの先につくことを何といいますか。

(　　　　　　)

(4) 花がしおれた後、ふくろを外すと、下の①、②の写真のようになりました。㋐、㋑にあてはまる写真はどちらですか。記号をかきましょう。

①(　　)

かれる。

②(　　)

実ができる。

(5) 実が育つと、中に何ができますか。

(　　　　　　)

ヒント　1 (2)つぼみの中のめしべには、花粉がついていません。

ぴったり3
確かめのテスト

4. 花から実へ

時間 30 分　／100　合格 70 点

教科書 72〜87ページ　答え 19ページ

よく出る

1 アサガオの花とヘチマの花のつくりを調べました。　1つ6点(42点)

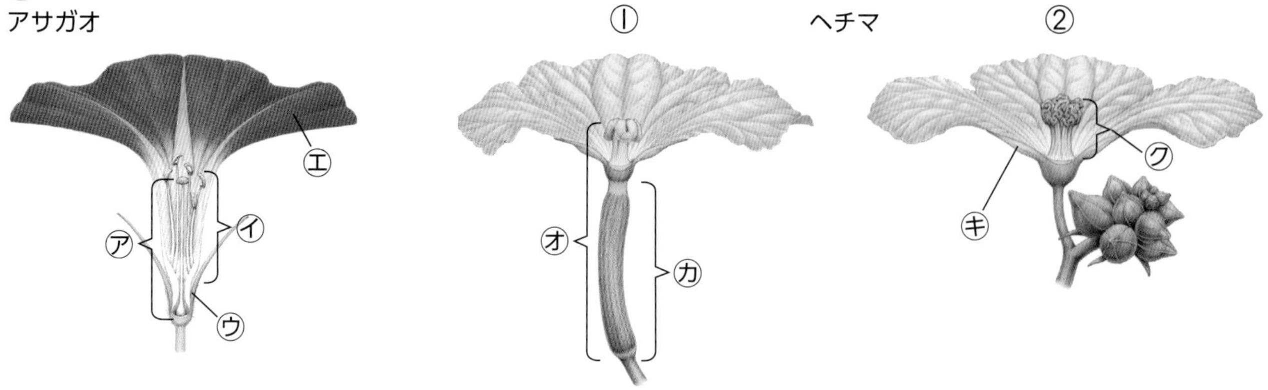
アサガオ
①
ヘチマ
②
㋐
㋑
㋒
㋓
㋔
㋕
㋖
㋗

(1) ㋐〜㋓の部分を何といいますか。

㋐(　　　　　)　㋑(　　　　　)
㋒(　　　　　)　㋓(　　　　　)

(2) ヘチマのめばなは、①、②のどちらですか。　(　　)

(3) アサガオの花の㋐、㋑の部分は、ヘチマの花ではどこですか。㋔〜㋗からそれぞれ選んで、記号をかきましょう。　㋐(　　)　㋑(　　)

2 ヘチマの花粉《かふん》をけんび鏡で観察しました。　技能　1つ6点(36点)

(1) ㋐〜㋓の部分の名前を(　　)にかきましょう。　㋐(　　　　　)

(2) ㋓を回すと、どうなりますか。

(　　　　　　　　　　)

(3) ㋔の花は、おばな、めばなのどちらを使えばよいですか。

(　　　　　)

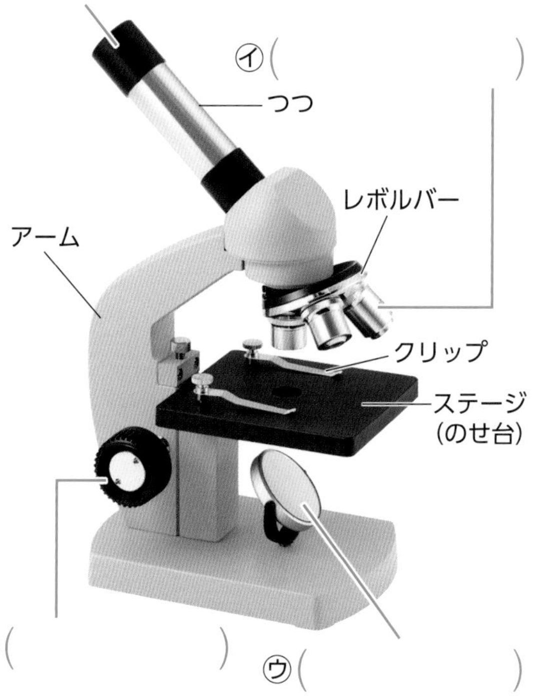
㋑(　　　　　)
つつ
レボルバー
アーム
クリップ
ステージ
(のせ台)
㋓(　　　　　)
㋒(　　　　　)

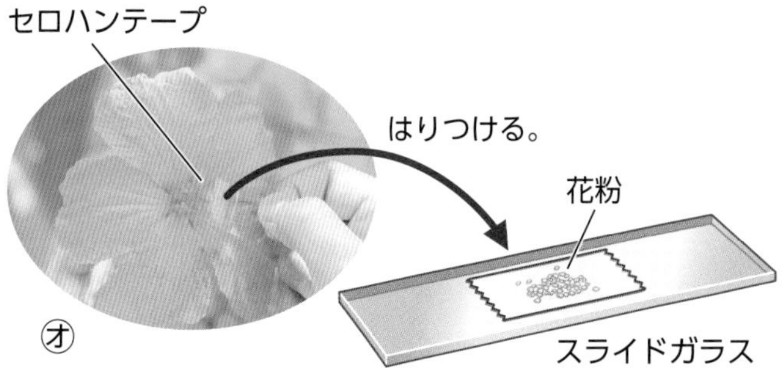
セロハンテープ
はりつける。
花粉
スライドガラス
㋔

できたらスゴイ!

3 育てているヘチマを使って、花粉のはたらきと実のでき方を調べました。

(1)、(3)は1つ6点、(2)は10点(22点)

㋐

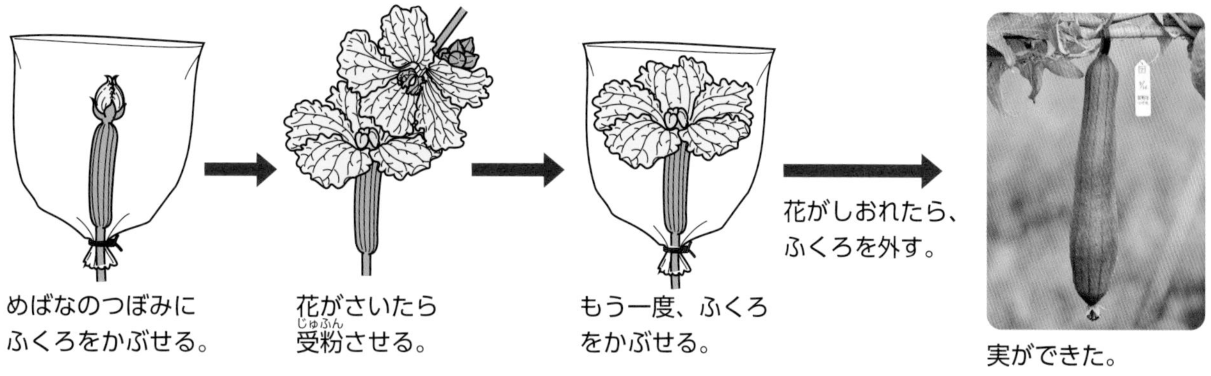
めばなのつぼみに
ふくろをかぶせる。
花がさいたら
受粉《じゅふん》させる。
もう一度、ふくろ
をかぶせる。
花がしおれたら、
ふくろを外す。
実ができた。

㋑

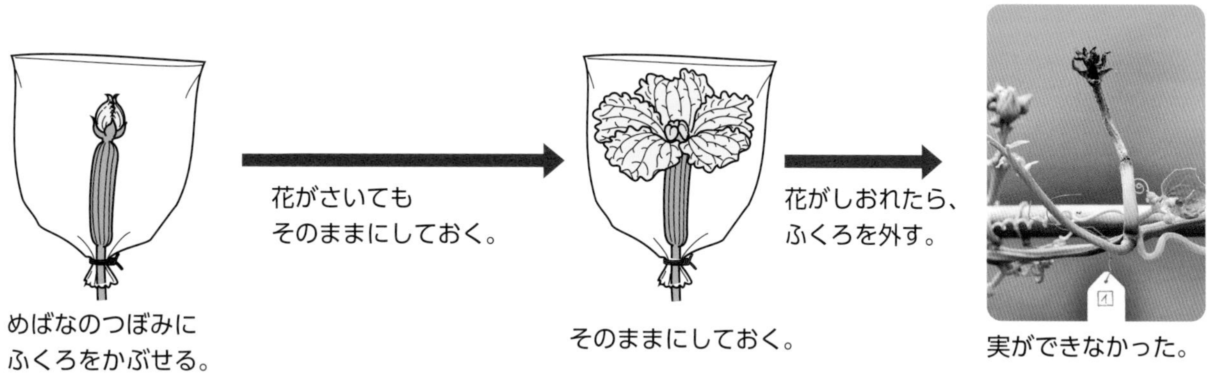
めばなのつぼみに
ふくろをかぶせる。
花がさいても
そのままにしておく。
そのままにしておく。
花がしおれたら、
ふくろを外す。
実ができなかった。

(1) さいているめばなではなく、つぼみにふくろをかぶせるのはなぜですか。正しいものに○をつけましょう。　技能

①(　　)つぼみの中のめしべの先には花粉がついていないので、花がさいたときに花粉がつくようにしている。

②(　　)つぼみの中のめしべの先には花粉がついていないので、花がさいたときに花粉がつかないようにしている。

③(　　)つぼみの中のめしべの先には花粉がついているので、花がさいたときにもっと花粉がつくようにしている。

④(　　)つぼみの中のめしべの先には花粉がついているので、花がさいたときに花粉が取れてしまわないようにしている。

(2) 記述 この実験から、どんなことがわかりますか。　思考・表現

(　　　　　　　　　　)

(3) この実験では、人がおしべの花粉をめしべの先につけていますが、自然にあるヘチマで、おしべからめしべに花粉を運んでいるものは何ですか。

(　　　　)

ふりかえり
1がわからないときは、30ページの1にもどってかくにんしてみましょう。
3がわからないときは、34ページの1にもどってかくにんしてみましょう。

ぴったり1
準備

3分でまとめ

学習日　　月　　日

5. ヒトのたんじょう

①ヒトの受精卵《じゅせいらん》(1)

めあて
受精したヒトの卵が育っていくようすをかくにんしよう。

教科書 90〜93ページ　答え 20ページ

下の(　　)にあてはまる言葉をかくか、あてはまるものを○で囲《かこ》もう。

1 ヒトは、母親の体内で、どのように育ってたんじょうするのだろうか。

教科書 90〜93ページ

▶女性《じょせい》の体内でつくられた(①　　　　)が、
男性《だんせい》の体内でつくられた(②　　　　)と
結びつくと、(　①　)は育ち始める。

▶卵《らん》と精子《せいし》が結びつくことを(③　　　　)と
いい、(　③　)した卵を(④　　　　)
という。

▶受精卵は、母親の体内にある(⑤　　　　)
で育つ。

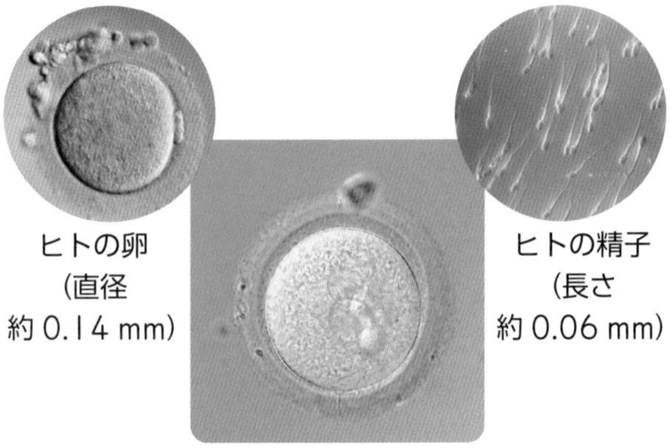

ヒトの卵
(直径
約0.14 mm)

ヒトの精子
(長さ
約0.06 mm)

ヒトの受精卵

▶ヒトの育ち

受精後約4週

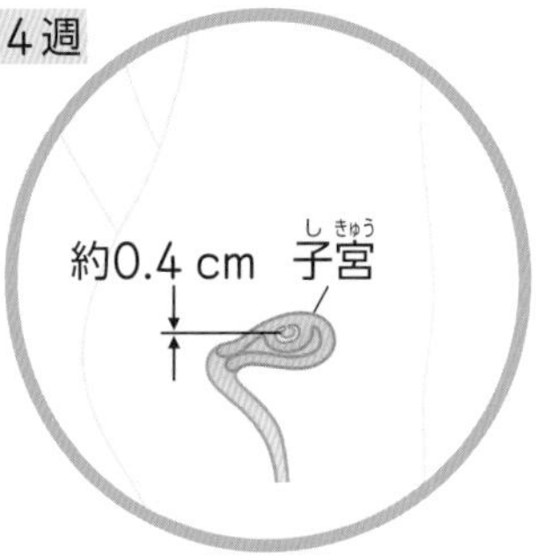

(身長約0.4 cm)
(⑥　心ぞう　・　手や足　)
が動き始める。

約10週

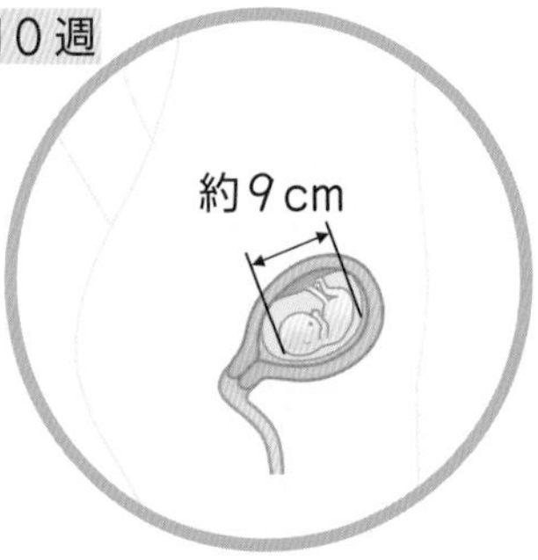

(身長約9 cm、体重約20 g)
手足がはっきりしてきて、
ヒトらしい体になる。

約18週

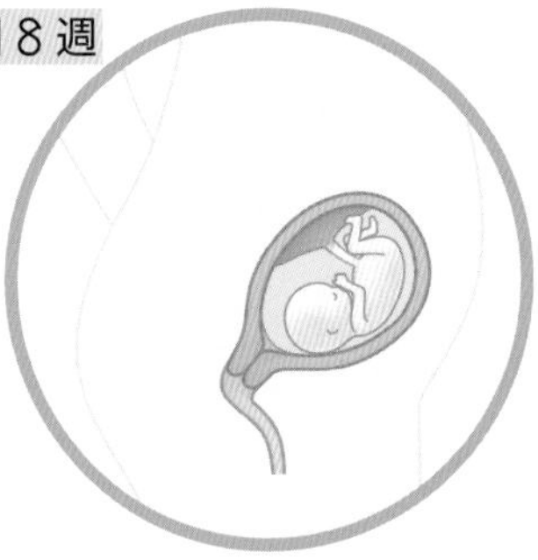

(身長約25 cm、体重約250 g)
顔や体の形が、よりはっきり
わかる。かみの毛やつめが
生え始める。

約26週

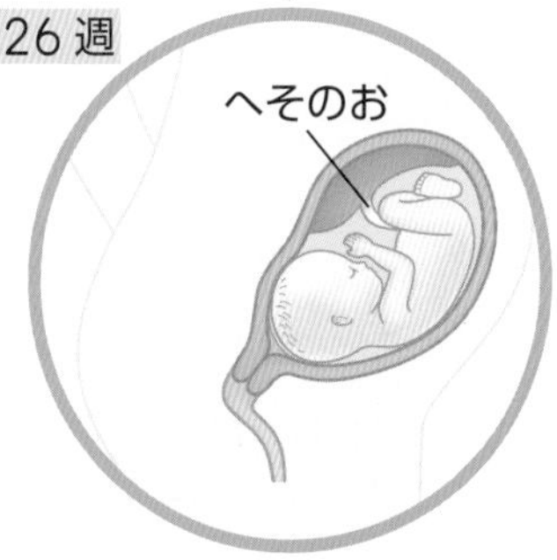

(身長35 cm、体重約1000 g)
ほねやきん肉が発達して、
活発に動くようになる。

約34週

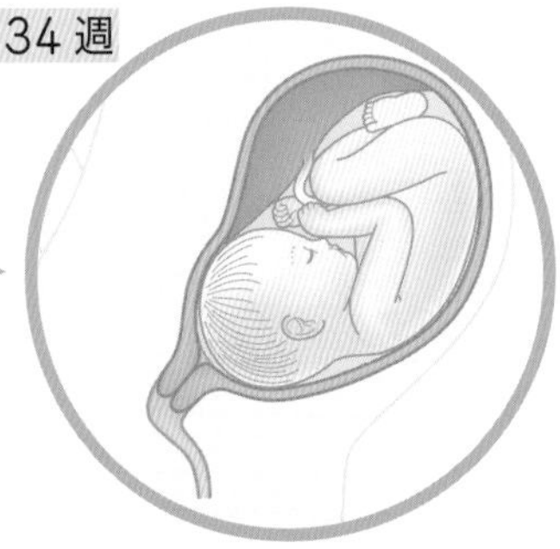

(身長45 cm、体重約2000 g)
体重がどんどん増《ふ》えて、
体に丸みが出てくる。

ここが、だいじ!
①女性の体内でつくられた卵(卵子)が、男性の体内でつくられた精子と結びつくことを受精《じゅせい》といい、受精した卵を受精卵という。

ぴたトリビア　いま地球にすむ人類は、みなホモ・サピエンスという同じ種類の生物です。

ぴったり2 **練習**

学習日　　月　　日

5. ヒトのたんじょう

①ヒトの受精卵《じゅせいらん》(1)

教科書 90〜93ページ　答え 20ページ

1 次の写真は、ヒトの卵《らん》(卵子《らんし》)と精子《せいし》のようすです。

卵

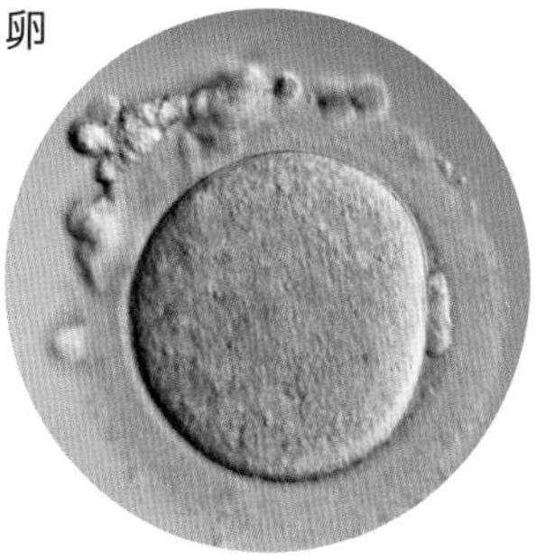

精子

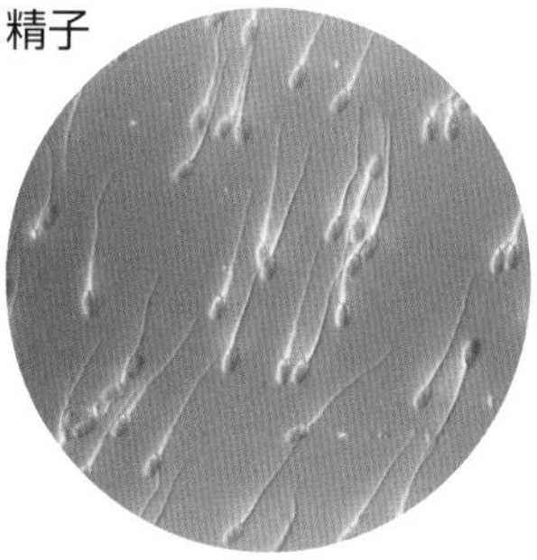

(1) ヒトの卵の直径と精子の長さの実際《じっさい》の大きさはおよそどれぐらいですか。正しいものをそれぞれ選んで答えましょう。

①約 0.06 mm

②約 0.08 mm

③約 0.14 mm

卵(　　　)　精子(　　　)

(2) 男性《だんせい》の体内でつくられるのは、卵と精子のうちのどちらですか。

(　　　　　)

(3) 卵が精子と結びつくことを何といいますか。

(　　　　　)

(4) 精子と結びついた卵を何といいますか。

(　　　　　)

2 次の㋐〜㋔の図は、ヒトの受精卵が母親の体内で育っていくようすを表しています。

㋐(　　)　㋑(　　)　㋒(　　)　㋓(　　)　㋔(　　)

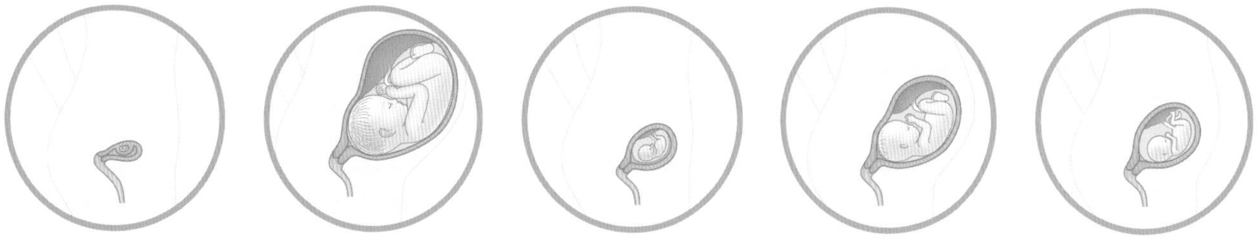

(1) 受精卵は、母親の体内のどこで育ちますか。

(　　　　　)

(2) 受精卵が育っていく順に、㋐〜㋔の(　　)に1〜5の番号をつけましょう。

(3) 次の①〜⑤は、㋐〜㋔を説明しています。それぞれどの図を説明したものですか。記号をかきましょう。

①(　　)顔や体の形が、よりはっきりわかる。かみの毛やつめが生え始める。

②(　　)心ぞうが動き始める。

③(　　)ほねやきん肉が発達して、活発に動くようになる。

④(　　)手足がはっきりしてきて、ヒトらしい形なる。

⑤(　　)体重がどんどん増《ふ》えて、体に丸みが出てくる。

5. ヒトのたんじょう

①ヒトの受精卵《じゅせいらん》(2)

学習日　　月　　日

めあて
子宮でのヒトの育ちや、ヒトのたんじょうをかくにんしよう。

教科書 94〜96ページ　答え 21ページ

下の(　)にあてはまる言葉をかくか、あてはまるものを○で囲《かこ》もう。

1 子宮《しきゅう》の中のようすは、どうなっているのだろうか。

教科書 94〜96ページ

- ヒトは、母親の(①　　　　)の中で、母親から養分などをもらって育つ。
- 子宮のかべには(②　　　　　　)があり、へそのおで子どもとつながっている。
- 子どもは、たいばんとへそのおを通して養分など(③ 必要なもの ・ いらないもの)を母親からもらい、いらないものを母親にわたしている。

子宮の中のようす

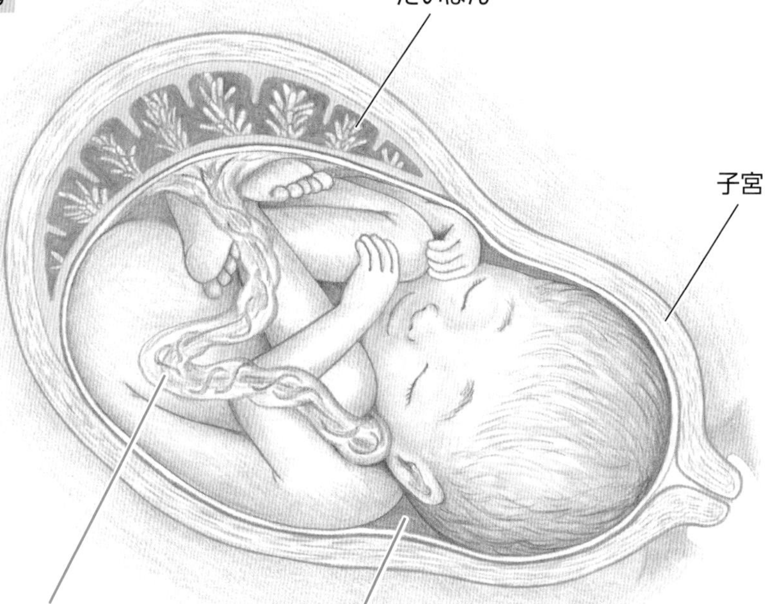

(④　　　　　　)

(⑤　　　　)
子宮の中にある液体《えきたい》で、外部からの力をやわらげ、子どもを守るはたらきがある。

- ヒトでは、受精《じゅせい》して約(⑥ 28 ・ 38)週間、母親の子宮で育ち、たんじょうする。
- たんじょうした後、しばらくは、(⑦　　　)を飲んで育つ。
- たんじょうした子どもが大きくなって、親となり、生命が受けつがれていく。

生まれたばかりのヒトの子ども

身長約 50 cm　体重約 3000 g

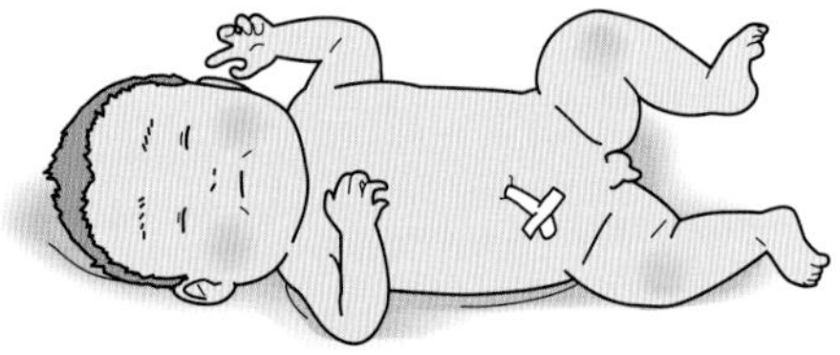

ここが だいじ!

①ヒトは、受精して約 38 週間、母親の子宮で育ち、たんじょうする。
②子どもは、子宮の中で、たいばんとへそのおを通して養分などを受け取り、いらないものをわたしている。
③ヒトは、たんじょうした後、しばらくは、乳《ちち》を飲んで育つ。

ぴたトリビア ウシやウマ、ヒツジなどは生まれてから1〜2時間で歩けるようになりますが、ヒトの赤ちゃんは歩けるようになるまで長い日数が必要です。

5. ヒトのたんじょう

①ヒトの受精卵《じゅせいらん》(2)

1 **右の図は、母親の体内にいる子どものようすを表しています。**

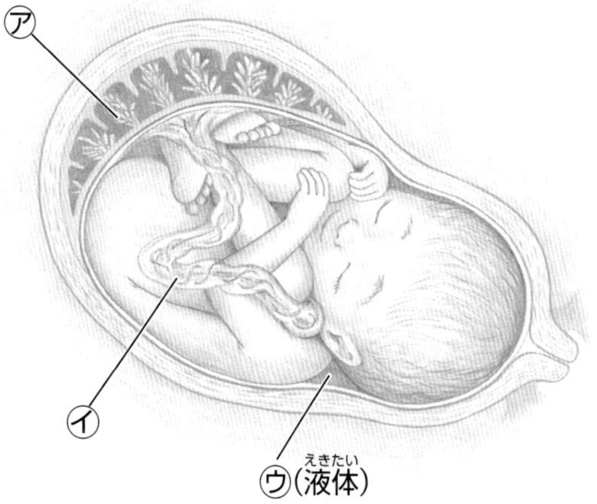

(1) 子どもがいるのは、母親の体内の何というところですか。

(　　　　　　)

(2) ア〜ウの部分を、それぞれ何といいますか。［　　］から選んでかきましょう。

ア(　　　　　　)
イ(　　　　　　)
ウ(　　　　　　)

へそのお　　羊水《ようすい》　　たいばん

(3) アとイはどんなはたらきをしていますか。正しいものを2つ選び、○をつけましょう。

①(　　)母親からの養分を、アからイを通して子どもにわたす。
②(　　)母親がいらないものを、アからイを通して子どもにわたす。
③(　　)子どもからの養分を、イを通してアで母親にわたす。
④(　　)子どもがいらないものを、イを通してアで母親にわたす。

2 **右の図は、生まれたばかりのヒトの子どものようすです。**

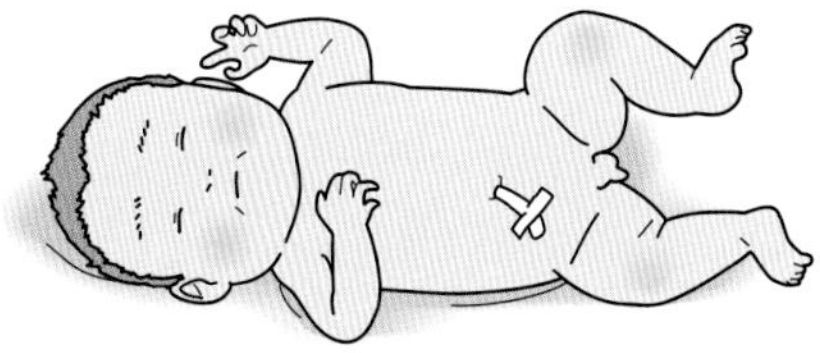

(1) 子どもが母親の体内で育つのは、およそどれくらいの期間ですか。正しいものに○をつけましょう。

①(　　)約18週間　　②(　　)約28週間
③(　　)約38週間　　④(　　)約48週間

(2) 生まれたばかりのヒトの子どもの身長はどれくらいですか。正しいものに○をつけましょう。

①(　　)約20 cm　　②(　　)約50 cm　　③(　　)約80 cm

(3) 生まれたばかりのヒトの子どもの体重はどれくらいですか。正しいものに○をつけましょう。

①(　　)約1000 g　　②(　　)約2000 g　　③(　　)約3000 g

(4) 生まれた後、子どもは何を飲んで育ちますか。

(　　　　　　)

5. ヒトのたんじょう

時間 30 分

／100

合格 70 点

教科書 88〜99ページ　答え 22ページ

よく出る

1 右の写真は、ヒトの卵《らん》(卵子《らんし》)と精子《せいし》のようすです。

(1)、(2)、(3)は1つ5点、(4)は全部できて5点(20点)

㋐　㋑

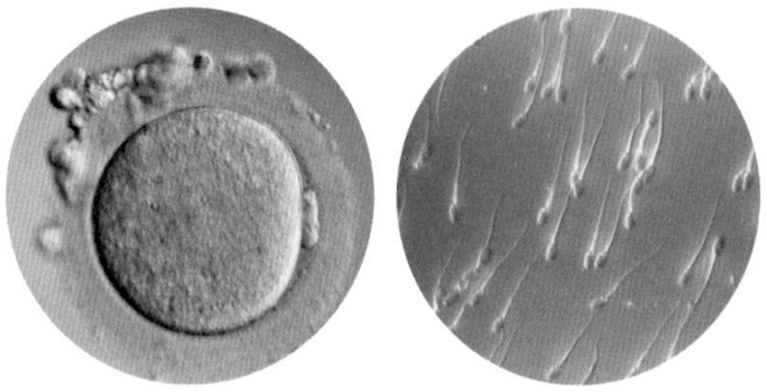

(1) ㋐、㋑のうち、卵はどちらですか。

(　　　)

(2) 精子はどこでつくられますか。正しいほうに○をつけましょう。

①(　　)女性《じょせい》の体内

②(　　)男性《だんせい》の体内

(3) ㋐の実際《じっさい》の大きさはおよそどれぐらいですか。正しいものに○をつけましょう。

①(　　)直径約 0.14 mm

②(　　)直径約 0.14 cm

③(　　)直径約 0.14 m

(4) 次の文の(　　)にあてはまる言葉をかきましょう。

○ 卵と精子が結びつくことを(　　　　　　)といい、
精子と結びついた卵を(　　　　　　)という。

よく出る

2 右の図は、子どもが母親の体内にいるときのようすを表しています。

1つ5点(25点)

(1) ㋐〜㋓をそれぞれ何といいますか。

㋐(　　　　　　)

㋑(　　　　　　)

㋒(　　　　　　)

㋓(　　　　　　)

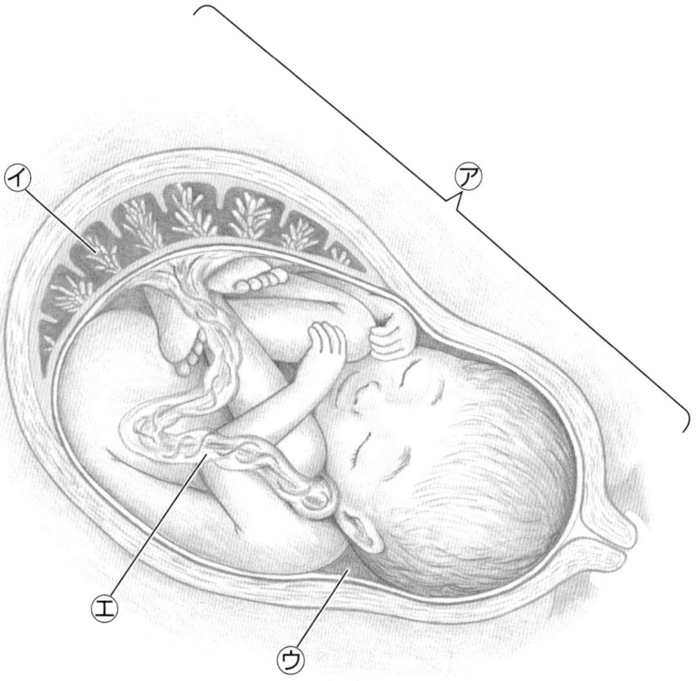

(2) 外部からの力をやわらげ、子どもを守るはたらきをしている液《えき》体《たい》は、㋐〜㋓のどれですか。

(　　　)

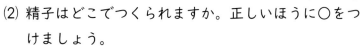

学習日　　月　　日

3 次の図は、母親の体内で子どもが育つようすを表しています。

1つ5点(25点)

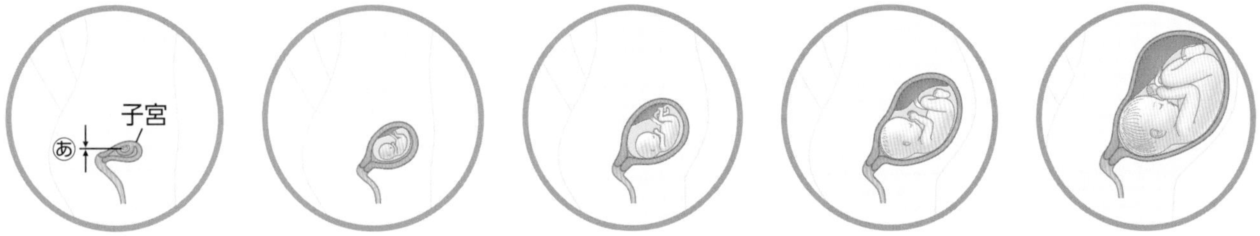

受精後 約4週　　受精後 約10週　　受精後 約18週　　受精後 約26週　　受精後 約34週

(1) 受精《じゅせい》後4週めの子どもの大きさ(あ)はどれぐらいですか。正しいものに○をつけましょう。

①(　　)約0.1 mm　　②(　　)約0.4 cm　　③(　　)約4 cm

(2) 手足がはっきりしてくるのは、受精後約何週のころですか。

(　　　　　)

(3) 子どもがたんじょうするのは、受精してから何週間のころですか。正しいものに○をつけましょう。

①(　　)約35週間　　②(　　)約38週間　　③(　　)約50週間

(4) たんじょうするとき、子どもの身長と体重はおよそどれぐらいになっていますか。正しいものにそれぞれ○をつけましょう。

身長　①(　　)30 cm　　②(　　)50 cm　　③(　　)70 cm

体重　①(　　)3000 g　　②(　　)6000 g　　③(　　)10000 g

できたらスゴイ!

4 ヒトのたんじょうについて、次の問いに答えましょう。

1つ10点(30点)

(1) 記述 へそのおのはたらきを、次の[　]の言葉をすべて使って説明しましょう。

思考・表現

子宮《しきゅう》の中の子ども　へそのお　たいばん　養分　いらないもの

(　　　　　　　　　　　　　　　　　　)

(2) 次の①～⑤は、ヒトのたんじょうについて説明しています。メダカのたんじょうの場合とちがうもの2つに○をつけましょう。

①(　　)受精卵《じゅせいらん》をつくるためには男性と女性が必要である。

②(　　)受精卵が育って子どもがたんじょうする。

③(　　)受精卵は母親の体内で母親から養分をもらいながら育つ。

④(　　)受精して約38週間で子どもがたんじょうする。

⑤(　　)子どもが親になり、また子どもをつくって生命を受けついでいく。

ふりかえり
1がわからないときは、38ページの1にもどってかくにんしてみましょう。
2がわからないときは、40ページの1にもどってかくにんしてみましょう。

ぴったり1 **準備**

3分でまとめ

学習日　月　日

6. 流れる水のはたらき

①地面を流れる水

②川の流れとそのはたらき(1)

めあて
流れる水にはどのようなはたらきがあるのか、かくにんしよう。

教科書 104～109ページ　答え 23ページ

下の(　　)にあてはまる言葉をかくか、あてはまるものを○で囲《かこ》もう。

1 流れる水には、どんなはたらきがあるのだろうか。　教科書 104～106ページ

▶土をしいて地面をつくり、みぞをつけ、水を流す実験

(1)コップの近くでは、流れが速く、地面の(①　　　　)がけずられる。

(2)曲がって流れているところの(② 外側 ・ 内側)では、水の流れが速く、地面がけずられる。

(3)出口では、流れがゆるやかになり、運ばれてきた土が(③ けずられる ・ 積もる)。

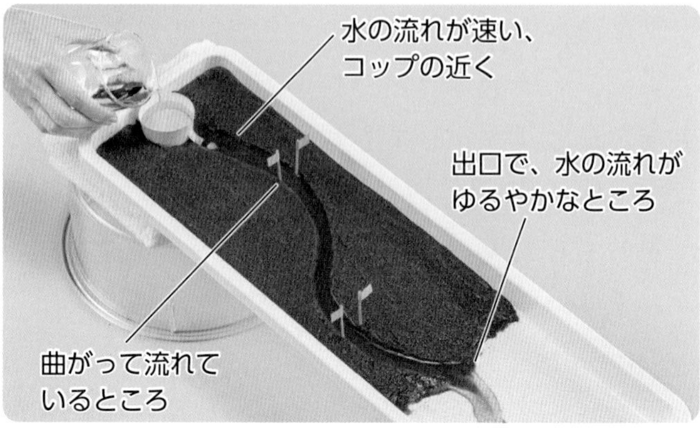

▶流れる水が地面をけずるはたらきを(④　　　　　　)、土を運ぶはたらきを(⑤　　　　　　)、積もらせるはたらきを(⑥　　　　　　)という。

2 実際《じっさい》の川でも、流れる場所によって、川のようすにちがいがあるのだろうか。　教科書 107～109ページ

▶川が曲がったところの外側では、流れが、(① 速く ・ ゆるやかで)、(② 浅く ・ 深く)なっている。

▶川が曲がったところの内側では、流れが(③ 速く ・ ゆるやかで)、(④ 角ばった ・ 丸みのある)石やすなが積もって川原《かわら》が広がっている。

ここがだいじ!

①流れる水には、地面をけずる(しん食)、土を運ぶ(運ぱん)、土を積もらせる(たい積)はたらきがある。

②川の曲がったところでは、流れの速い外側がしん食され、流れのゆるやかな内側でたい積している。

ぴたトリビア　山の上から流れた川は、川底をしん食して、長い年月をかけて深い谷をつくります。このようにしてできた地形は、アルファベットのV《ブイ》の字に似《に》ていることから「V字谷」とよばれます。

6. 流れる水のはたらき

①地面を流れる水
②川の流れとそのはたらき⑴

学習日　　月　　日

教科書 104～109ページ　答え 23ページ

1 写真のように、土をしいて地面をつくり、みぞに水が流れるようにして、地面の変化を調べました。

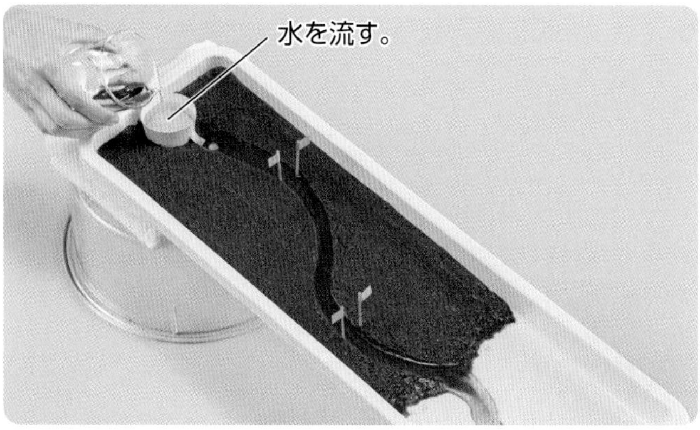

⑴ みぞに水を流すと、曲がって流れているところはどうなりますか。正しいものに○をつけましょう。

ア（　　）外側がけずられる。

イ（　　）内側がけずられる。

ウ（　　）外側も内側もけずられない。

⑵ 水の流れが速いコップの近くではどうなりますか。正しいほうに○をつけましょう。

ア（　　）底がけずられる。

イ（　　）土が積もる。

⑶ 水の流れがゆるやかな出口ではどうなりますか。正しいほうに○をつけましょう。

ア（　　）底がけずられる。

イ（　　）土が積もっていく。

2 図のような川の曲がったところを観察しました。

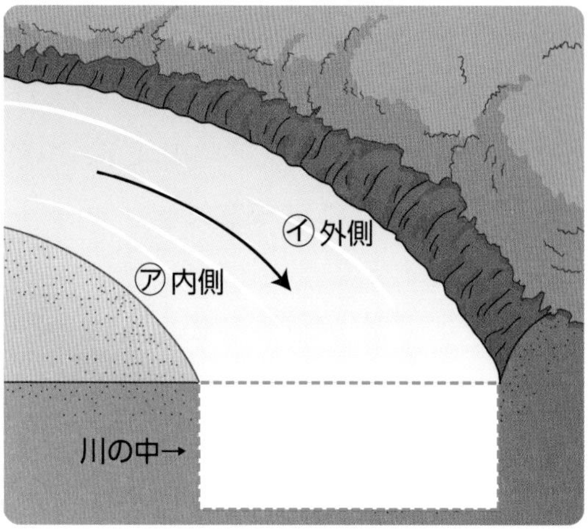

⑴ けずられてがけになっているのは㋐、㋑のどちらですか。

（　　）

⑵ 石やすなが積もっているのは㋐、㋑のどちらですか。

（　　）

⑶ 図の［　　］に入る川の中のようすとして、正しいものは①、②のどちらですか。

①
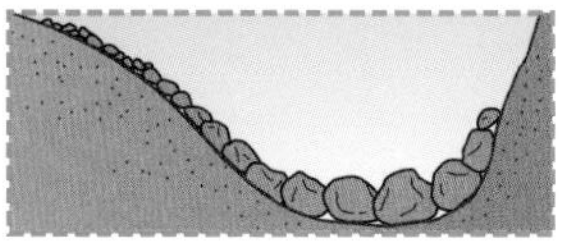

②
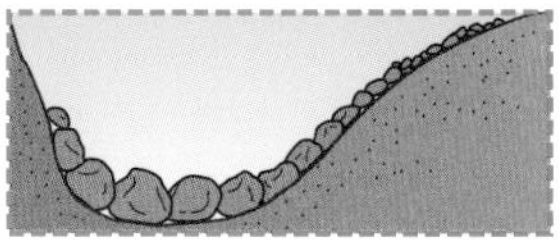

（　　）

6. 流れる水のはたらき

②川の流れとそのはたらき(2)
③流れる水の量が変わるとき

学習日　　月　　日

めあて
地面のかたむきや水の量と流れる水のはたらきについて、かくにんしよう。

教科書　110～115ページ　答え　24ページ

下の(　　)にあてはまる言葉をかくか、あてはまるものを○で囲《かこ》もう。

1 実際《じっさい》の川でも、流れる場所によって、川のようすにちがいがあるのだろうか。　教科書　110～111ページ

- 山の中では川はばがせまく、流れが(① 速く ・ ゆるやかで)、大きくて(②　　　　)石が多く見られる。また、深く険《けわ》しい谷などができる。
- 平地や海の近くでは川はばが広くなり、流れが(③ 速く ・ ゆるやかで)、小さくて(④　　　　)石やすなが多く見られる。また、土が広く積もる。

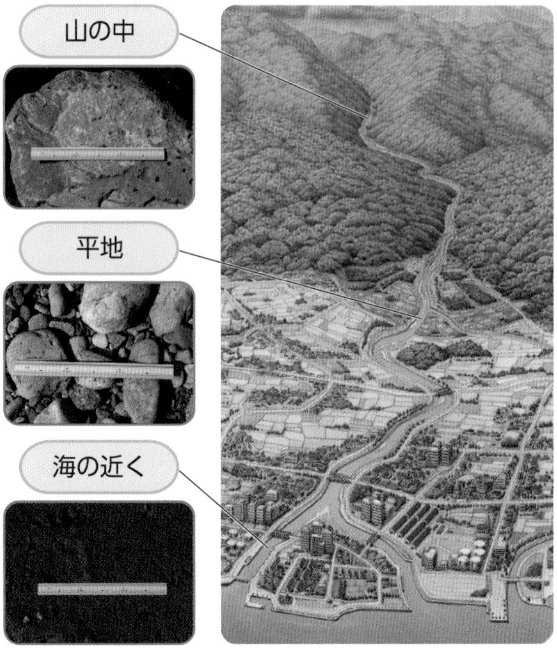

2 水の量が増《ふ》えると、流れる水のはたらきには、どんな変化があるのだろうか。　教科書　112～115ページ

- 水の量が増えると、水の流れが速くなり、曲がったところの外側は大きくけずられ、運ばれる土の量が(① 増える ・ 減《へ》る)。
- 流れる水の量が増えると、しん食したり、運ぱんしたりするはたらきが(② 大きく ・ 小さく)なる。
- 大雨で川の水が増えると、流れる水のはたらきが大きくなり、川岸をけずったり、川の外に水があふれたりして、(③　　　　)が起こることがある。

ここが、だいじ!

①山の中、平地、海の近くでは、川はばや流れの速さ、川原《かわら》の石の形や大きさなどがちがう。
②流れる水は、水の量が増えると、しん食したり、運ぱんしたりするはたらきが大きくなる。

ぴたトリビア　谷から平地に川が出ると水の流れる速さがおそくなるため、運んできた土がたい積していきます。このような場所では、おうぎ状《じょう》にたい積した地形ができるため、「扇状《せんじょう》地《ち》」とよばれます。

6. 流れる水のはたらき

②川の流れとそのはたらき(2)
③流れる水の量が変わるとき

教科書 110〜115ページ　答え 24ページ

1 山から海へと流れる川のようすのちがいを調べました。

(1) ①〜③で、流れがいちばん速いのはどこですか。

(　　　)

(2) ①〜③で、川はばがいちばん広いのはどこですか。

(　　　)

①山の中
②平地
③海の近く

(3) ㋐〜㋒の石やすなは、それぞれ①〜③のどこでよく見られますか。(　　)に番号をかきましょう。

㋐(　　　)

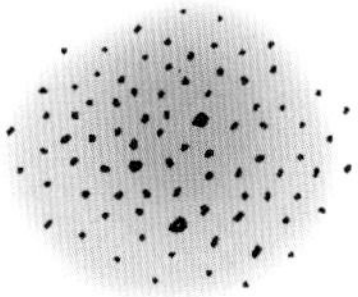

㋑(　　　)

㋒(　　　)

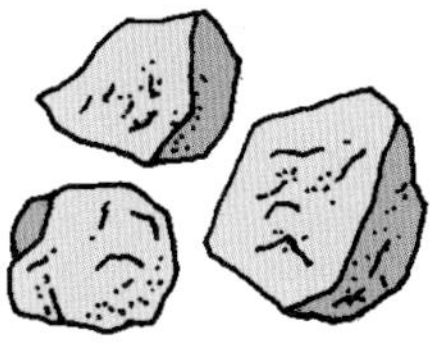

(4) ア〜ウの地形がよく見られるのは、①〜③のどの場所ですか。番号をかきましょう。

ア(　　　)土砂《どしゃ》がおうぎ状《じょう》にたい積している。

イ(　　　)深く険《けわ》しい谷。

ウ(　　　)三角形に土が広く積もっている。

2 写真のように、土をしいて地面をつくり、水の量が増《ふ》えると流れる水のはたらきが変化するかどうかを調べました。

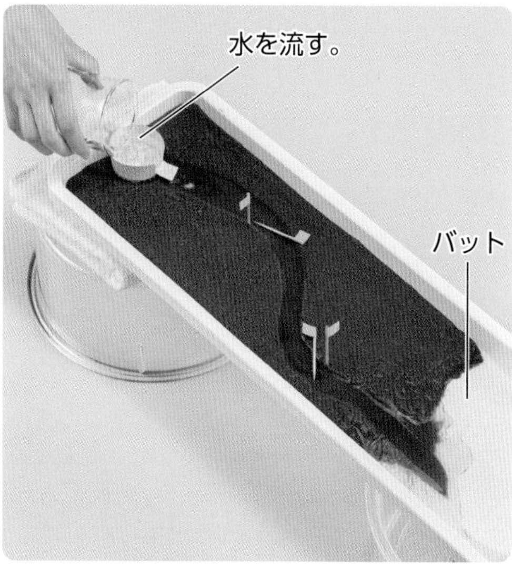
水を流す。
バット

(1) 水の量が増えると、曲がって流れているところはどうなりますか。正しいものに○をつけましょう。

ア(　　)外側のけずられ方が大きくなる。

イ(　　)外側のけずられ方が小さくなる。

ウ(　　)外側のけずられ方は変わらない。

(2) 水の量が増えると、運ばれる土の量はどうなりますか。正しいほうに○をつけましょう。

ア(　　)運ばれる土の量は増える。

イ(　　)運ばれる土の量は減る。

(3) 水の量が増えると、しん食したり、運ぱんしたりするはたらきは大きくなるといえますか、いえませんか。

(　　　　　)

ヒント ❶❷ 流れが速いとしん食する(けずる)はたらきも大きいことから考えましょう。

6. 流れる水のはたらき

時間 30分

/100

合格 70点

教科書 102〜121ページ　答え 25ページ

よく出る

1 図のようなそうちを使って、土のしゃ面をつくってみぞをつけ、みぞに水を流しました。

(1)〜(3)は1つ5点、(4)は全部できて10点(25点)

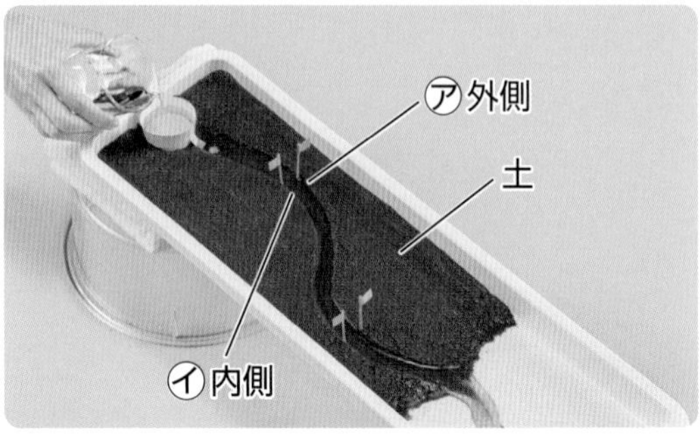

(1) 水の流れが速いのは、㋐と㋑のどちらですか。

(　　　)

(2) 流れる水が土をけずるはたらきが大きいのは、㋐と㋑のどちらですか。

(　　　)

(3) 流す水の量を増《ふ》やすと、土をけずったり、運んだりするはたらきはどうなりますか。

(　　　　　　　　　　)

(4) 流れる水のはたらきについて、あてはまるものを線でつなぎましょう。

しん食 •	• 土をけずるはたらき
運ぱん •	• 土を積もらせるはたらき
たい積 •	• 土を運ぶはたらき

2 図は、川の曲がって流れているところのようすを表しています。

1つ5点(15点)

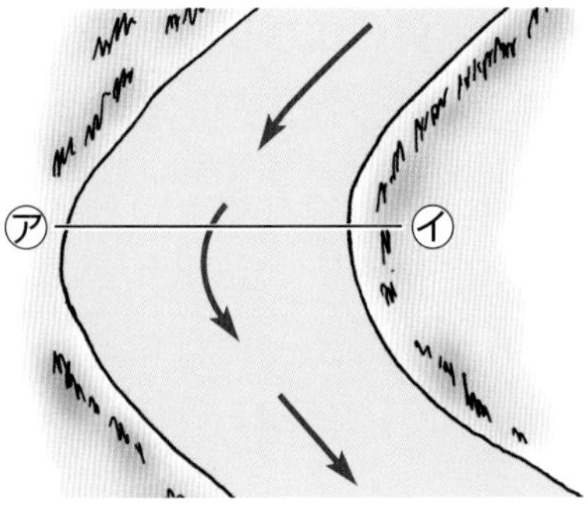

(1) 川の水は、⟶の向きに流れています。流れが速く、川の深さが深くなっているのは、川が曲がったところの外側と内側のどちらですか。

(　　　　　)

(2) 石やすなが積もって川原《かわら》になりやすいのは、川が曲がったところの外側と内側のどちらですか。

(　　　　　)

(3) この川を㋐—㋑で切って、川のようすを見てみると、どうなっていますか。正しいものに○をつけましょう。

ア(　　)

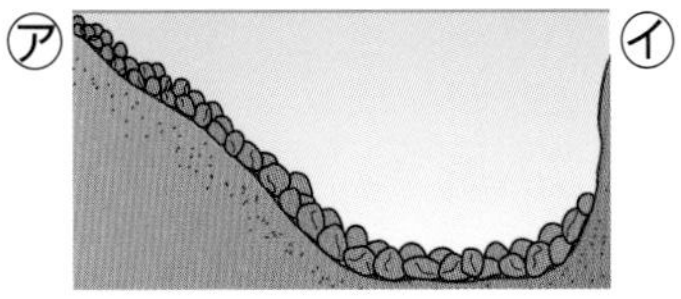

イ(　　)

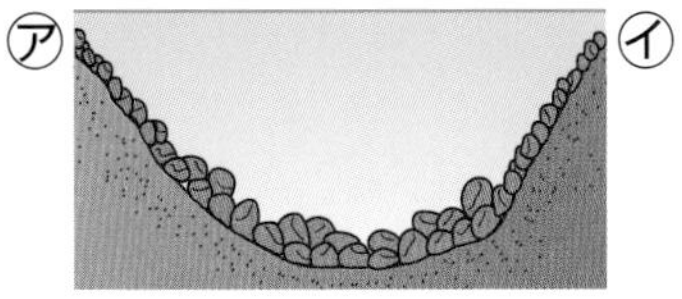

ウ(　　)

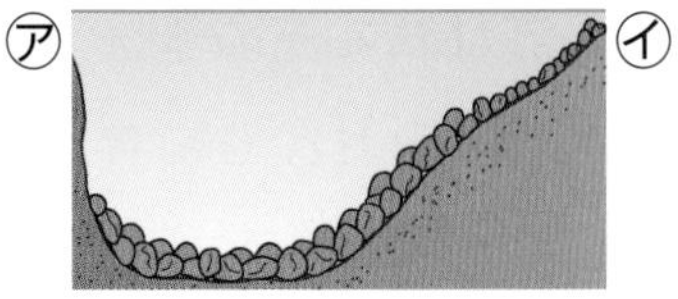

よく出る

③ 実際《じっさい》の川で、①山の中、②平地、③海の近くで、川のようすにちがいがあるかどうかを調べました。

1つ5点(35点)

(1) ①～③のうち、流れがおそく、土が積もるはたらきが大きいのはどこですか。

（　　）

(2) ①～③のうち、深く険《けわ》しい谷ができているのはどこですか。（　　）

(3) ②で、水の流れが速いのは、曲がって流れているところの外側と内側のどちらですか。

（　　　）

(4) ①～③のうち、大きくて角ばった石が見られるのはどこですか。

（　　）

(5) **ア**～**ウ**の石はそれぞれ、①～③のどこで見られる石ですか。

ア（　　）

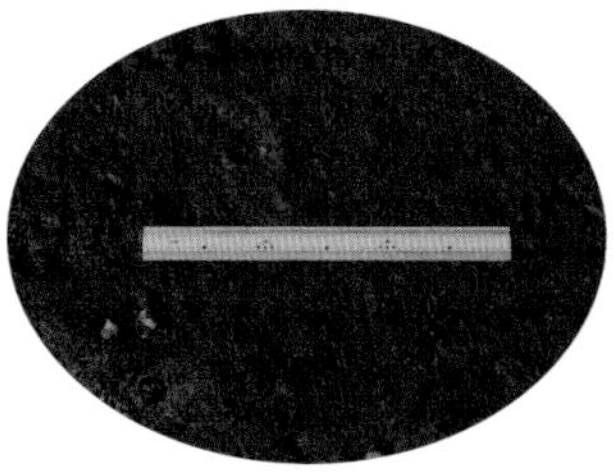

イ（　　）

ウ（　　）

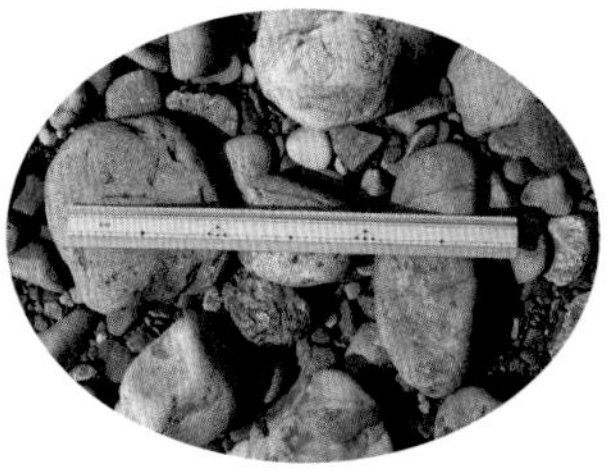

できたらスゴイ！

④ 長い間雨がふり続いたり、台風《たいふう》などで短時間に大雨がふったりすることがあります。

(1)、(2)は1つ5点、(3)は10点(25点)

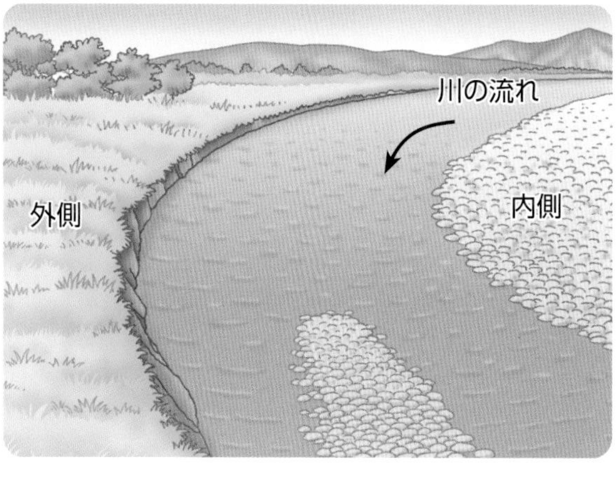

(1) 大雨がふって、ふだんより川の水の量が増えると、①水の流れる速さ、②川の水が川岸をけずるはたらきは、それぞれどうなりますか。

①（　　　　　　　　）

②（　　　　　　　　）

(2) 図のようなところで、川岸にてい防《ぼう》をつくるとすれば、どこにつくればよいですか。正しいほうに〇をつけましょう。

ア（　　）流れの外側につくる。

イ（　　）流れの内側につくる。

(3) 記述 (2)のように答えた理由をかきましょう。　思考・表現

（　　　　　　　　　　　　　　　　　　　　　　　　）

ふりかえり
❶がわからないときは、44ページの❶と46ページの❷にもどってかくにんしてみましょう。
❸がわからないときは、44ページの❷と46ページの❶にもどってかくにんしてみましょう。

7. ふりこのきまり

①ふりこが1往復《おうふく》する時間(1)

学習日　　月　　日

めあて
ふれはばを変えて、ふりこが1往復する時間のきまりをかくにんしよう。

教科書 123〜128ページ　答え 26ページ

下の(　)にあてはまる言葉をかくか、あてはまるものを○で囲《かこ》もう。

1 ふりこをふってみよう。

教科書 123〜124ページ

▶糸などにおもりをつるして、ふれるようにしたものを(①　　　　　)という。

- ふれの真ん中の位置から、ふり始めた位置までの角度を(②　　　　　)という。
- 糸をつるす点からおもりの中心までの長さをふりこの(③　　　　)という。

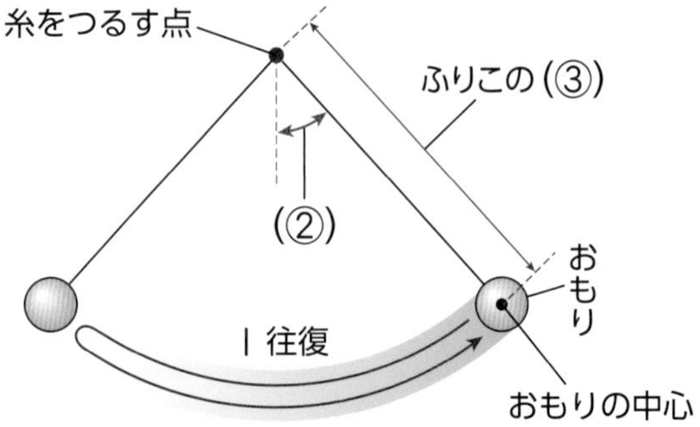

2 ふれはばを変えると、1往復する時間は変わるのだろうか。

教科書 125〜128ページ

▶ふりこが1往復する時間は、何度かの測定《そくてい》結果を(①　　　　)して求める。

ふれはば(°)	10往復する時間(秒) 1回め	2回め	3回め	10往復する時間の合計(秒)		10往復する平均《へいきん》の時間(秒)		1往復する平均の時間(秒)
10					÷3		÷10	
20					÷3		÷10	
30					÷3		÷10	

❶10往復する時間をはかる。(3回以上)

❷10往復する時間を合計する。

❸10往復する時間の合計を、はかった回数でわる。

❹10往復する時間を10でわり、1往復する時間を求める。

▶1往復する時間と、ふれはばの関係を調べる。

変える条件《じょうけん》
ふれはば(10°、20°、30°)
同じ条件
●おもりの重さ(10g) ●ふりこの長さ(50cm)

結果(例)

ふれはば(°)	1往復する平均の時間(秒)
10	1.4
20	1.4
30	1.4

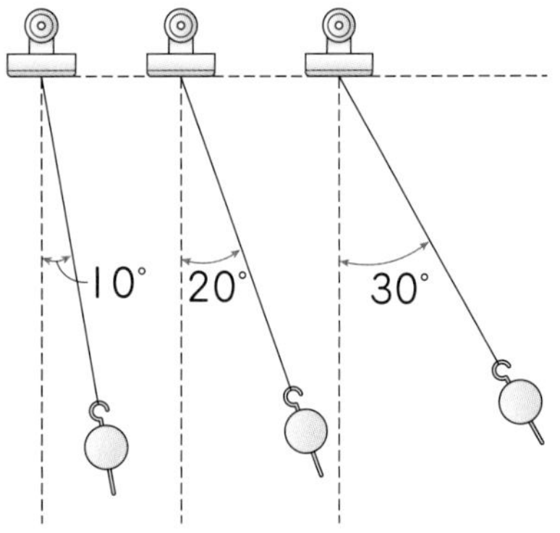

▶ふれはばを変えても、ふりこが1往復する時間は(②　変わる　・　変わらない　)。

ここが だいじ!
①糸などにおもりをつるして、ふれるようにしたものをふりこという。
②ふれはばを変えても、ふりこが1往復する時間は変わらない。

ぴたトリビア
イタリアの科学者ガリレオが発見したふりこのきまりを使って、1656年にオランダの科学者ホイヘンスがふりこを使った時計のしくみを発明しました。

学習日　　月　　日

7. ふりこのきまり

①ふりこが1往復(おうふく)する時間(1)

教科書 124〜128ページ　答え 26ページ

1 糸におもりをつるして、ふりこをつくりました。

(1) ふりこの長さは、㋐〜㋒のどれですか。

(　　)

(2) ふれはばは、㋕、㋖のどちらですか。

(　　)

(3) ふりこを①からふらせます。ふりこの1往復とは、どこからどこまでですか。正しいものに○をつけましょう。

ア(　　)①→②→①
イ(　　)①→②→③
ウ(　　)①→②→③→②
エ(　　)①→②→③→②→①

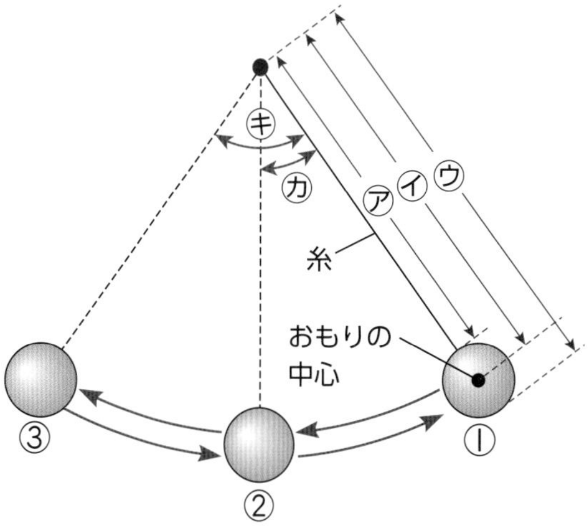

2 ふれはばを変えて、ふりこが1往復する時間を調べました。

ふれはば(°)	10往復する時間(秒)			10往復する時間の合計(秒)		10往復する平均(へいきん)の時間(秒)		1往復する平均の時間(秒)
	1回め	2回め	3回め					
10	14.2	14.2	14.1	42.5	÷3	14.2	÷10	③
20	14.1	14.3	14.2	42.6	÷3	②	÷10	1.4
30	14.2	14.3	14.3	①	÷3	14.3	÷10	1.4

(1) この実験をするときに変える条件(じょうけん)に○をつけましょう。

ア(　　)ふりこにつるすおもりの重さ
イ(　　)ふりこの長さ
ウ(　　)ふれはば

(2) ①〜③にあてはまる数をかきましょう。ただし、小数第2位を四捨五入(ししゃごにゅう)して求めます。

①(　　　　)
②(　　　　)
③(　　　　)

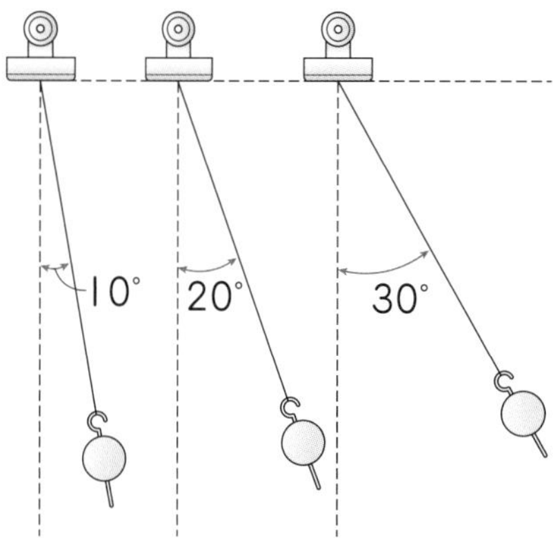

(3) ふれはばを変えたとき、ふりこが1往復する時間は変わりますか、変わりませんか。

(　　　　)

ヒント
❶ おもりをふらせ始めてから、ふり始めた位置にもどるまでが1往復です。
❷ (2)小数第2位を四捨五入するので、例えば、1.44なら1.4、1.45なら1.5となります。

ぴったり1 準備

7. ふりこのきまり

①ふりこが１往復《おうふく》する時間(2)

学習日　　月　　日

めあて
重さや長さを変えて、ふりこが１往復する時間のきまりをかくにんしよう。

教科書 129〜132ページ　答え 27ページ

下の(　　)にあてはまるものを○で囲《かこ》もう。

1 おもりの重さやふりこの長さを変えると、１往復する時間は変わるのだろうか。

教科書 129〜132ページ

▶ １往復する時間と、おもりの重さの関係を調べる。

変える条件《じょうけん》
おもりの重さ (10g、20g、30g)
同じ条件
●ふれはば(30°) ●ふりこの長さ(50 cm)

結果(例)

おもりの重さ(g)	１往復する平均《へいきん》の時間(秒)
10	1.4
20	1.4
30	1.4

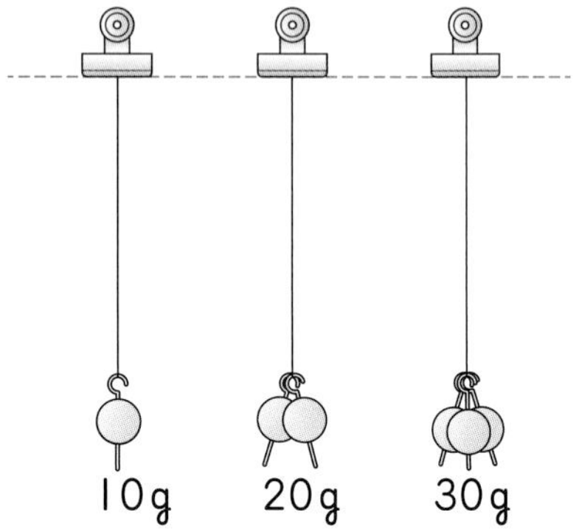

▶ おもりの重さが変わっても、ふりこが１往復する時間は(①　変わる　・　変わらない　)。

▶ １往復する時間と、ふりこの長さの関係を調べる。

変える条件
ふりこの長さ (25 cm、50 cm、75 cm)
同じ条件
●ふれはば(30°) ●おもりの重さ(10 g)

結果(例)

ふりこの長さ(cm)	１往復する平均の時間(秒)
25	1.0
50	1.4
75	1.7

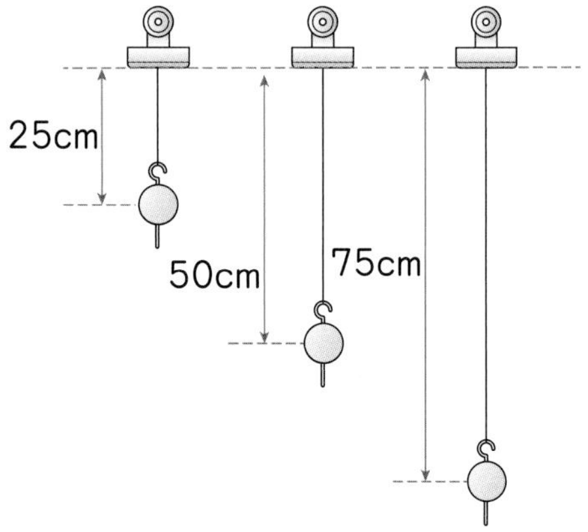

▶ ふりこが１往復する時間は、ふりこの長さで変わる。

• ふりこを長くすると、１往復する時間は
(②　長くなる　・　短くなる　)。

• ふりこを短くすると、１往復する時間は
(③　長くなる　・　短くなる　)。

ふりこが１往復する時間は、ふりこの長さで変わるんだね。

ここが だいじ!

①ふりこが１往復する時間は、ふりこの長さで変わる。

②ふりこの長さが同じならば、ふれはばやおもりの重さを変えても、１往復する時間は変わらない。

ぴたトリビア　同じ長さのふりこが１往復する時間が、おもりの重さやふれはばを変えても変わらないことを「ふりこの等時性《とうじせい》」といいます。

学習日　　月　　日

7. ふりこのきまり

①ふりこが1往復《おうふく》する時間(2)

教科書 129〜132ページ　答え 27ページ

1 おもりの重さを変えて、ふりこが1往復する時間を調べました。

(1) つるすおもりの数を変えて、重さを変えます。おもり1個《こ》を㋐のようにつるしたとき、おもり2個をつるすときにはどのようにつるせばよいですか。正しいものに○をつけましょう。

①(　　)㋑のようにつるす。

②(　　)㋒のようにつるす。

③(　　)㋑でも㋒でもどちらでもよい。

(2) ふりこの重さを変えると、ふりこが1往復する時間は変わりますか、変わりませんか。

(　　　　　　)

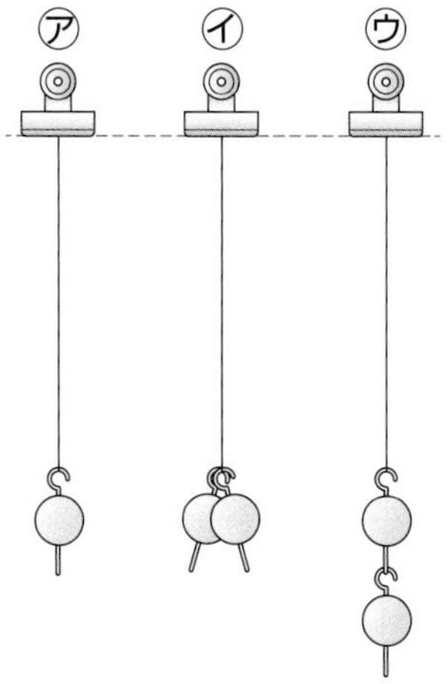

2 ふりこの長さを変えて、ふりこが1往復する時間を調べました。

ふりこの長さ(cm)	10往復する時間(秒)			10往復する時間の合計(秒)		10往復する平均《へいきん》の時間(秒)		1往復する平均の時間(秒)
	1回め	2回め	3回め					
25	10.1	10.1	10.0	①	÷3	10.1	÷10	1.0
50	14.2	14.2	14.1	42.5	÷3	②	÷10	1.4
75	17.3	17.3	17.2	51.8	÷3	17.3	÷10	③

(1) この実験をするときに変える条件《じょうけん》に○をつけましょう。

ア(　　)ふりこにつるすおもりの重さ

イ(　　)ふりこの長さ

ウ(　　)ふれはば

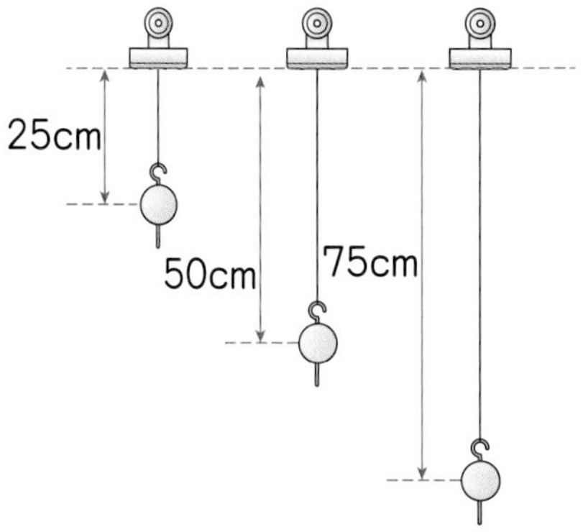

(2) ①〜③にあてはまる数をかきましょう。ただし、小数第2位を四捨五入《ししゃごにゅう》して求めます。

①(　　　　　)

②(　　　　　)

③(　　　　　)

(3) ふりこの長さを変えたとき、ふりこが1往復する時間はどうなりますか。(　　)にあてはまる言葉をかきましょう。

　ふりこの長さを変えると、ふりこが1往復する時間は(　　　　　)。
　ふりこを長くすると、1往復する時間は(　　　　　)なり、ふりこを(　　　　　)すると、1往復する時間は短くなる。

7. ふりこのきまり

時間 30 分
／100
合格 70 点

教科書 122〜135ページ　答え 28ページ

よく出る

1 糸におもりをつるして、ふりこをふらせました。

1つ5点(25点)

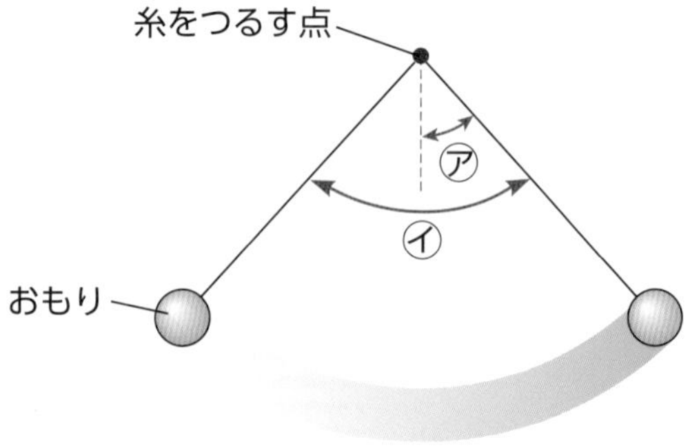

(1) ふりこの長さとは、①〜③のどれですか。正しいものに○をつけましょう。

①(　　)おもりをつるす糸の長さ

②(　　)糸をつるす点からおもりの中心までの長さ

③(　　)糸をつるす点からおもりの下はしまでの長さ

(2) ふれはばは、㋐と㋑のどちらの角度のことですか。

(　　　)

(3) ①〜③のうち、ふりこが1往復《おうふく》する時間について正しいものには○を、正しくないものには×をつけましょう。

①(　　)ふれはばを変えても、ふりこが1往復する時間は変わらない。

②(　　)おもりの重さが重いほど、ふりこが1往復する時間は長くなる。

③(　　)ふりこの長さを変えても、1往復する時間は変わらない。

2 ふりこが1往復する時間を3回測定《そくてい》して、表にまとめました。ここから、ふりこが1往復する時間を求めます。

技能　1つ5点(15点)

10往復する時間(秒)			10往復する時間の合計(秒)		10往復する平均の時間(秒)		1往復する平均の時間(秒)
1回め	2回め	3回め					
14.2	14.2	14.1	①	÷3	②	÷10	③

(1) ふりこが10往復する時間の合計(①)は何秒ですか。

(　　　　秒)

(2) 10往復する平均《へいきん》の時間(②)は何秒ですか。小数第2位を四捨五入《ししゃごにゅう》して求めましょう。

(　　　　秒)

(3) ふりこが1往復する平均の時間(③)は何秒ですか。小数第2位を四捨五入して求めましょう。

(　　　　秒)

できたらスゴイ！

3 ①～④の4つのふりこで、ふりこが1往復する時間を比《くら》べる実験をしました。　思考・表現

(1)、(2)、(3)、(5)、(6)は1つ6点、(4)は12点、(7)は全部できて18点（60点）

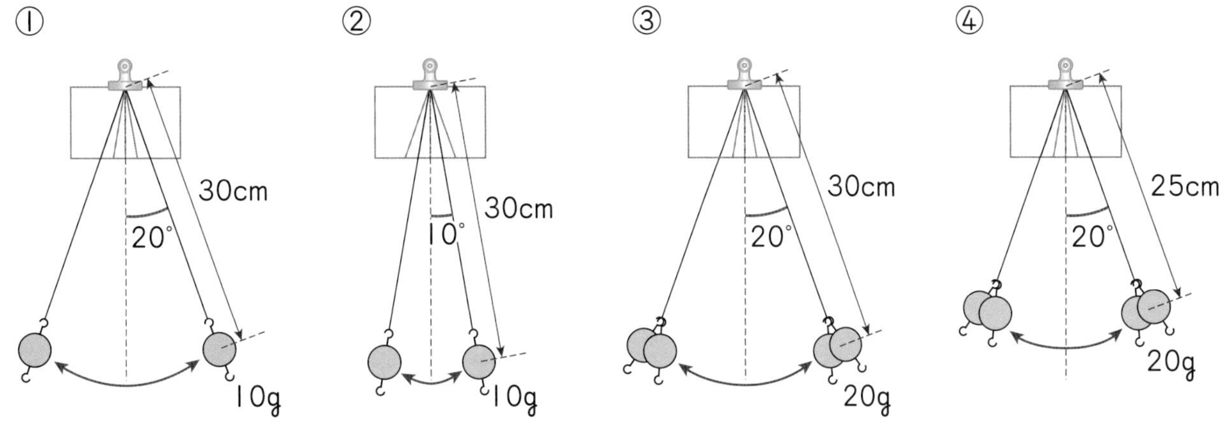

(1) ①～④のふりこのうち、1つだけふれはばがちがうのはどれですか。

（　　　）

(2) (1)で答えたふりこのふれはばはいくらかかきましょう。

（　　　　　　）

(3) ①～④のふりこで、おもりの重さと、ふりこが1往復する時間の関係を調べるとき、①とどれを比べればよいですか。正しいものに○をつけましょう。

ア（　　）①と②
イ（　　）①と③
ウ（　　）①と④

(4) ①～④のふりこで、ふりこの長さと、ふりこが1往復する時間の関係を調べるとき、どれとどれを比べればよいですか。

（　　　と　　　）

(5) ①～④のふりこで、ふりこが1往復する時間がいちばん短いのはどれですか。

（　　　）

(6) (5)で答えた以外の3つのふりこでは、1往復する時間はどのようになりますか。正しいものに○をつけましょう。

ア（　　）1往復する時間はすべて同じになる。
イ（　　）1往復する時間は、2つが同じで、1つはそれよりおそい。
ウ（　　）1往復する時間は、すべてちがう。

(7) ア～カで、正しいものすべてに○をつけましょう。

ア（　　）ふりこのふれはばによって、ふりこが1往復する時間は変わる。
イ（　　）ふりこのふれはばを大きくしても、ふりこが1往復する時間は変わらない。
ウ（　　）おもりの重さによって、ふりこが1往復する時間は変わる。
エ（　　）おもりの重さによって、ふりこが1往復する時間は変わらない。
オ（　　）ふりこの長さによって、ふりこが1往復する時間は変わる。
カ（　　）ふりこの長さを長くしても、ふりこが1往復する時間は変わらない。

この本の終わりにある「冬のチャレンジテスト」をやってみよう！

ふりかえり
1 がわからないときは、50ページの 1 2 と52ページの 1 にもどってかくにんしてみましょう。
3 がわからないときは、50ページの 2 と52ページの 1 にもどってかくにんしてみましょう。

8. もののとけ方

①とけたもののゆくえ
②水にとけるものの量(1)

◎めあて
水よう液とはどのようなものか、かくにんしよう。

教科書 142〜145ページ　答え 29ページ

下の(　)にあてはまる言葉をかくか、あてはまるものを○で囲《かこ》もう。

1 水にとけたものは、どうなったのだろうか。

教科書 142〜144ページ

▶食塩を水にとかす前と、水にとかした後の重さを比《くら》べると、全体の重さは
(① 変わる ・ 変わらない)。

▶水《すい》よう液《えき》の重さは、(②　　　)の重さと、とかすものの重さの和になる。

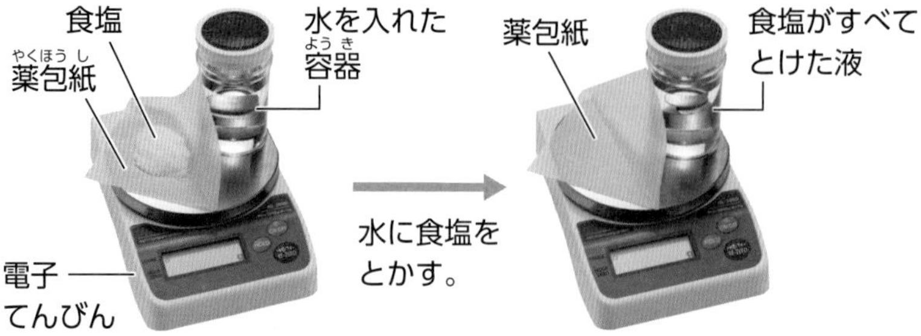
食塩
薬包紙《やくほうし》
水を入れた容器《ようき》
電子てんびん
水に食塩をとかす。
薬包紙
食塩がすべてとけた液
とかす前の全体の重さ：161g　とかした後の全体の重さ：161g

▶水の中でものが均一《きんいつ》に広がり、すき通った(とうめいな)液になることを「ものが水にとけた」といい、ものが水にとけた液のことを(③　　　　)という。

▶水にとけたものは、目に見えなくなっても、とけた液の中に(④ ある ・ ない)。

食 塩
ミョウバン
水
ものをとかした水をじょう発させた後

コーヒーシュガーが水にとけ、均一に広がったところ(水よう液)。

2 決まった量の水にとけるものの量には、限《かぎ》りがあるのだろうか。

教科書 145ページ

▶メスシリンダーを使うと、液体《えきたい》の(①　　　)を正確《せいかく》にはかることができる。
- メスシリンダーを水平なところに置き、液をやや少なめに入れる。
- 真横から見ながら、はかり取る体積の目もりまで、スポイトで液を入れていく。

50
液面
液面《えきめん》のへこんだ下の面を、真横から見て読む。

スポイト
メスシリンダー

ここがだいじ!
①ものが水にとけた液を水よう液という。
②ものの重さは、水にとけても変わらない。
③水にとけたものは、目には見えなくなっても、水よう液の中にある。

ぴたトリビア
水にとけると、とけたものは目に見えないほど小さくなっています。なくなったのではなく水の中にあるので、とけたものの重さもなくなりません。

8. もののとけ方

①とけたもののゆくえ
②水にとけるものの量(1)

教科書 142〜145ページ　答え 29ページ

1 食塩が水にとけるようすを観察しました。

(1)「ものが水にとけた」といえるのは、どちらですか。あてはまるほうに○をつけましょう。

①(　　)すき通っている。　　②(　　)にごっている。

(2) コーヒーシュガーを水に入れてかきまぜたところ、写真のように、色がついていてとうめいな液《えき》になりました。コーヒーシュガーは水にとけたといえますか、いえませんか。

(　　　　　　)

(3) ものが水にとけた液のことを何といいますか。

(　　　　　　)

2 水に食塩をとかす前と、とかした後の全体の重さをはかって、比《くら》べました。

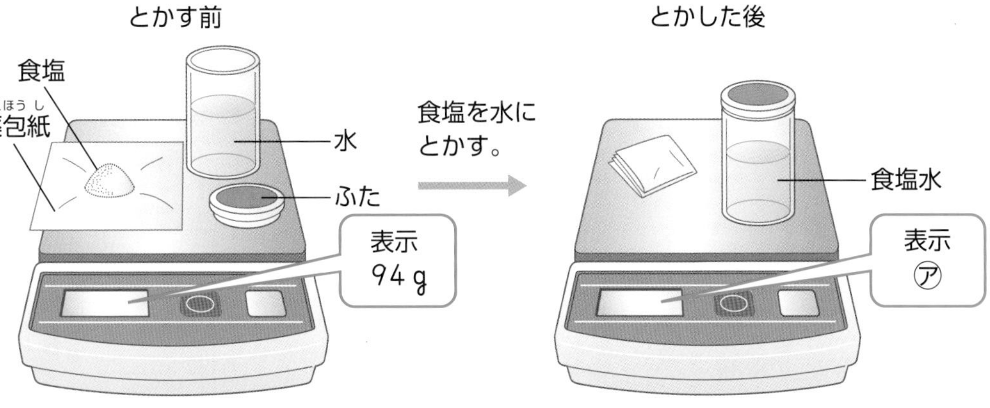
とかす前
とかした後
食塩
薬包紙《やくほうし》
水
ふた
表示
94g
食塩を水にとかす。
食塩水
表示
㋐

(1) ものの重さをはかるために使った図の器具の名前をかきましょう。

(　　　　　　)

(2) 水に食塩をとかした後の重さ(表示㋐)は何gですか。

(　　　　g)

(3) 水に食塩をとかしてできた食塩水の重さは、どのように表されますか。正しいものに○をつけましょう。

①(　　)水の重さ＝食塩水の重さ
②(　　)水の重さ＋食塩の重さ＝食塩水の重さ
③(　　)水の重さ－食塩の重さ＝食塩水の重さ

ヒント
1 (2)色がついていても、すき通っていれば、「水にとけている」といえます。
2 (3)ものを水にとかす前後で、全体の重さは変わりません。

8. もののとけ方

②水にとけるものの量(2)

学習日　　月　　日

めあて
決まった量の水にとけるものの量のきまりについて、かくにんしよう。

教科書 145〜148ページ　答え 30ページ

下の(　)にあてはまる言葉をかくか、あてはまるものを○で囲《かこ》もう。

1 決まった量の水にとけるものの量には、限《かぎ》りがあるのだろうか。

教科書 145〜146ページ

▶食塩やミョウバンをそれぞれ水にとかし、とける量を調べる。
・水 50 mL に、計量スプーンにすり切り１ぱいずつ入れて、混《ま》ぜる。これを、とけ残りが出るまでくり返す。

8ぱいめでとけ残りが出たら、7はいとけたということだね。

水 50 mL にとけるものの量

とかしたもの	とけた量
食塩	7はい
ミョウバン	2はい

とけ残ったミョウバン

▶決まった量の水にとけるものの量には限りが(①　ある　・　ない　)。
▶ものによって、決まった量の水にとける量は(②　同じ　・　ちがう　)。

2 水の量を増《ふ》やすと、水にとけるものの量はどのように変わるのだろうか。

教科書 147〜148ページ

▶水の量を変えて、食塩やミョウバンをそれぞれ水にとかし、とける量を調べる。

変える条件《じょうけん》	同じ条件
水の量(50 mL、100 mL)	水の温度

結果(例)　水の量ととけるものの量

水の量(mL)	50	100
食塩	7はい	14 はい
ミョウバン	2はい	4はい

ぼうグラフに表す。

水の量ととけるものの量

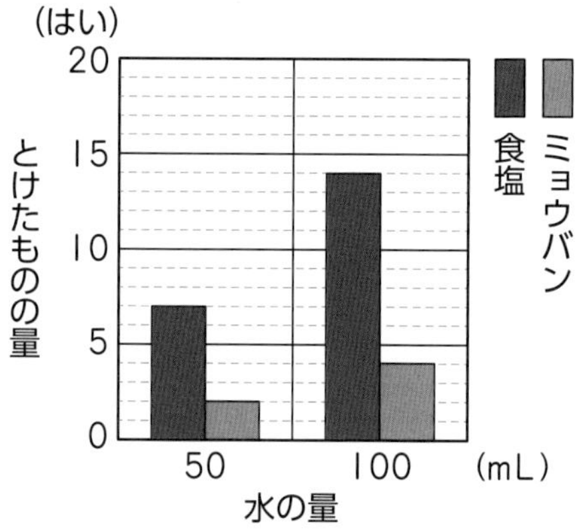

▶水の量を増やすと、水にとけるものの量も(①　増える　・　変わらない　)。
水の量を2倍に増やすと、水にとけるものの量も(②　　　　)になる。

ここが、だいじ!
①決まった量の水にとけるものの量には、限りがある。
②ものによって、決まった量の水にとける量はちがう。
③水の量を増やすと、水にとけるものの量も増える。

ぴたトリビア　水の量が半分になると、水にとけるものの量も半分になります。

8. もののとけ方

②水にとけるものの量(2)

教科書 145〜148ページ　答え 30ページ

1 水 50 mL に食塩を計量スプーンですり切り 1 ぱいずつ入れて、ふり混《ま》ぜることをくり返しました。

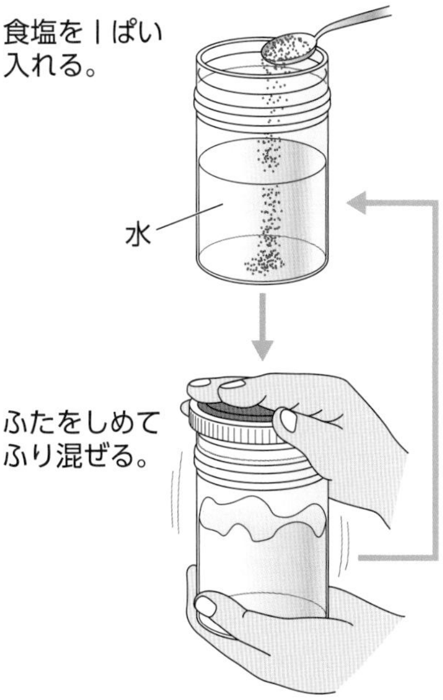
食塩を 1 ぱい
入れる。
水
ふたをしめて
ふり混ぜる。

(1) 食塩を 1 ぱいずつ、水に入れてふり混ぜることをくり返していくと、どうなりますか。正しいほうに○をつけましょう。

①(　　)食塩を何はい入れても、すべて水にとける。

②(　　)ある量で、食塩は水にとけ切れなくなる。

(2) 食塩をミョウバンに変えて、同じように水に入れていくとどうなりますか。正しいものに○をつけましょう。

①(　　)ミョウバンを何はい入れても、すべて水にとける。

②(　　)ある量で、ミョウバンは水にとけ切れなくなるが、その量は食塩と同じ。

③(　　)ある量で、ミョウバンは水にとけ切れなくなるが、その量は食塩とちがう。

2 水の量を変えて、食塩とミョウバンを計量スプーンですり切り 1 ぱいずつそれぞれ水にとかしていき、とける量を調べたところ、表のようになりました。

水の量(mL)	50	100
食塩	7はい	14 はい
ミョウバン	2はい	㋐

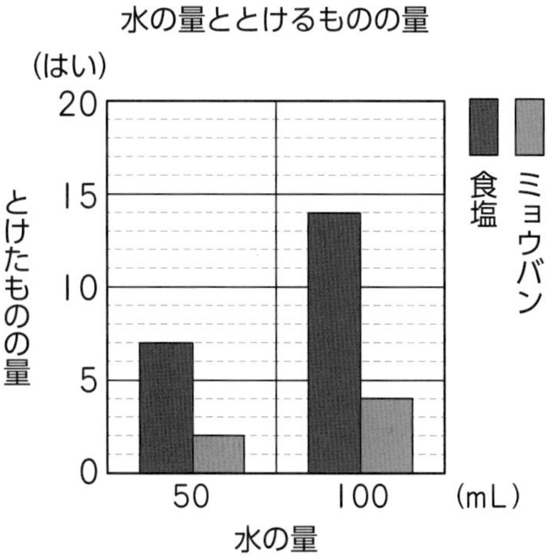
水の量ととけるものの量
(はい)
20
15
10
5
0
とけたものの量
食塩
ミョウバン
50
100
(mL)
水の量

(1) 右のようなグラフを何といいますか。

(　　　　　　　)

(2) 水の量が 100 mL のときのミョウバンがとけた量㋐は何はいですか。

(　　　　　　はい)

(3) 水の量を増《ふ》やすと、水にとける量は増えますか、増えませんか。

(　　　　　　　)

(4) 水の量を2倍にすると、水にとけるものの量は何倍になりますか。

(　　　　　　　)

8. もののとけ方

②水にとけるものの量(3)
③とかしたものを取り出すには(1)

めあて
水の温度ととけるものの量の関係をかくにんしよう。

教科書 148〜153ページ　答え 31ページ

下の(　)にあてはまる言葉をかくか、あてはまるものを○で囲《かこ》もう。

1 水の温度を上げると、水にとけるものの量はどのように変わるのだろうか。

教科書 148〜150ページ

▶水の温度を変えて、食塩やミョウバンをそれぞれ水にとかし、とける量を調べる。

変える条件《じょうけん》	同じ条件
水の温度 (水道水の温度、30℃、60℃)	水の量(50 mL)

結果(例)　水の温度ととけるものの量(水 50 mL)

水の温度(℃)	10	30	60
食塩	7はい	7はい	7はい
ミョウバン	2はい	4はい	16はい

ぼうグラフに表す。

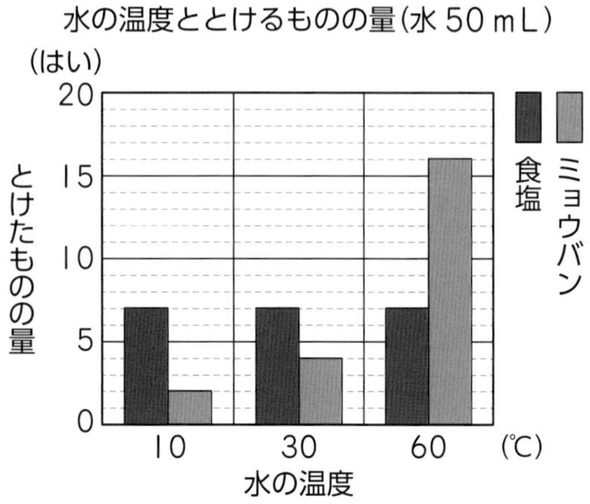
水の温度ととけるものの量(水 50 mL)
(はい)
20
15
10
5
0
とけたものの量
食塩
ミョウバン
10
30
60
(℃)
水の温度

▶水の温度を変化させたとき、とける量の変化のしかたは、とかすものによって(① 変わらない ・ ちがう)。

水の温度を上げたとき、食塩はとける量が変わらないけど、ミョウバンはとける量が増《ふ》えるね。

2 どうすれば、水にとかしたものを取り出せるのだろうか。

教科書 151〜153ページ

▶液《えき》の中にとけ切れなかったつぶがあるとき、ろ紙でこして、つぶと水《すい》よう液《えき》を分けることができる。ろ紙などを使って固体と液体《えきたい》を分けることを、(①　　　)という。

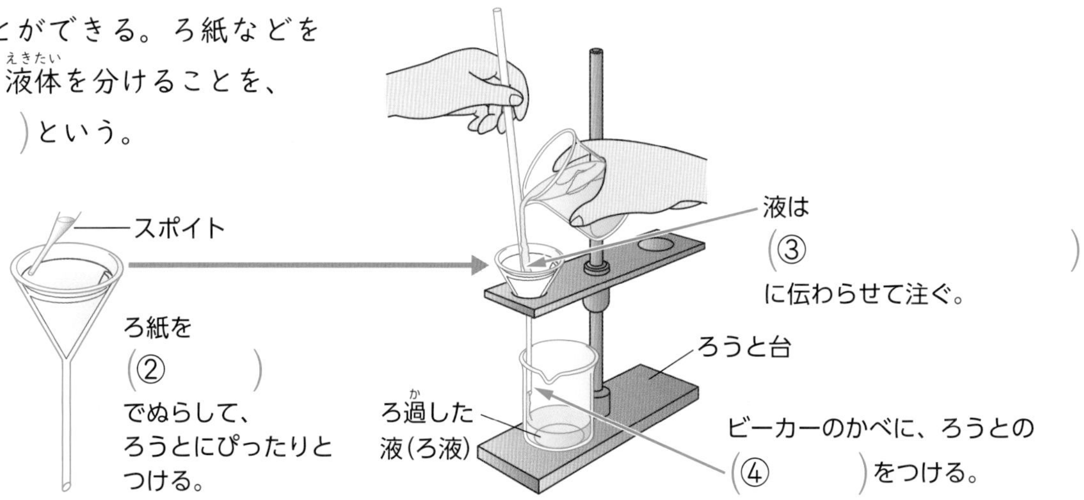
スポイト
ろ紙を(②　　)でぬらして、ろうとにぴったりとつける。
液は(③　　)に伝わらせて注ぐ。
ろうと台
ろ過《か》した液(ろ液)
ビーカーのかべに、ろうとの(④　　)をつける。

ここが だいじ!
①水の温度を変化させたとき、とける量の変化のしかたは、とかすものによってちがう。

ぴたトリビア　水にとける量だけでなく、水以外の液体にとける量と温度の関係も、ものによってちがいます。

ぴったり2
練習

8. もののとけ方

②水にとけるものの量(3)
③とかしたものを取り出すには(1)

学習日　月　日

教科書 148～153ページ　答え 31ページ

1 水の温度を変えて、食塩とミョウバンがそれぞれ 50 mL の水にとける量を調べて、ぼうグラフにまとめました。

(1) 次の温度のとき、食塩とミョウバンは、それぞれ何はいとけますか。

① 10 ℃のとき
食塩(　　　はい)　ミョウバン(　　　はい)

② 30 ℃のとき
食塩(　　　はい)　ミョウバン(　　　はい)

③ 60 ℃のとき
食塩(　　　はい)　ミョウバン(　　　はい)

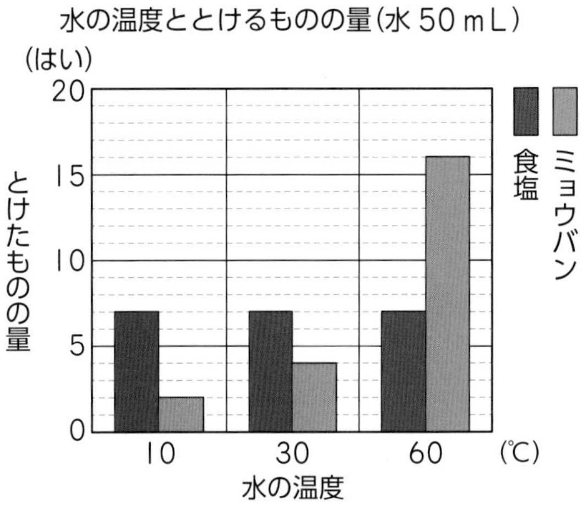

(2) この実験で、水にとかしたときのことについて、食塩にあてはまるもの、ミョウバンにあてはまるものを①～③から1つずつ選び、記号をかきましょう。

①水の温度が高いほど、よくとける。
②水の温度が低いほど、よくとける。
③水の温度によって、とける量は変わらない。

食塩(　　)　ミョウバン(　　)

2 とけ残りのある食塩水をろ過《か》しました。

(1) ろ過のしかたとして、正しいものに○をつけましょう。

①(　)　②(　)　③(　)

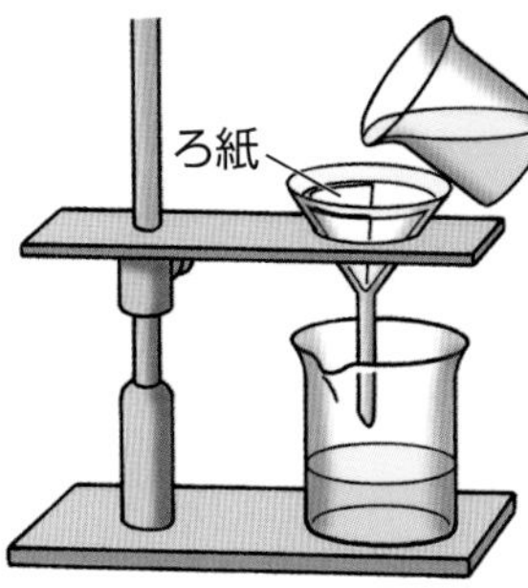

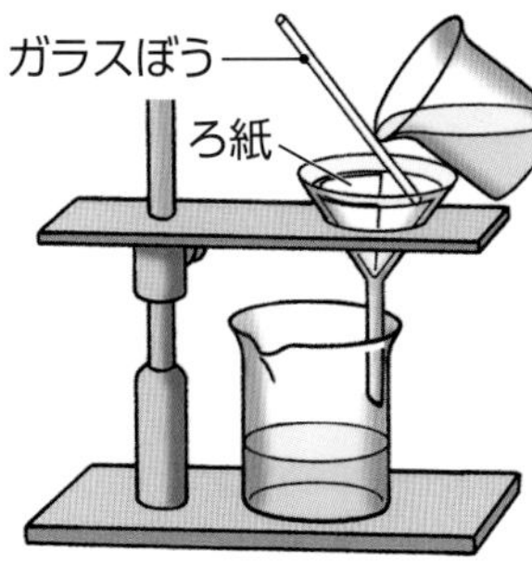

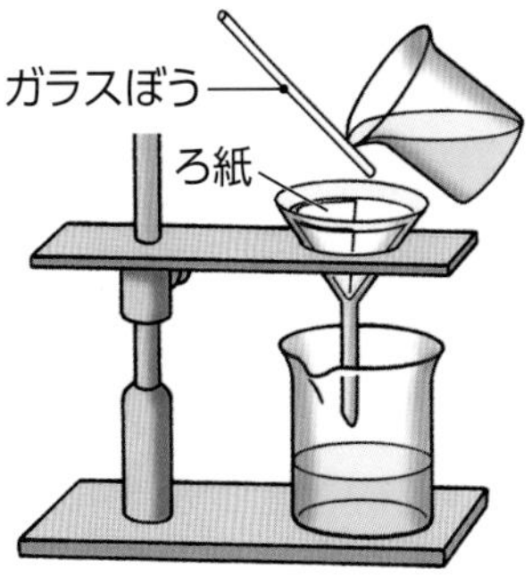

(2) ろ過した液《えき》には、食塩のつぶは見えますか、見えませんか。

(　　　　　)

(3) ろ過した液には、食塩はとけていますか、とけていませんか。

(　　　　　)

ヒント ❷ (3)ろ過する前の液はとけ残りが出ていたので、その液には、これ以上とけないぐらい、とかしたものが入っています。

8. もののとけ方

③とかしたものを取り出すには(2)

学習日　　月　　日

めあて
水よう液からとけているものを取り出す方法をかくにんしよう。

教科書 151〜156ページ　答え 32ページ

下の(　　)にあてはまる言葉をかくか、あてはまるものを○で囲《かこ》もう。

1 水《すい》よう液《えき》を冷やすと、とけているものを取り出せるのだろうか。　教科書 151〜154ページ

▶水よう液を氷水で冷やし、つぶが取り出せるか調べる。

- ミョウバンの水よう液を冷やしたものから、ミョウバンのつぶを取り出すことが(①　できる　・　できない　)。
- 食塩水を冷やしたものから、食塩のつぶを取り出すことが(②　できる　・　できない　)。

▶ミョウバンは、水の(③　　　　)が下がると、とける量が減るので、冷やすととけ切れなくなったミョウバンが出てくる。

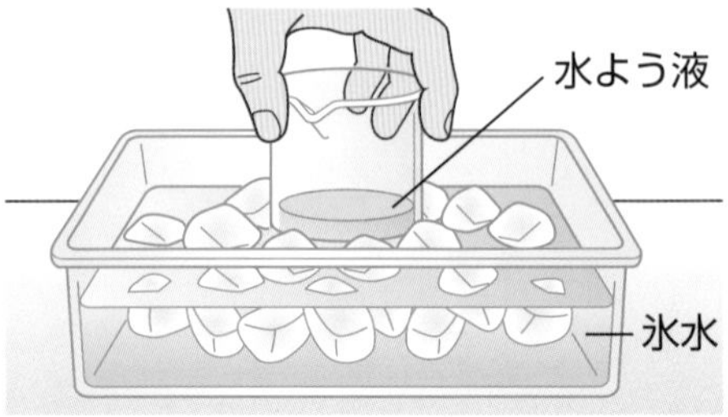
水よう液
氷水

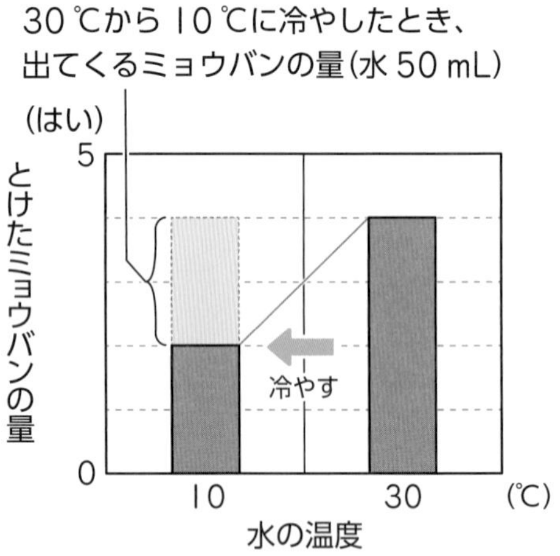
30 ℃から 10 ℃に冷やしたとき、
出てくるミョウバンの量(水 50 mL)
(はい)
5
0
とけたミョウバンの量
冷やす
10
30
(℃)
水の温度

食塩は、水の温度によってとける量に差がないから、冷やしてもつぶを取り出せないんだね。

2 水よう液から水をじょう発させると、とけているものを取り出せるのだろうか。　教科書 155〜156ページ

▶水よう液を熱して水をじょう発させて、つぶが取り出せるか調べる。

- ミョウバンの水よう液を熱したものから、ミョウバンのつぶが(①　出てくる　・　出てこない　)。
- 食塩水を熱したものから、食塩のつぶが(②　出てくる　・　出てこない　)。

▶ミョウバンの水よう液も食塩水も、水をじょう発させると、とけていたものを取り出すことが(③　できる　・　できない　)。

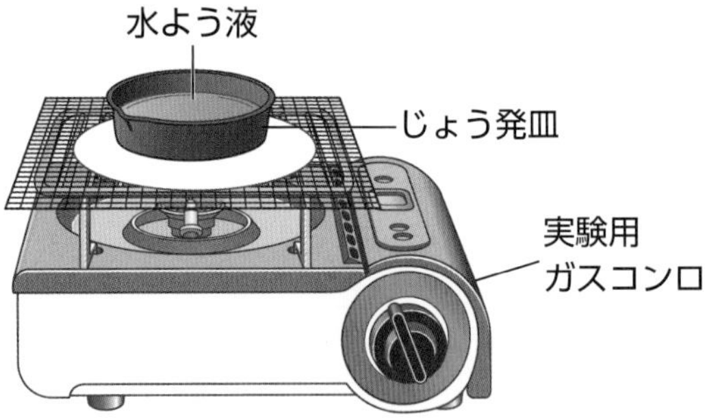
水よう液
じょう発皿
実験用
ガスコンロ

ここが だいじ!

①ミョウバンの水よう液の温度を下げると、つぶを取り出すことができる。
②ミョウバンの水よう液や食塩水から水をじょう発させると、つぶを取り出すことができる。

ぴたトリビア　海水も水よう液ですが、食塩(塩化ナトリウム)以外にもいろいろなものがとけています。

8. もののとけ方

③とかしたものを取り出すには(2)

教科書 151〜156ページ　答え 32ページ

1 **食塩水やミョウバンの水《すい》よう液《えき》を冷やして、食塩やミョウバンを取り出すことができるか実験しました。**

(1) 水よう液の入ったビーカーを氷水につけて冷やしたところ、㋐の水よう液からはつぶが出てきましたが、㋑の水よう液からはつぶが出てきませんでした。食塩の水よう液は、㋐、㋑のどちらですか。記号をかきましょう。

（　　　）

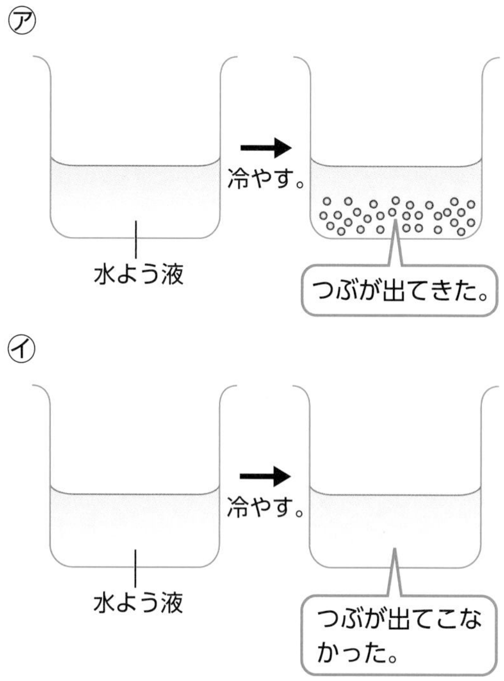
㋐
冷やす。
水よう液
つぶが出てきた。
㋑
冷やす。
水よう液
つぶが出てこなかった。

(2) ㋐の水よう液からつぶが出てきた理由について、次の（　　）にあてはまる言葉をかきましょう。

㋐の水よう液では、温度が（　　　　　）と、とける量が（　　　　　）ので、とけ切れなくなった㋐が出てくる。

2 **食塩水やミョウバンの水よう液を熱して水をじょう発させて、食塩やミョウバンを取り出すことができるか実験しました。**

(1) 水よう液を熱するときに使った器具㋐の名前をかきましょう。

（　　　　　）

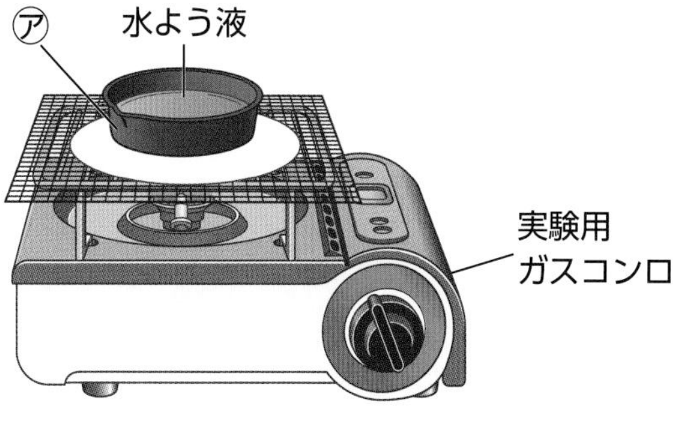
㋐
水よう液
実験用
ガスコンロ

(2) 器具㋐に食塩水を少し入れて、水をじょう発させました。食塩のつぶは出てきますか、出てきませんか。

（　　　　　）

(3) 器具㋐にミョウバンの水よう液を少し入れて、水をじょう発させました。ミョウバンのつぶは出てきますか、出てきませんか。

（　　　　　）

(4) 水よう液の温度を下げる方法でも、水よう液を熱して水をじょう発させる方法でも、水よう液からつぶを取り出すことができるのは、食塩水ですか、ミョウバンの水よう液ですか。

（　　　　　）

8. もののとけ方

時間 30 分　／100　合格 70 点

教科書 140〜161ページ　答え 33ページ

1 ものが水にとけるということや、水《すい》よう液《えき》について調べました。①〜④で、正しいものには○を、まちがっているものには×をつけましょう。　1つ5点(20点)

①(　　)水に入れたとき、時間がたってにごったままでも、水よう液である。

②(　　)水の中でものが均一《きんいつ》に広がり、すき通った(とうめいな)液になることを「ものが水にとけた」という。

③(　　)すき通っていても、色がついているものは水よう液とはいわない。

④(　　)時間がたっても、とけたものは、水と分かれない。

よく出る

2 ミョウバンを水にとかす前後で全体の重さを調べ、水にとけたものの重さがどうなるかを調べました。　1つ6点(18点)

(1) 図の㋑の調べ方には、正しくないところがあります。それは何ですか。(　)に言葉をかきましょう。 技能

(　　　　　　)の重さをはかっていない。

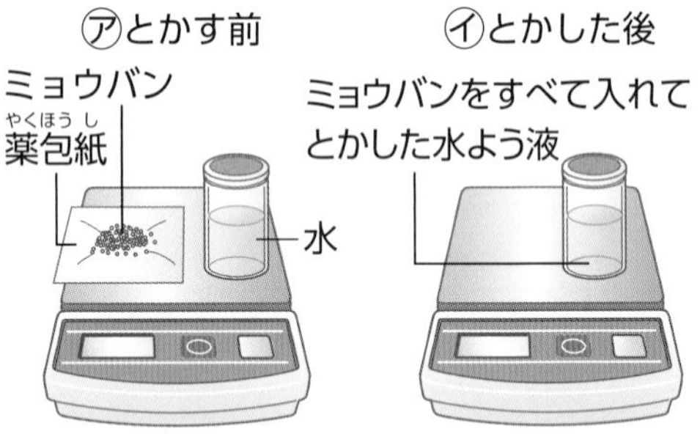
㋐とかす前
ミョウバン
薬包紙《やくほうし》
水
㋑とかした後
ミョウバンをすべて入れて
とかした水よう液

(2) ㋐のとき、電子てんびんは97.2gを示していました。㋑の調べ方を正しくしてから全体の重さをはかると、何gになりますか。

(　　　　　　)

(3) 70gの水にミョウバンをとかして、73gのミョウバンの水よう液ができたとすると、ミョウバンは何gとかしたことになりますか。

(　　　　　　)

3 水の量を変えて、食塩とミョウバンをそれぞれ計量スプーンですり切り1ぱいずつ水にとかしていき、とける量を調べたところ、表のようになりました。　1つ6点(18点)

(1) ㋐、㋑にあてはまるのは何はいか、かきましょう。

㋐(　　　　はい)

㋑(　　　　はい)

(2) 水の量を3倍にすると、水にとけるものの量は何倍になると考えられますか。

(　　　　　　)

10℃の水にとける量

水の量(mL)	50	100
食塩	7はい	㋐
ミョウバン	㋑	4はい

4 水の温度を変えて、食塩やミョウバンをそれぞれ計量スプーンですり切り１ぱいずつ水にとかしていき、水にどれだけとけるかを調べたところ、表のようになりました。　1つ6点（12点）

水 50 mL にとける量

水の温度（℃）	10	30	60
食塩	7はい	7はい	7はい
ミョウバン	2はい	4はい	16はい

(1) 水の温度とものがとける量について、正しいものに○をつけましょう。

①（　　）どんなものでも、水の温度を上げると、とける量は増《ふ》える。

②（　　）どんなものでも、水の温度を上げてもとける量は変わらない。

③（　　）水の温度を変化させたとき、とける量の変化のしかたは、とかすものによってちがう。

(2) 60 ℃の水にとけるだけとかしてつくった水よう液の温度が 30 ℃まで下がったとき、水よう液からつぶが出てくるのは、食塩水ですか、ミョウバンの水よう液ですか。

（　　　　　　　　）

5 とけ残りのある食塩水をろ過《か》しました。　(1)、(2)は1つ6点、(3)は全部できて6点（18点）

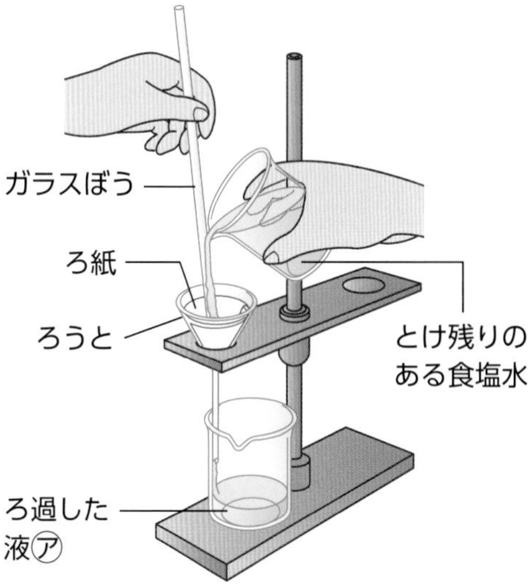

(1) ろ紙をろうとにぴったりとつけるために、ろ紙をろうとに入れた後、どのようにしますか。正しいものに○をつけましょう。　技能

①（　　）ろ紙を入れたろうとをふる。

②（　　）ろ紙をろうとに手で強く押しつける。

③（　　）ろ紙を水でぬらす。

(2) ろ過した液㋐について、正しいほうに○をつけましょう。

①（　　）食塩のつぶが、底にしずんでいる。

②（　　）目に見えないが、液の中に食塩がふくまれている。

(3) ろ過した液㋐から食塩を取り出せるものすべてに○をつけましょう。

①（　　）ビーカーを湯につけて、液をあたためる。

②（　　）ビーカーを氷水につけて、液を冷やす。

③（　　）液を熱して、水をじょう発させる。

できたらスゴイ！

6 50 mL の水に、食塩とミョウバンをそれぞれとかしたところ、表のようになりました。

思考・表現　1つ7点（14点）

水 50 mL にとける量

水の温度（℃）	10	30
食塩	7はい	7はい
ミョウバン	2はい	4はい

(1) 30 ℃の水 100 mL には、食塩は何はいまでとけると考えられますか。（　　　　）

(2) 30 ℃の水 100 mL には、ミョウバンは何はいまでとけると考えられますか。（　　　　）

ふりかえり
2 がわからないときは、56 ページの **1** にもどってかくにんしてみましょう。
6 がわからないときは、58 ページの **2** と 60 ページの **1** にもどってかくにんしてみましょう。

ぴったり1
準備

3分でまとめ

9. 電流と電磁石《でんじしゃく》
①電磁石の極の性質《せいしつ》

学習日　月　日

めあて
電磁石のはたらきと、その極の性質をかくにんしよう。

教科書 163〜168ページ　答え 34ページ

下の(　)にあてはまる言葉をかこう。

1 電磁石とは、どのようなものだろうか。　教科書 163〜166ページ

▶導線《どうせん》を同じ向きに何回もまいたものを(①　　　　　)という。

▶(　①　)に鉄心を入れ、電流を流すと、鉄心が鉄を引きつけるようになる。
これを(②　　　　　)という。

▶かん電池をつないで電流を流すと、電磁石はぼう磁石のように、(③　　　)のゼムクリップを引きつける。

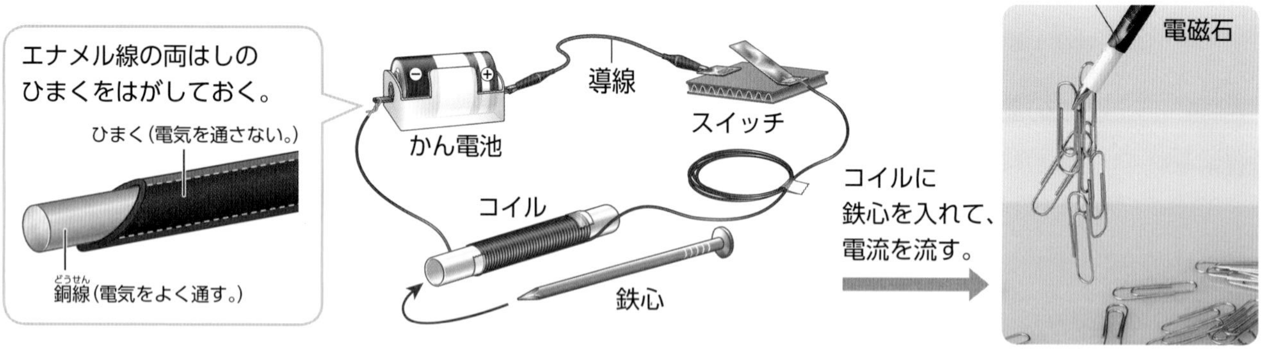

エナメル線の両はしのひまくをはがしておく。
ひまく（電気を通さない。）
銅線《どうせん》（電気をよく通す。）
かん電池
導線
スイッチ
コイル
鉄心
コイルに鉄心を入れて、電流を流す。
電磁石

2 電磁石には、どんな性質があるのだろうか。　教科書 166〜168ページ

▶電磁石は、コイルに(①　　　　)が流れているときだけ、磁石の性質をもつ。

▶電磁石には、ぼう磁石のように、N《エヌ》極と(②　　　　)がある。

▶コイルに流れる電流の(③　　　　　)が逆《ぎゃく》になると、電磁石のN極と(　②　)が入れかわる。

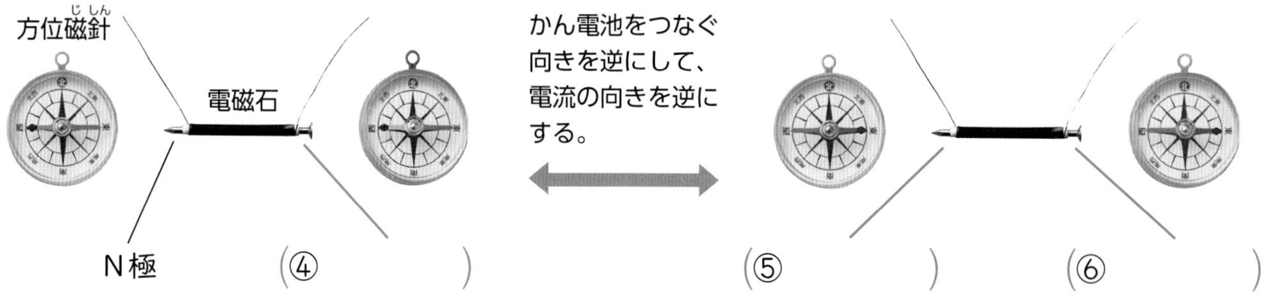

方位磁針《じしん》
電磁石
N極
(④　　　　)
かん電池をつなぐ向きを逆にして、電流の向きを逆にする。
(⑤　　　　)
(⑥　　　　)

ここがだいじ！
①電磁石は、コイルに電流が流れているときだけ、磁石の性質をもつ。
②電磁石にも、ぼう磁石と同じように、N極とS《エス》極がある。
③コイルに流れる電流の向きが逆になると、電磁石のN極とS極が入れかわる。

ぴたトリビア　電流を流したコイルを方位磁針に近づけると、針《はり》は向きを変えますが、コイルに鉄心を入れると、磁石の力はより強くなります。

ぴったり2 練習

9. 電流と電磁石《でんじしゃく》

①電磁石の極の性質《せいしつ》

学習日　月　日

教科書 163〜168ページ　答え 34ページ

1 ストローにエナメル線をまいてコイルをつくり、コイルを回路につなぎ、鉄心を入れました。

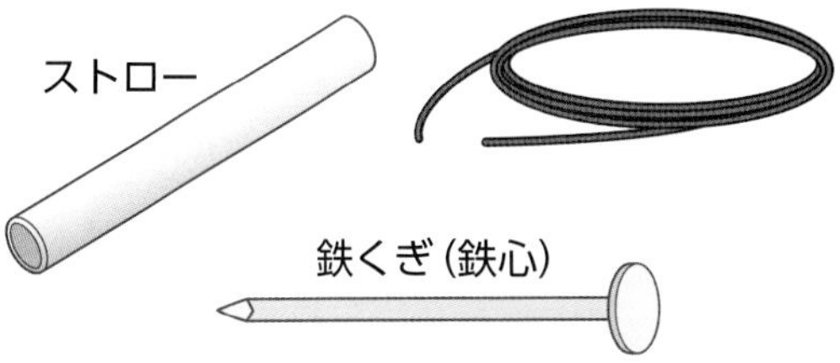

ストロー
エナメル線
鉄くぎ（鉄心）

(1) エナメル線をまいてコイルをつくるとき、エナメル線はどのようにまきますか。正しいほうに○をつけましょう。

①(　　)同じ向きにくり返しまく。

②(　　)向きを変えながらまく。

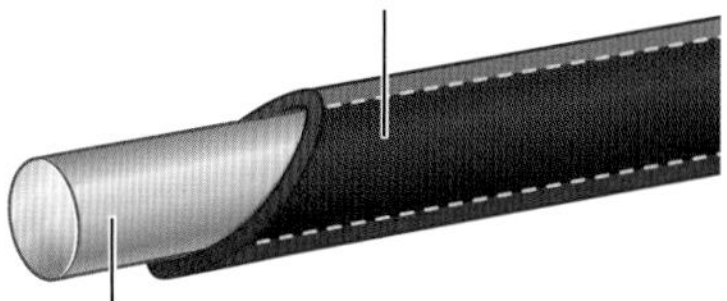

㋐ひまく
㋑銅線《どうせん》

(2) エナメル線について正しく説明しているものに○をつけましょう。

①(　　)㋐の部分だけ電気を通す。

②(　　)㋑の部分だけ電気を通す。

③(　　)㋐の部分も㋑の部分も電気を通す。

④(　　)㋐の部分も㋑の部分も電気を通さない。

(3) コイルに鉄心を入れ、電流を流すと、鉄心が鉄を引きつけるようになります。これを何といいますか。

(　　　　　)

2 電磁石を使って図のような回路をつくり、鉄心にした鉄くぎの先に、方位磁針《じしん》を置きました。

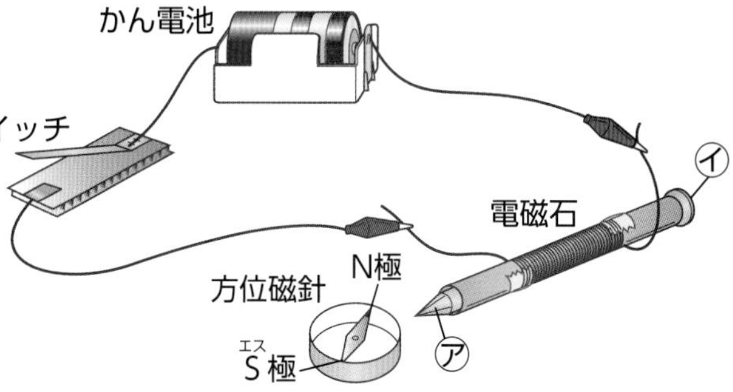

かん電池
スイッチ
㋑
電磁石
N極
方位磁針
S《エス》極
㋐

(1) スイッチを入れてコイルに電流を流すと、方位磁針のN《エヌ》極が㋐に引きつけられました。このとき、㋐は何極になっていますか。

(　　　　　)

(2) (1)のとき、㋑は何極になっていますか。

(　　　　　)

(3) かん電池の向きを逆《ぎゃく》にしてスイッチを入れると、回路に流れる電流の向きはどうなりますか。

(　　　　　)

(4) (3)のとき、㋐は何極になっていますか。

(　　　　　)

(5) (3)のとき、㋑は何極になっていますか。

(　　　　　)

ぴったり1 準備

9. 電流と電磁石《でんじしゃく》

②電磁石の強さ

学習日　　月　　日

めあて
電磁石の強さを変える方法をかくにんしよう。

教科書 169〜174ページ　答え 35ページ

下の(　)にあてはまる言葉をかくか、あてはまるものを○で囲《かこ》もう。

1 電磁石を強くするには、どうすればよいのだろうか。 教科書 169〜174ページ

変える条件《じょうけん》	電流の大きさ(かん電池1個《こ》と2個)	コイルのまき数(100回まきと200回まき)
同じ条件	コイルのまき数(100回まき)	電流の大きさ(かん電池1個)
	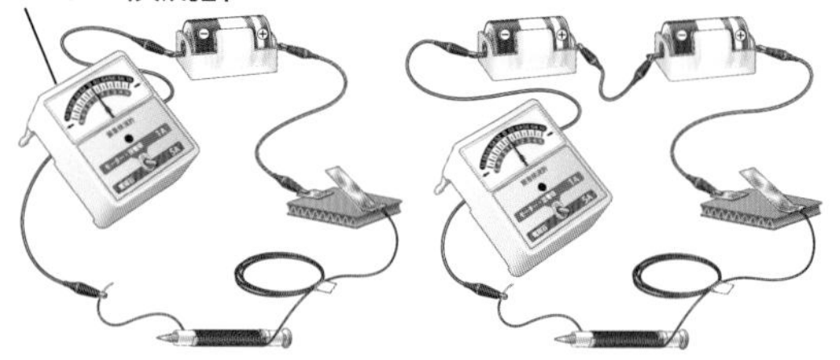かんい検流計《けんりゅうけい》 かん電池1個　かん電池2個	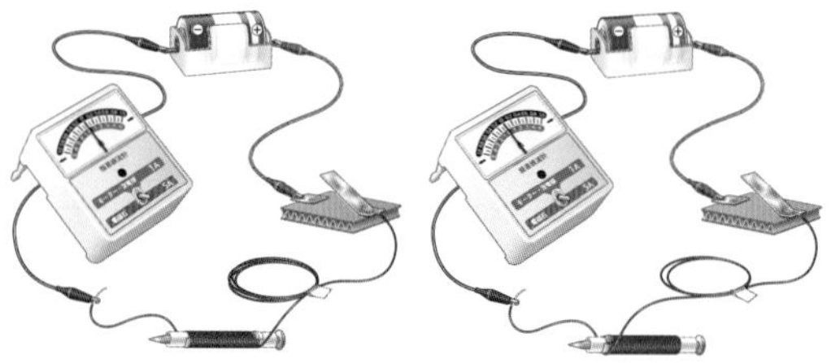 100回まき　200回まき (100回まきと200回まきでは、同じ長さのエナメル線を使う。)

▶電流が大きいほうが、電磁石に引きつけられるゼムクリップの数は(① 多い ・ 少ない)。

▶コイルのまき数が多いほうが、電磁石にひきつけられるゼムクリップの数は(② 多い ・ 少ない)。

▶電流を大きくすると、電磁石は(③ 強く ・ 弱く)なる。

▶コイルのまき数を多くすると、電磁石は(④ 強く ・ 弱く)なる。

▶電流計を使うと、回路に流れる電流の(⑤　　　　)を調べることができる。
電流の(　⑤　)は、A(アンペア)という単位で表す。

▶電流計は、電流をはかりたい回路に(⑥　　　　)つなぎ(1つの輪)になるようにつなぐ。

- 電流計の(⑦　　　　)に、かん電池の＋《プラス》極側の導線《どうせん》をつなぐ。
- 電流計の−《マイナス》たんしに、かん電池の−極側の導線をつなぐ。最初は、最も大きい電流がはかれる(⑧　　　　)の−たんしにつなぐ。
- 針《はり》のふれが小さいときは、−たんしを500 mA《ミリアンペア》(0.5 A《アンペア》)、50 mA (0.05 A)の順につなぎかえる。

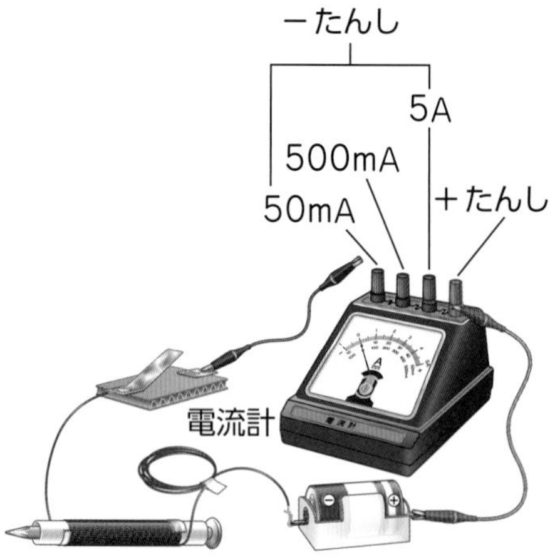
−たんし
5A
500mA
50mA
＋たんし
電流計

ここがだいじ!
①電流を大きくすると、電磁石は強くなる。
②コイルのまき数を多くすると、電磁石は強くなる。

ぴたトリビア
磁石についていた鉄くぎが、磁石からはなれても鉄を引きつけることがあるように、電磁石の鉄心にしていた鉄くぎが、電流を切ったあとも鉄を引きつけることがあります。

9. 電流と電磁石《でんじしゃく》

②電磁石の強さ

1 図のように、回路につなぐかん電池の数だけを変えて、電磁石がゼムクリップを何個《こ》持ち上げるかを調べました。

かんい検流計《けんりゅうけい》

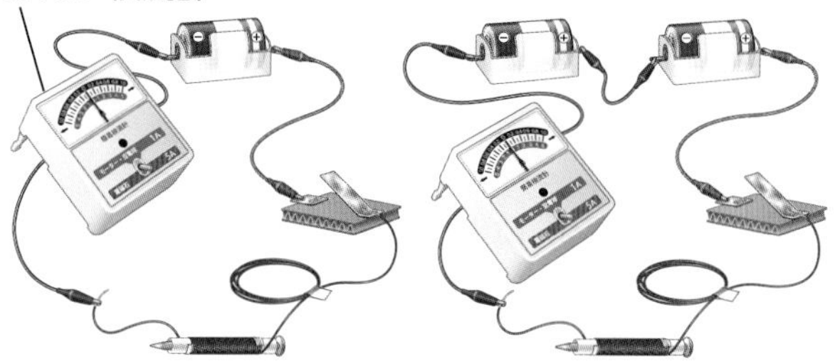

かん電池|個　　かん電池2個

⑴ この実験では、何の条件《じょうけん》を変えていますか。正しいものに○をつけましょう。

①(　　)電流の向き
②(　　)電流の大きさ
③(　　)コイルのまき数

⑵ スイッチを入れて電磁石をゼムクリップに近づけたところ、㋐、㋑のようになりました。かん電池|個のときの結果はどちらですか。

(　　)

㋐　㋑

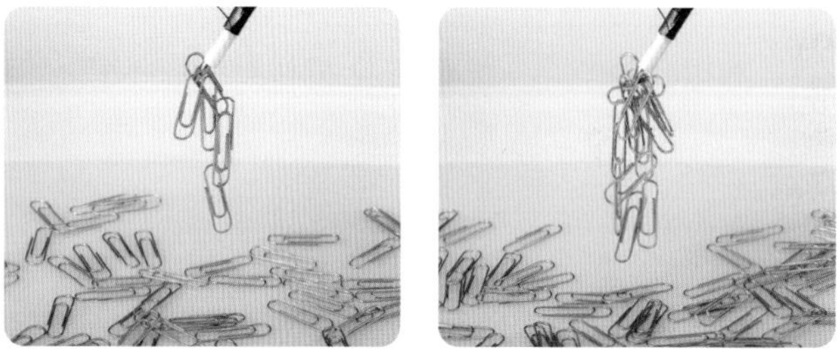

⑶ 電流を大きくすると、電磁石の強さはどうなりますか。

(　　　　)

2 図のように、コイルのまき数だけを変えて、電磁石がゼムクリップを何個持ち上げるかを調べました。

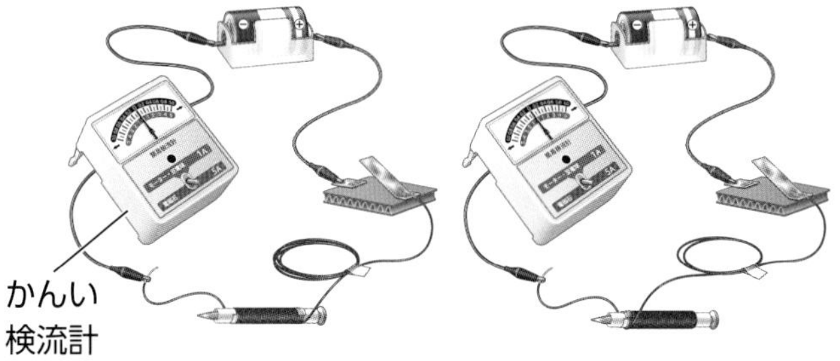

|00回まきの電磁石　　200回まきの電磁石

㋐

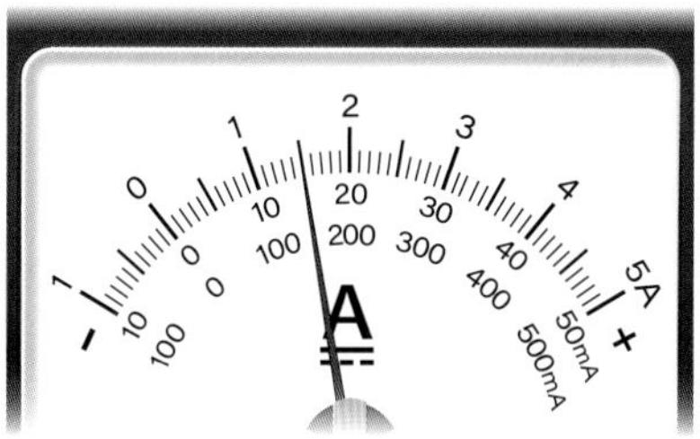

⑴ スイッチを入れて電磁石をゼムクリップに近づけたとき、ゼムクリップがたくさんついた電磁石は、|00回まきと200回まきのどちらの電磁石ですか。

(　　　　)

⑵ コイルのまき数を多くすると、電磁石の強さはどうなりますか。

(　　　　)

⑶ かんい検流計を電流計に変えてスイッチを入れたとき、電流計の針《はり》が㋐のようになりました。このとき、5A《アンペア》の−《マイナス》たんしにつないでいました。回路を流れる電流の大きさはいくらですか。

(　　　　)

ヒント　**2** ⑶電流計を使うと、電流の大きさをはかることができます。つないでいる−たんしに合わせて、電流計の目もりを読みます。

ぴったり3 確かめのテスト

9. 電流と電磁石《でんじしゃく》

時間 30 分

／100

合格 70 点

教科書 162〜179ページ　答え 36ページ

よく出る

1 電磁石の極の性質《せいしつ》を調べて、ぼう磁石と比《くら》べながらまとめました。(　　)にあてはまる言葉をかきましょう。

思考・表現　1つ5点(15点)

	電磁石	ぼう磁石
磁石のはたらき	コイルに(①　　　　)を流すと、鉄を引きつける。 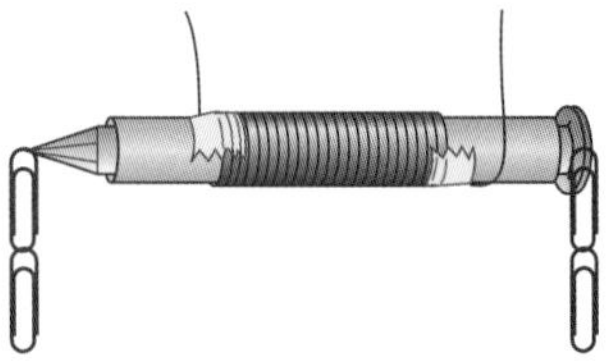	いつでも鉄を引きつける。 強く鉄を引きつけるところを(②　　　)という。 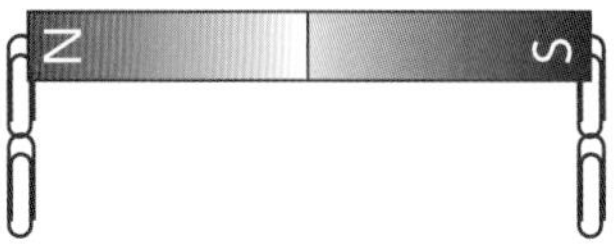
N《エヌ》極とS《エス》極	ぼう磁石と同じように、N極とS極がある。 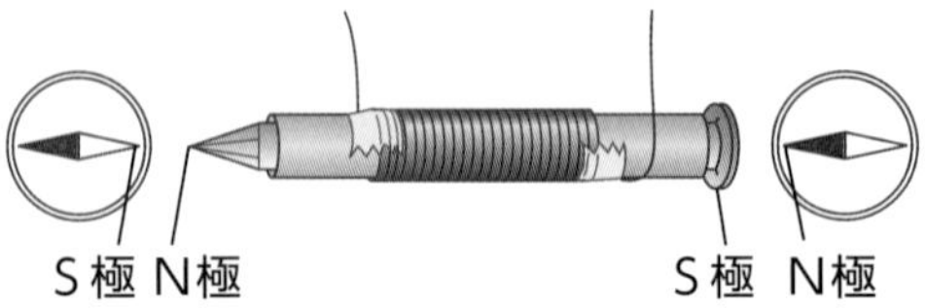 コイルに流れる電流の(③　　　　)が逆になると、N極とS極は入れかわる。	N極とS極がある。 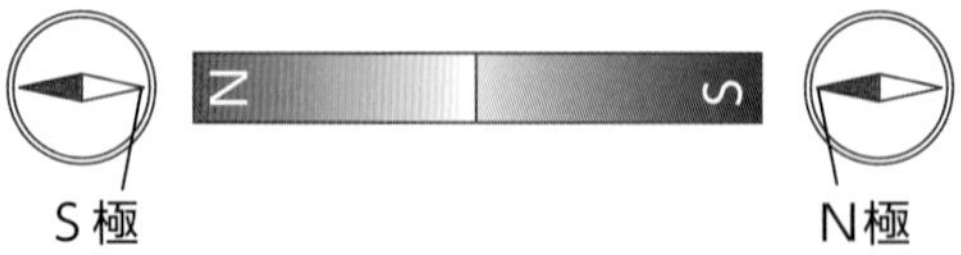 N極とS極は入れかわらない。

2 電流計を使うと、回路に流れる電流の大きさを調べることができます。

技能　1つ7点(21点)

(1) 赤いたんしにつなぐのは、どちらですか。正しいほうに○をつけましょう。

①(　　)かん電池の＋《プラス》極側の導線《どうせん》

②(　　)かん電池の－《マイナス》極側の導線

(2) 電流をはかるとき、最初につなぐ－たんしは、どれですか。正しいものに○をつけましょう。

①(　　)5 A《アンペア》の－たんし

②(　　)500 mA《ミリアンペア》の－たんし

③(　　)50 mA の－たんし

(3) 500 mA の－たんしにつないでいるとき、電流計の針《はり》が㋐のようになっていました。このときの電流の大きさをかきましょう。

(　　　　　　　　)

㋐

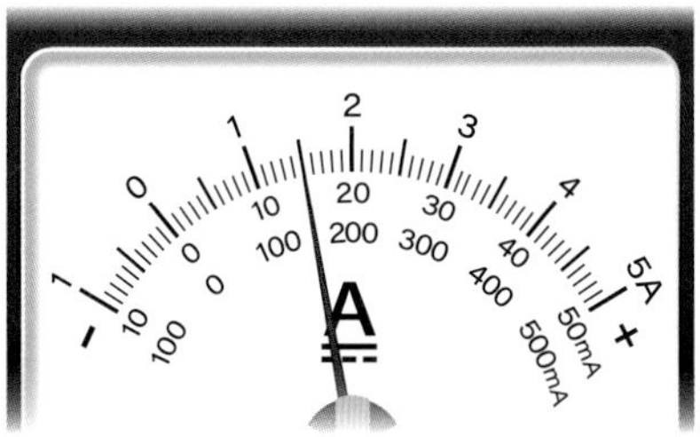

学習日　　月　　日

3 電流の大きさやコイルのまき数を変えて、電磁石の強さが変わるかどうか実験しました。

(1)、(2)は1つ7点、(3)は8点(22点)

㋐ かん電池　1個
コイルのまき数　100回

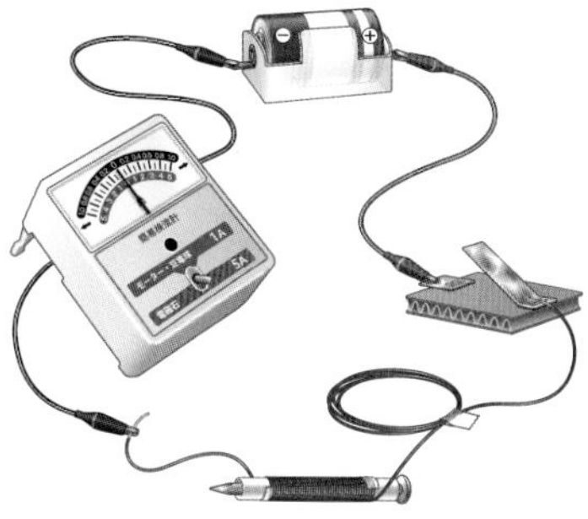

㋑ かん電池　1個
コイルのまき数　200回

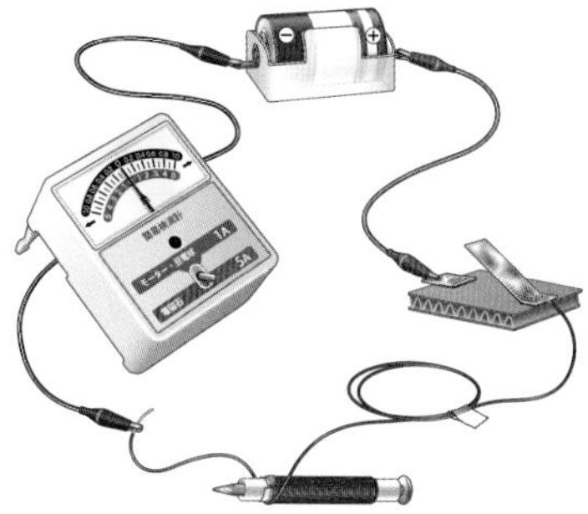

㋒ かん電池　2個
コイルのまき数　100回

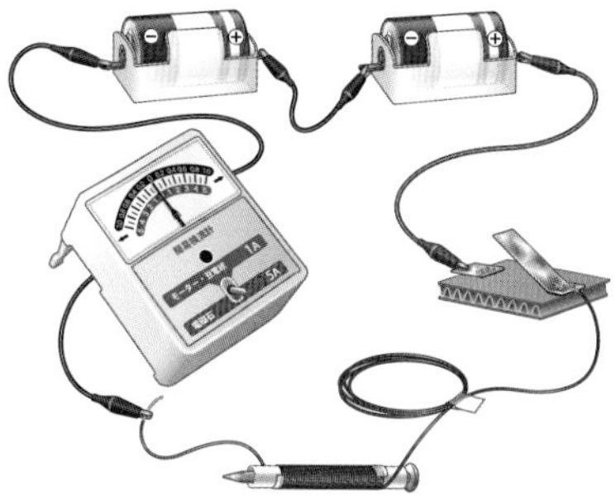

(エナメル線の長さはどれも同じ。)

(1) 電流の大きさだけを変えて、電磁石の強さが変わるかを調べるには、どれとどれを比《くら》べればよいですか。正しいものに○をつけましょう。

①(　　)㋐と㋑　　②(　　)㋐と㋒
③(　　)㋑と㋒　　④(　　)㋐と㋑と㋒

(2) コイルのまき数だけを変えて、電磁石の強さが変わるかを調べるには、どれとどれを比べればよいですか。正しいものに○をつけましょう。

①(　　)㋐と㋑　　②(　　)㋐と㋒
③(　　)㋑と㋒　　④(　　)㋐と㋑と㋒

(3) スイッチを入れて、電磁石がゼムクリップを何個《こ》持ち上げるか調べたとき、㋐～㋒の中で持ち上がるゼムクリップがいちばん少ないのはどれですか。記号をかきましょう。(　　)

できたらスゴイ!

4 図のように、100回まきのコイルでつくった電磁石の近くに方位磁針《じしん》を置いて、コイルに電流を流しました。

1つ7点(42点)

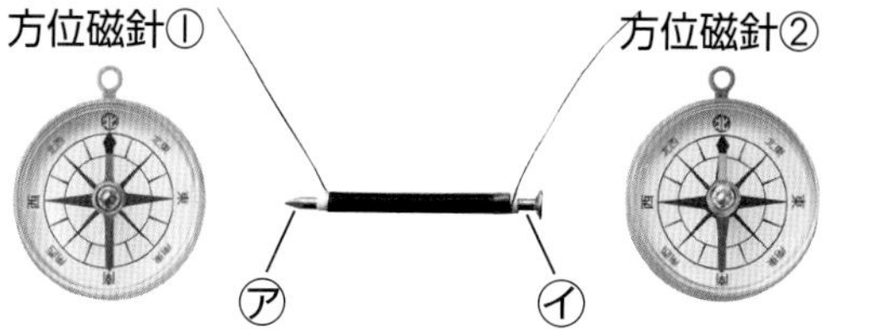

(1) コイルに電流を流したとき、①の方位磁針の針の色のついたほうが、㋐のほうを向きました。このとき、㋐、㋑は何極か、それぞれ答えましょう。

㋐(　　　)　㋑(　　　)

(2) コイルをほどいて50回まきにした後、コイルをほどく前と同じように電磁石と方位磁針を置いてコイルに電流を流しました。このとき、㋐、㋑は何極か、それぞれ答えましょう。

㋐(　　　)　㋑(　　　)

(3) (2)の後、かん電池の向きを逆《ぎゃく》にして、コイルに電流を流しました。このとき、㋐、㋑は何極か、それぞれ答えましょう。

㋐(　　　)　㋑(　　　)

ふりかえり
1がわからないときは、66ページの1や2にもどってかくにんしてみましょう。
4がわからないときは、66ページの2と68ページの1にもどってかくにんしてみましょう。

★理科で使う器具

学習日　　月　　日

めあて
理科の観察や実験で使う器具をかくにんしよう。

答え 37ページ

下の(　)にあてはまる言葉をかこう。

1 これまで使ってきた器具には、どのようなものがあっただろうか。

▶虫眼鏡《むしめがね》

・虫眼鏡を使うと、(①　　　　　)ものを大きく見ることができる。

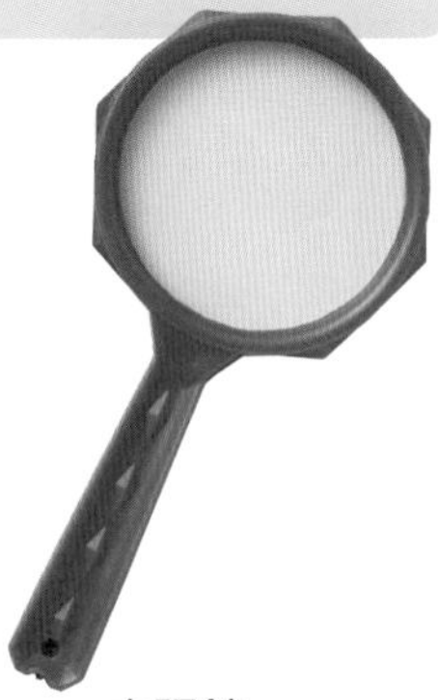
虫眼鏡

▶方位磁針《じしん》

・方位磁針を使うと、(②　　　　　)を調べることができる。

・針《はり》は、北と南を指して止まり、針の色がついたほうが(③　　　)を指す。

・方位磁針は、磁石《じしゃく》の性質《せいしつ》を利用していて、北を指すほうが(④　　　　)で、南を指すほうが(⑤　　　　)である。

方位磁針

▶温度計

・温度計を使うと、(⑥　　　　　)にふれている土や水、空気の(⑦　　　　)をはかることができる。

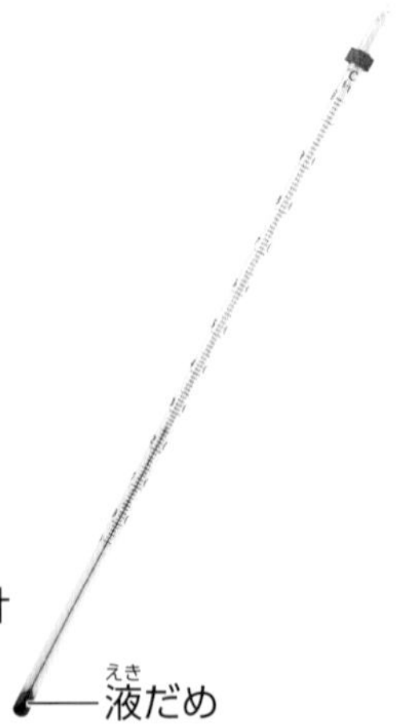
液《えき》だめ
温度計

▶電子てんびん

・電子てんびんを使うと、ものの(⑧　　　　　)をはかることができる。

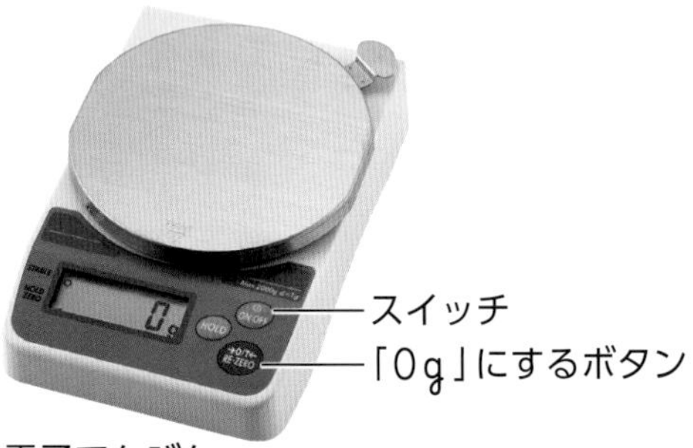
スイッチ
「0g」にするボタン
電子てんびん

▶実験用ガスコンロ

・実験用ガスコンロは、熱するときに使う。

実験用ガスコンロ

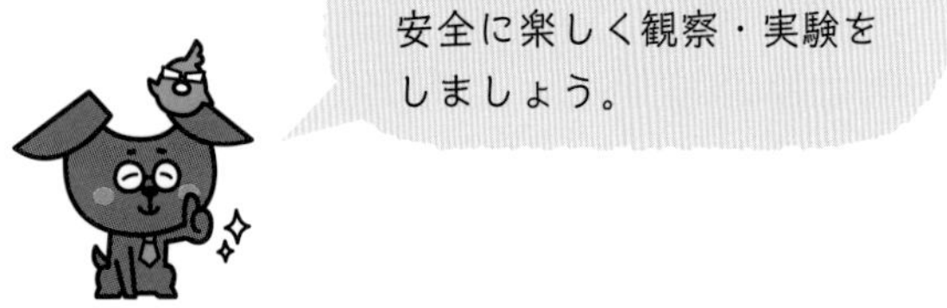
正しい使い方を覚えて、
安全に楽しく観察・実験を
しましょう。

この本の終わりにある「学力診断テスト」をやってみよう！

4 次の写真は、ある日の日本付近の雲のようすです。

(1)、(2)は1つ4点、(3)は6点(14点)

(1) うずをまいたような雲のかたまりは何ですか。

(　　　　　　　　)

(2) この雲のかたまりが発生したのは、日本のどちら側ですか。正しいものに○をつけましょう。

①(　　)東

②(　　)西

③(　　)南

④(　　)北

(3) 記述 この雲が近づくと、どのような天気になりますか。

(　　　　　　　　　　　　　　　　　　)

思考・判断・表現

5 ㋐～㋒は、ある月の20日から22日までの3日間の雲のようす(白色のところ)を示したものです。

(1)は4点、(2)、(3)は1つ3点(10点)

㋐
大阪
㋑
大阪
㋒
大阪

(1) ㋐～㋒を、20日から22日の順にならべると、どうなりますか。

(　　→　　→　　)

(2) 23日の大阪市の天気について、話し合いました。正しいほうの意見に○をつけましょう。

① □

22日に大阪市より西側の上空に雲がないので、晴れになると思うよ。

② □

22日に大阪市より東側の上空に雲があるので、くもりか雨になると思うよ。

(3)「晴れ」と「くもり」のちがいは、何によって決められていますか。正しいものに○をつけましょう。

①(　　)雲の動き

②(　　)雲の色

③(　　)雲の形

④(　　)雲の量

6 インゲンマメの種子が発芽する条件《じょうけん》を調べました。

(1)、(3)、(4)は1つ4点、(2)は6点(30点)

㋐
水でしめらせただっし綿《めん》
→発芽した。
㋑
かわいただっし綿
→発芽しなかった。
㋒
水
水の中にしずめた。
→発芽しなかった。
㋓
おおいをする。
水でしめらせただっし綿
→発芽した。
㋔
冷ぞう庫の中に置く。
水でしめらせただっし綿
→発芽しなかった。

(1) ①～③の2つの結果を比《くら》べることで、種子の発芽にはそれぞれ何が必要かを調べることができますか。

① ㋐と㋑　(　　　　)

② ㋐と㋒　(　　　　)

③ ㋓と㋔　(　　　　)

(2) 記述 ㋐と㋓の結果から、どんなことがわかりますか。次の文の(　　)にあてはまる文をかきましょう。

㋐と㋓では明るさがちがい、それ以外の条件は同じである。どちらも発芽していることから、発芽には(　　　)ことがわかる。

(　　　　　　　　　　　　　　　　　　)

(3) 発芽には肥料《ひりょう》が必要かどうか、話し合いました。正しいほうの意見に○をつけましょう。

①(　　)

肥料をあたえて実験していないから、この実験だけではわからないと思うよ。

②(　　)

肥料をあたえていなくても発芽しているから、発芽に肥料は必要ないと思うよ。

(4) 植物がよく成長していくには、発芽に必要な条件のほかに、2つ必要な条件があります。その2つの条件をかきましょう。

(　　　　　)と(　　　　　)

(切り取り線)

夏のチャレンジテスト

教科書 8〜69ページ

名前　　　　　　　　日

時間 40分

知識・技能	思考・判断・表現	合格80点
/60	/40	/100

答え38〜39ページ

知識・技能

1 アブラナの花のつくりを調べました。

1つ4点(12点)

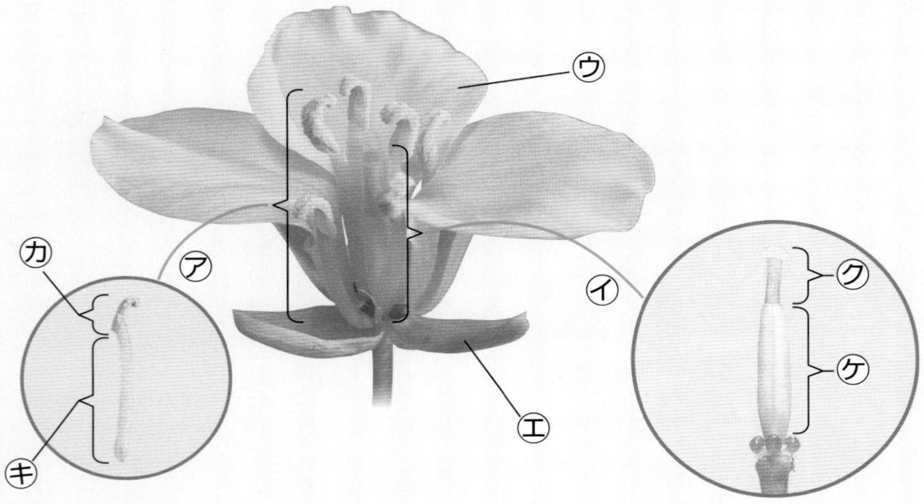
㋐
㋑
㋒
㋓
㋕
㋖
㋗
㋘

(1) おしべは、㋐〜㋓のどれですか。
(　　)

(2) やがて実になるのは、㋕〜㋘のどの部分ですか。
(　　)

(3) 実の中には、何がありますか。
(　　)

2 インゲンマメの発芽《はつが》前の種子と、発芽後の子葉を調べました。

(1)は4点、(2)は1つ5点(14点)

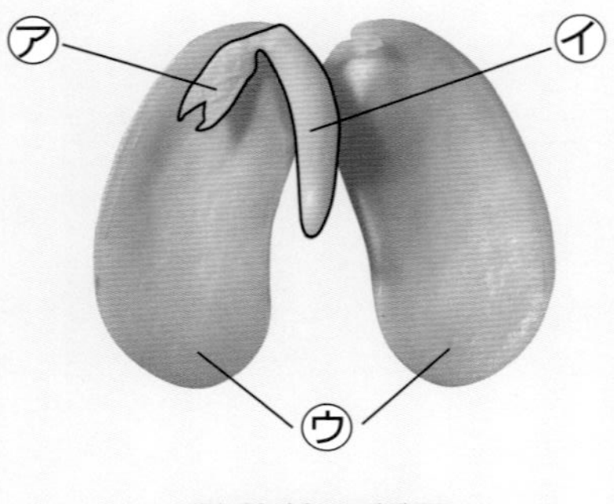
㋐
㋑
㋒

発芽前の種子

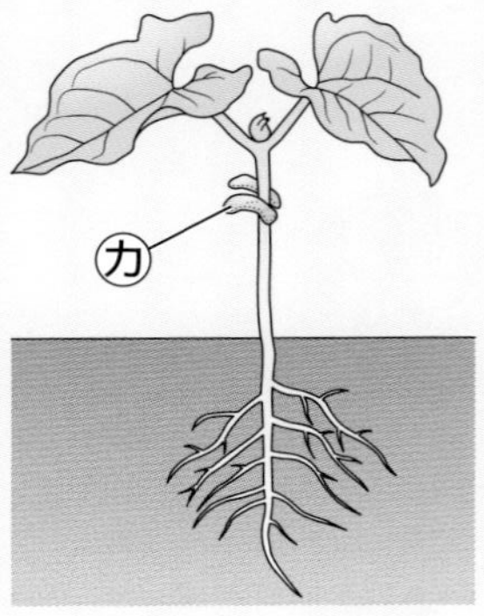
㋕

(1) 発芽後に㋕になるのは、㋐〜㋒のどの部分ですか。
(　　)

(2) 発芽前の種子と発芽後の㋕の部分を半分に切って、ある液《えき》体《たい》をつけたところ、発芽前の種子は青むらさき色になりましたが、㋕は色がほとんど変化しませんでした。

①養分があるかどうかを調べるために使ったこの液体の名前をかきましょう。
(　　)

②発芽前の種子には何がふくまれていることがわかりますか。
(　　)

3 メダカの受精卵《じゅせいらん》が育ち、子メダカがたんじょうしました。

1つ4点(20点)

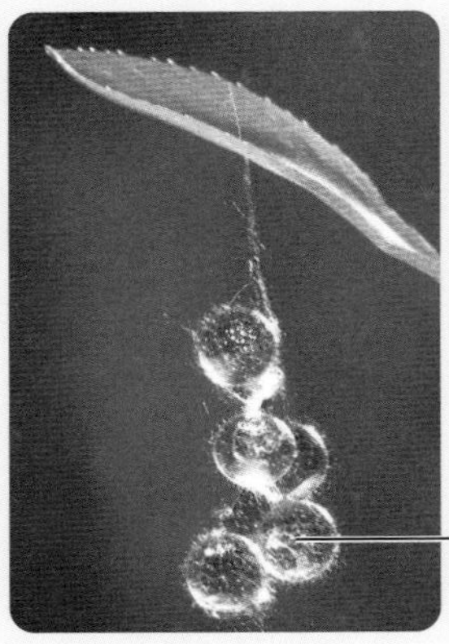
メダカの受精卵

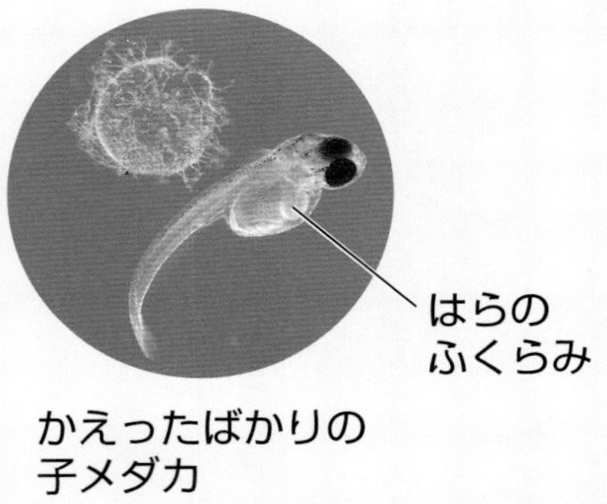
はらのふくらみ

かえったばかりの子メダカ

(1) 受精卵は、めすが産んだたまご(卵《らん》)と、おすが出した何が結びついてできたものですか。
(　　)

(2) 次の写真のメダカは、めすとおすのどちらですか。

(　　)

(3) メダカが産んだたまごを、次の図の器具で観察しました。この器具の名前をかきましょう。

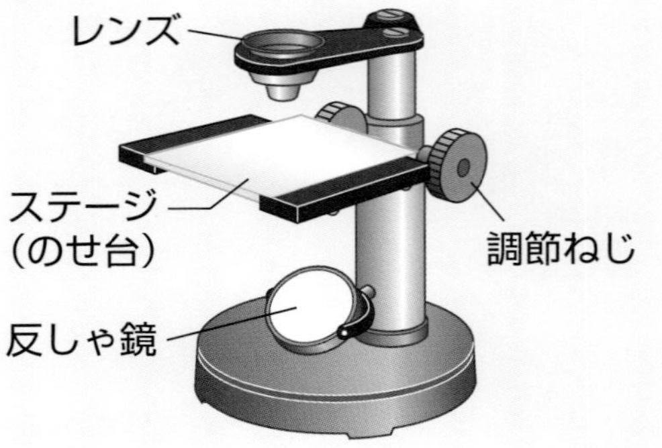
レンズ
ステージ(のせ台)
調節ねじ
反しゃ鏡

(　　)

(4) 子メダカがたんじょうするのは、たまご(卵)が受精してどれぐらいたってからですか。正しいものに○をつけましょう。

①(　　)約3日
②(　　)約1週間
③(　　)約11日
④(　　)約3週間

(5) たまごからかえったばかりの子メダカのはらには、ふくらみがあります。この中には何が入っていますか。
(　　)

うらにも問題があります。

4 山の中を流れる川と平地を流れる川で、川のようすを観察しました。
(1)は4点、(2)は全部できて5点(9点)

㋐

㋑

(1) 平地を流れる川の川原《かわら》の石は、㋐、㋑のどちらですか。

(　　　)

(2) 山の中を流れる川のようすにあてはまるものすべてに○をつけましょう。

①(　　　)流れが速く、しん食や運ぱんのはたらきが大きい。

②(　　　)流れがおそく、たい積のはたらきが大きい。

③(　　　)川原には、すなやどろが積もっている。

④(　　　)大きくて角ばった石が多く見られる。

思考・判断・表現

5 ヘチマの花は、どのようにすれば実になるのかを調べました。
(1)、(2)は3点、(3)、(4)は1つ4点(18点)

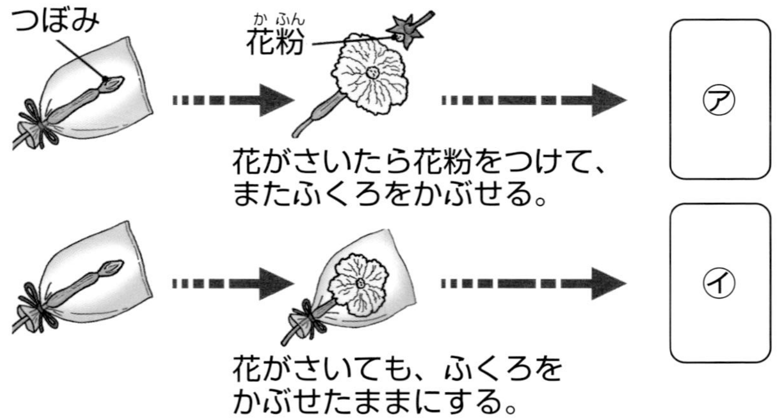
つぼみ
花粉《かふん》
花がさいたら花粉をつけて、
またふくろをかぶせる。
㋐
花がさいても、ふくろを
かぶせたままにする。
㋑

(1) ふくろをかぶせたままにしておくのは、おばな、めばなのどちらですか。

(　　　)

(2) 花粉がめしべの先につくことを何といいますか。

(　　　)

(3) 記述 花がさく前にふくろをかぶせるのは、なぜですか。

(　　　)

(4) 記述 ㋐、㋑はどうなるか、それぞれかきましょう。

㋐(　　　)

㋑(　　　)

6 ふりこが1往復《おうふく》する時間に関係する条件《じょうけん》について調べる実験をしました。
(1)、(5)は3点、(3)、(4)、(6)は4点、(2)は全部できて4点(22点)

は　　ん	1ぱん	2はん	3ぱん	4はん
おもりの重さ	10g	20g	10g	10g
ふりこの長さ	50cm	50cm	50cm	100cm
ふ れ は ば	15°	15°	30°	15°

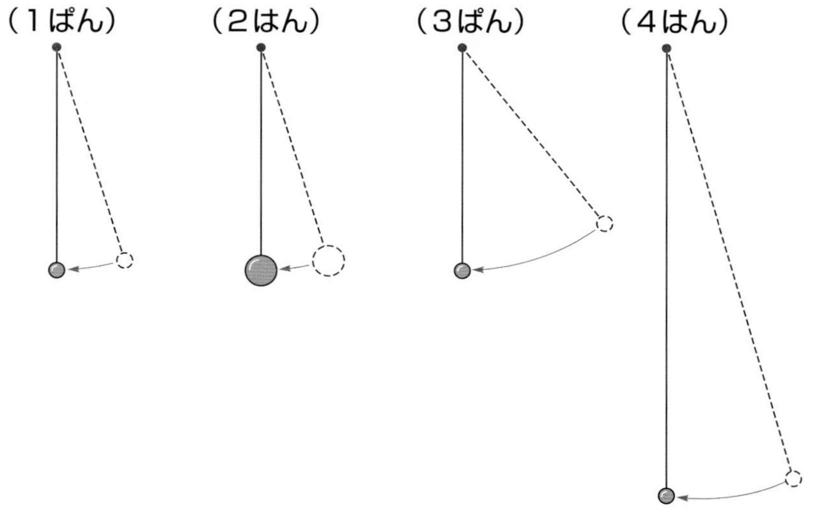
(1ぱん)
(2はん)
(3ぱん)
(4はん)

(1) おもりの重さと1往復する時間との関係を調べるには、何はんと何はんの結果を比《くら》べるとよいですか。

(　　　と　　　)

(2) 2はんと3ぱんでは、何の条件がちがいますか。あてはまるものすべてに○をつけましょう。

(　　　)おもりの重さ

(　　　)ふりこの長さ

(　　　)ふれはば

(3) 記述 ふりこが1往復する時間は、ふりこが10往復する時間をはかって求めます。このようにして求めるのはなぜですか。

(　　　)

(4) ふりこが10往復する時間をはかったところ、16.08秒でした。ふりこが1往復する時間を、小数第2位を四捨五入《ししゃごにゅう》して求めましょう。

(　　　)

(5) 1ぱんから4はんのふりこで、1往復する時間がいちばん長いのはどれですか。

(　　　)

(6) 記述 (5)のはんのふりこが1往復する時間を、さらに長くするには、何をどのように変えればよいですか。

(　　　)

冬のチャレンジテスト

教科書　72〜135ページ

月　日

名前

時間 40分

知識・技能	思考・判断・表現	合格80点
／60	／40	／100

答え40〜41ページ

知識・技能

1 ヘチマの花のつくりを調べました。

1つ3点(15点)

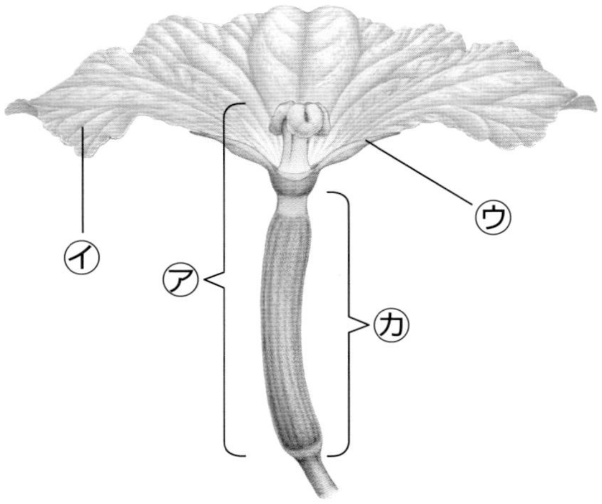

(1) ㋐〜㋒の部分を、それぞれ何といいますか。

㋐(　　　　)
㋑(　　　　)
㋒(　　　　)

(2) ㋕は、何になる部分ですか。

(　　　　)

(3) この花は、めばな、おばなのどちらですか。

(　　　　)

2 次の図は、母親の体内にいるヒトの子どものようすです。

1つ4点(16点)

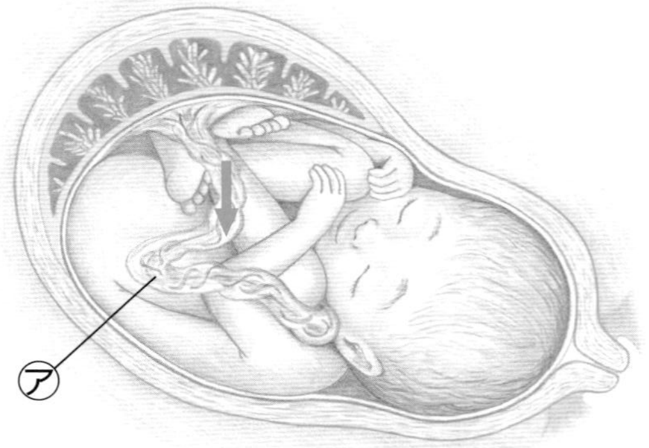

(1) 子どもがいるのは、母親の体内の何というところですか。

(　　　　)

(2) ㋐の部分を何といいますか。

(　　　　)

(3) ㋐の中を矢印の向きに移動《いどう》するものは何ですか。正しいほうに○をつけましょう。

①(　　)養分
②(　　)いらないもの

(4) 子どもがたんじょうするのは、母親の体内で育ち始めておよそ何週間後ですか。正しいものに○をつけましょう。

①(　　)約20週間後
②(　　)約38週間後
③(　　)約56週間後
④(　　)約70週間後

3 水が流れた地面を観察しました。

(1)、(2)は1つ3点、(3)は1つ4点(20点)

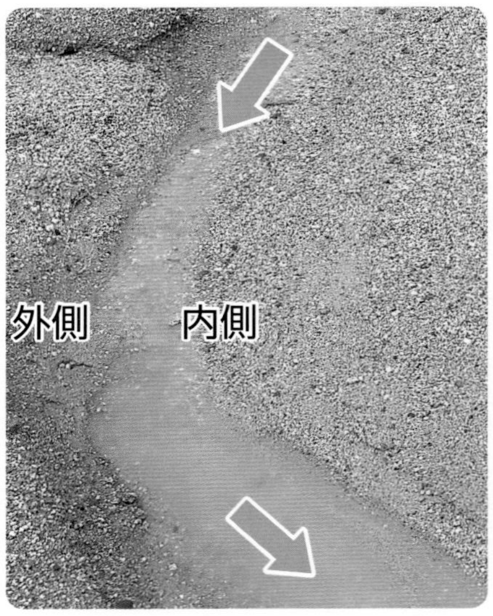

(1) ①〜③の流れる水のはたらきを、それぞれ何といいますか。

①地面をけずるはたらき

(　　　　)

②土を運ぶはたらき

(　　　　)

③土を積もらせるはたらき

(　　　　)

(2) 曲がっているところを流れた水のはたらきについて、正しいものに○をつけましょう。

①(　　)流れの外側では地面をけずるはたらきが大きく、流れの内側では土を積もらせるはたらきが大きい。
②(　　)流れの外側では土を積もらせるはたらきが大きく、流れの内側では地面をけずるはたらきが大きい。
③(　　)流れの外側も内側も、地面をけずるはたらきが大きい。
④(　　)流れの外側も内側も、土を積もらせるはたらきが大きい。

(3) 流れがおそいところと速いところではそれぞれ、地面をけずるはたらきと土を積もらせるはたらきのどちらが大きいですか。

流れがおそいところ

(　　　　)

流れが速いところ

(　　　　)

うらにも問題があります。

4 ㋐〜㋓のような回路をつくり、電磁石《でんじしゃく》が鉄を引きつける強さを調べました。

1つ3点(21点)

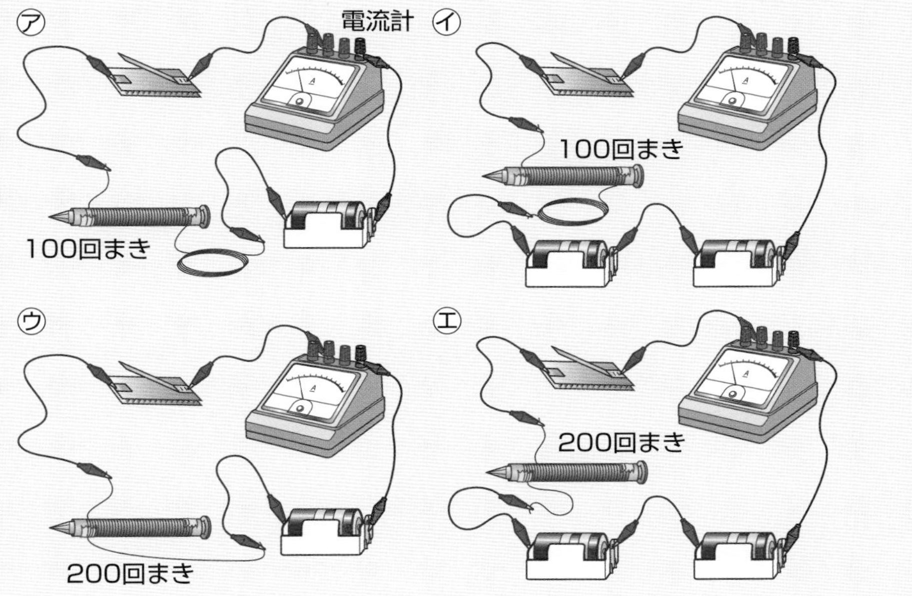
㋐
電流計
100回まき
㋑
100回まき
㋒
200回まき
㋓
200回まき

(1) 次の(　)にあてはまる言葉をかきましょう。

導線《どうせん》を同じ向きに何回もまいた(　　　　)に鉄心を入れ、電流を流すと、鉄心が鉄を引きつけるようになります。これを電磁石といいます。

(2) 回路には電流計をつないでいます。

①電流計を使うと、何を調べることができますか。
(　　　　)

②①は、Aという単位を使って表します。この読み方をかきましょう。
(　　　　)

③50 mAの−《マイナス》たんしにつないでいるとして、図の電流計の目もりを読みましょう。

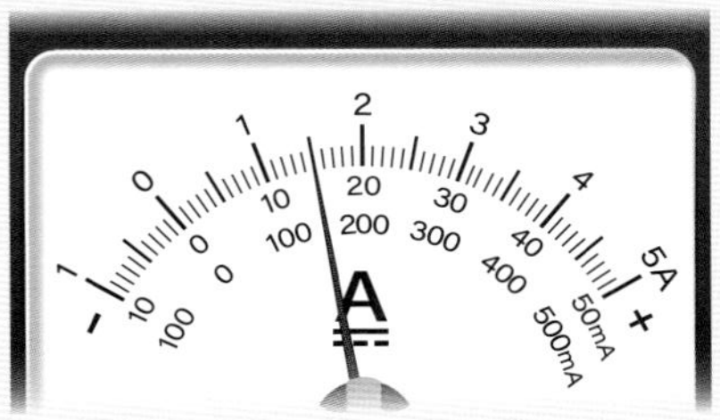
0
1
2
3
4
5A
10
20
30
40
50mA
100
200
300
400
500mA
A
−
+

(　　　　)

(3) コイルのまき数と電磁石の強さの関係を調べるには、㋐〜㋓のどれとどれの結果を比《くら》べればよいですか。2つかきましょう。

(　　と　　)
(　　と　　)

(4) ㋐〜㋓の回路に電流を流して、電磁石が引きつける鉄のゼムクリップの数を調べました。引きつける鉄のゼムクリップがいちばん多いのは、㋐〜㋓のどれですか。
(　　)

5 次のグラフは、いろいろな温度の水50 mLにとける食塩(㋐)とミョウバン(㋑)の量を表したものです。

1つ5点(15点)

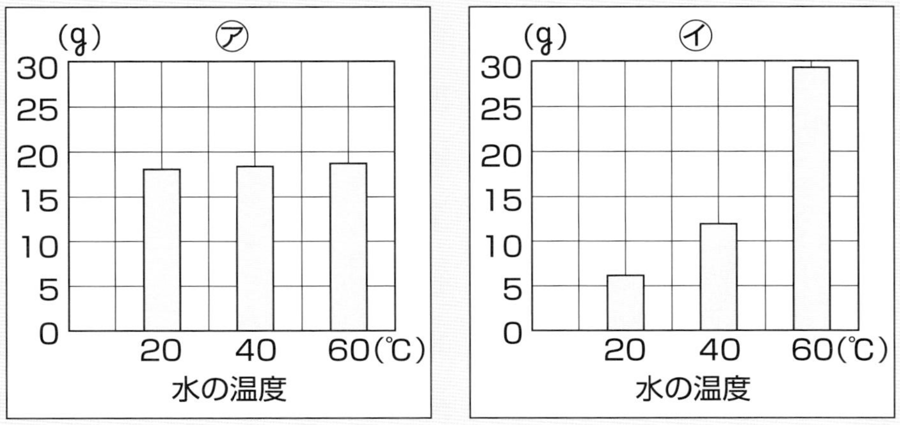
(g)
㋐
30
25
20
15
10
5
0
20
40
60(℃)
水の温度
(g)
㋑
30
25
20
15
10
5
0
20
40
60(℃)
水の温度

(1) 60℃の水50 mLにとけるだけとかした水《すい》よう液《えき》を冷やして40℃になったとき、つぶがたくさん現《あらわ》れるのは、㋐と㋑のどちらですか。
(　　)

(2) ㋑がとけるだけとけた60℃の水よう液を冷やして40℃になったとき(あ)と、40℃から20℃になったとき(い)とでは、どちらのほうがつぶがたくさん現れますか。あ、いで答えましょう。
(　　)

(3) 記述 (2)のように答えた理由をかきましょう。

(　　　　　　　　)

6 電磁石に流れる電流と極のでき方を調べました。

1つ5点(25点)

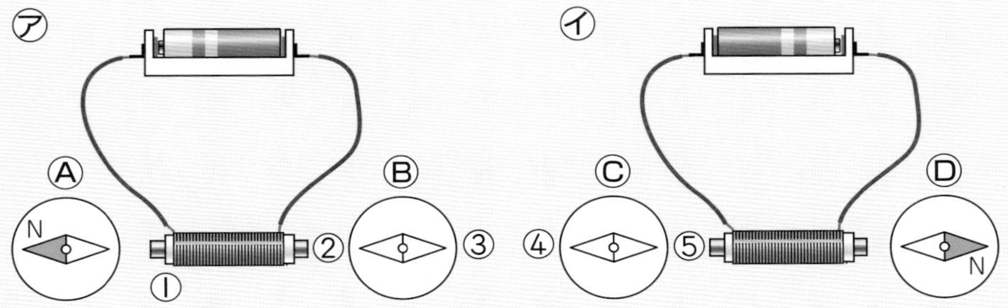
㋐
㋑
Ⓐ
Ⓑ
Ⓒ
Ⓓ
N
N
①
②
③
④
⑤

(1) 上の図で、電磁石の極①は何極になっていますか。
(　　)

(2) 上の図で、ⒷとⒸの方位磁針《じしん》のN《エヌ》極は、それぞれ②〜⑤のどちらを向いていますか。

Ⓑ(　　)　Ⓒ(　　)

(3) 電磁石の極の性質《せいしつ》について、(　　)にあてはまる言葉をかきましょう。

電磁石は、(　　　　)が逆《ぎゃく》になると、N極とS《エス》極が(　　　　)。

春のチャレンジテスト

教科書 140〜179ページ

月　　日

名前

時間 40分

知識・技能	思考・判断・表現	合格80点
／60	／40	／100

答え 42〜43ページ

知識・技能

1 ビーカーの水に食塩を入れてかき混《ま》ぜ、すべてとかして食塩水をつくりました。

1つ3点(6点)

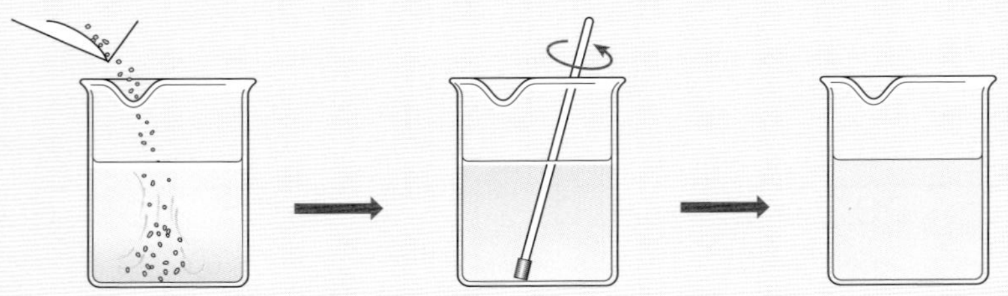

(1) 食塩水について、正しいものに○をつけましょう。

①(　　)とけた食塩のつぶが、液《えき》にういて見える。

②(　　)すき通っている。

③(　　)色がついている。

(2) できた食塩水を、水の量や温度が変わらないようにしたまま置いておくと、とけている食塩は水と分かれますか、分かれませんか。

(　　　　)

2 50 mL の水に、食塩やミョウバンを1gずつ入れてかき混ぜることをくり返しました。

1つ3点(9点)

食塩
1g
1g
1g
ミョウバン
1g
1g
1g

(1) 50 mL の水にとける食塩やミョウバンの量には、限《かぎ》りがありますか、ありませんか。(　　　　)

(2) 50 mL の水にとける量は、食塩とミョウバンで同じですか、ちがいますか。(　　　　)

(3) 水の量を 100 mL にすると、とける食塩やミョウバンの量はどうなりますか。正しいものに○をつけましょう。

①(　　)水の量が 50 mL のときと変わらない。

②(　　)水の量が 50 mL のときの2倍になる。

③(　　)水の量が 50 mL のときの4倍になる。

④(　　)水の量が 50 mL のときの $\frac{1}{2}$ になる。

3 ミョウバンが水にとける量を調べました。

1つ3点(24点)

(1) 50 g の水に、2 g のミョウバンを入れてかき混ぜたところ、ミョウバンはすべて水にとけました。できたミョウバンの水《すい》よう液《えき》の重さはいくらですか。

(　　　　)

(2) 水にとけたものの重さについて、正しいものに○をつけましょう。

①(　　)ものは、水にとけると軽くなる。

②(　　)ものは、水にとけると重くなる。

③(　　)ものは、水にとけても重さは変わらない。

(3) 60 ℃の水にミョウバンをとかした後、ミョウバンの水《すい》よう液《えき》を冷やすと、ミョウバンのつぶが現《あらわ》れてきたので、図のようにして、つぶを取り出しました。

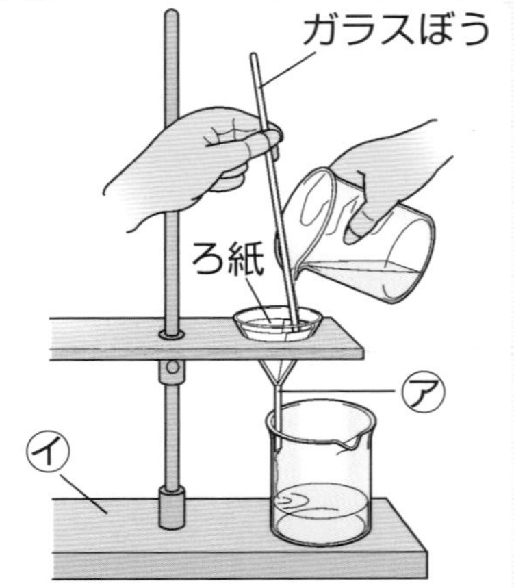

ガラスぼう
ろ紙
㋐
㋑

①このようにして、ろ紙を使ってこすことを何といいますか。

(　　　　)

②㋐、㋑の器具の名前をかきましょう。

㋐(　　　　)

㋑(　　　　)

③ア〜エのそうさでまちがっているものを2つ選び、○をつけましょう。

ア(　　)㋐の先は、ビーカーのかべにつける。

イ(　　)ろ紙にあなをあけて、ガラスぼうでおしつける。

ウ(　　)ろ紙は水でぬらして、㋐からはなしておく。

エ(　　)液は、ガラスぼうを伝わらせて注ぐ。

(4) 水よう液の温度を下げる以外に、ミョウバンの水よう液や食塩水から、とけていたものを取り出す方法をかきましょう。

(　　　　)

うらにも問題があります。

6 流れる水のはたらきについて調べました。

1つ2点(14点)

(1) 図のように、川が曲がっているところについて、①～③にあてはまるのは、㋐、㋑のどちらですか。記号で答えましょう。

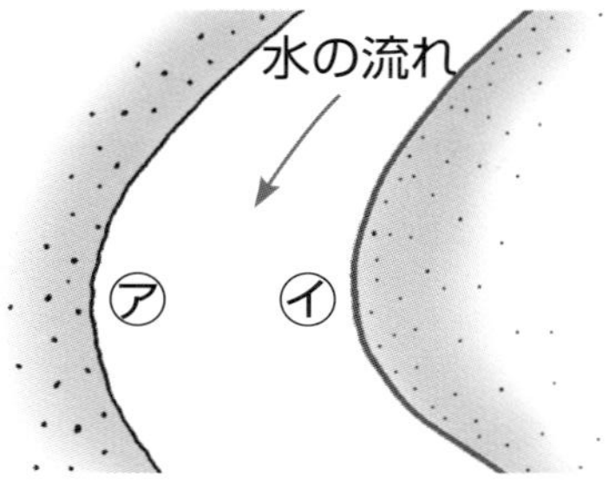

水の流れ
㋐
㋑

①水の流れが速い。 (　　)

②小石やすながたまりやすい。 (　　)

③川岸にてい防《ぼう》をつくるほうがよい。 (　　)

(2) 流れる水が、土地をけずるはたらきを何といいますか。

(　　　　)

(3) 川のようすや川原《かわら》の石について、①～③にあてはまるのは、あ、いのどちらですか。記号で答えましょう。

①水の流れがおそい。 (　　)

②大きく角ばった石が多い。 (　　)

③川はばが広い。 (　　)

あ 山の中を流れる川

い 海の近くを流れる川

7 ふりこのきまりについて調べました。

1つ3点(12点)

(1) ふりこの1往復《おうふく》は、㋐～㋒のどれですか。記号で答えましょう。

(　　)

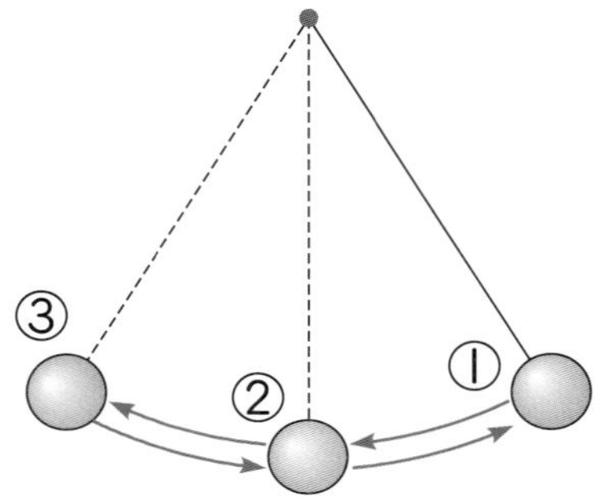

③
②
①

㋐ ①→②

㋑ ①→②→③

㋒ ①→②→③→②→①

(2) ふりこが1往復する時間は、ふりこが10往復する時間をはかって求めます。このようにして求めるのはなぜですか。

(　　　　　　　　　　)

(3) ふりこが10往復する時間をはかったところ、14.25秒でした。ふりこが1往復する時間を、小数第2位を四捨五入《ししゃごにゅう》して求めましょう。

(　　　　)

(4) ふりこが1往復する時間は、ふりこの何によって決まりますか。

(　　　　)

活用力をみる

8 イチゴとさとうを使って、イチゴシロップを作りました。

1つ4点(8点)

イチゴシロップの作り方
びん
さとう
イチゴ
イチゴから出た水分にさとうがとける。
さとうはすべてとけた。

① イチゴとさとうをびんに入れる。

② 1日に数回びんをゆらしてよく混《ま》ぜる。

③ 2週間後、イチゴシロップの完成。

(1) さとうがとける前のびん全体の重さと、とけ切った後のびん全体の重さは、同じですか、ちがいますか。

(　　　　)

(2) 完成したイチゴシロップの味見をします。イチゴシロップにとけているさとうのこさを正しく説明しているものに、○をつけましょう。

ア(　　)さとうのこさは、上のほうが下のほうよりこい。

イ(　　)さとうのこさは、下のほうが上のほうよりこい。

ウ(　　)さとうのこさは、びんの中ですべて同じ。

9 鉄心を入れたコイルにかん電池をつなぎ、図のような魚つりのおもちゃを作りました。

1つ5点(15点)

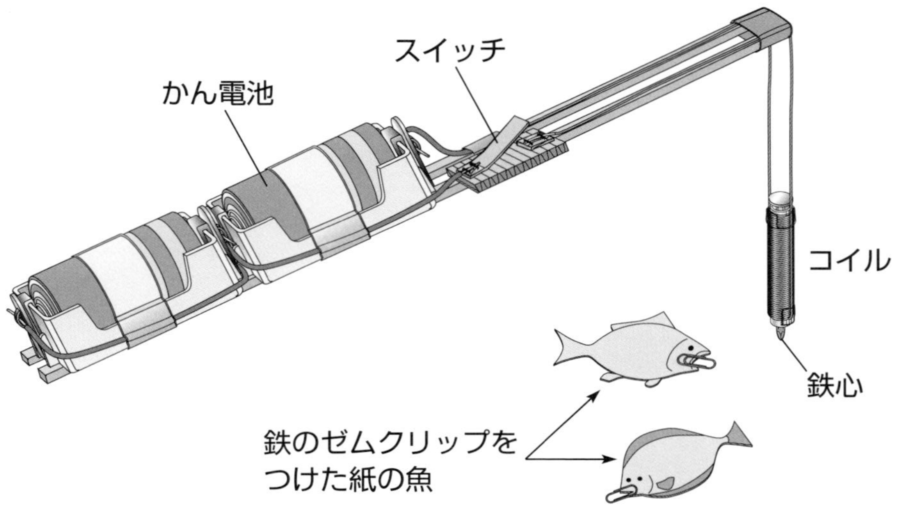

スイッチ
かん電池
コイル
鉄心
鉄のゼムクリップをつけた紙の魚

(1) スイッチを入れてコイルに電流を流すと、ゼムクリップのついた紙の魚は鉄心に引きつけられますか、引きつけられませんか。 (　　　　)

(2) (1)のように、電流を流したコイルに入れた鉄心が磁石《じしゃく》になるしくみを何といいますか。 (　　　　)

(3) ゼムクリップを引きつける力を強くするためには、どうすればよいですか。正しいものに○をつけましょう。

①(　　)とちゅうの導線《どうせん》の長さを長くする。

②(　　)コイルのまき数を多くする。

③(　　)かん電池の数を少なくする。

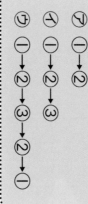

5年 理科のまとめ 学力診断《しんだん》テスト

月　日
名前

時間 40分

合格80点　／100

答え44〜45ページ

1 条件《じょうけん》を変えてインゲンマメを育てて、植物の成長の条件を調べました。　(1)、(2)は全部できて3点、(3)は3点(9点)

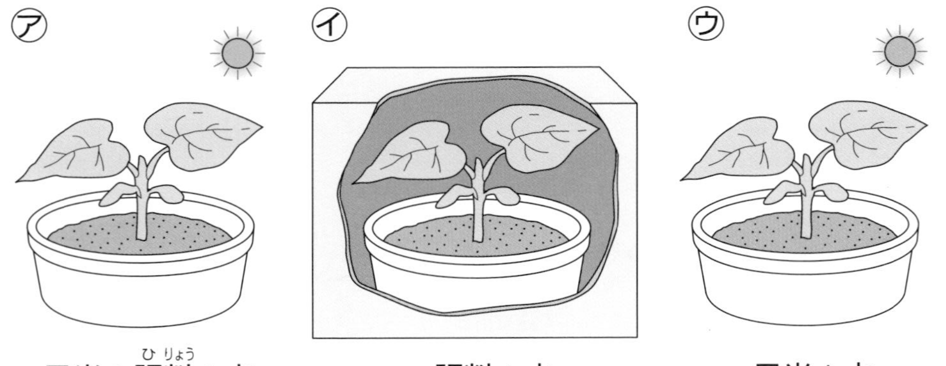

・日光＋肥料《ひりょう》＋水　　・肥料＋水　　・日光＋水

(1) 日光と成長の関係を調べるには、㋐〜㋒のどれとどれを比《くら》べるとよいですか。　(　　)と(　　)

(2) 肥料と成長の関係を調べるには、㋐〜㋒のどれとどれを比べるとよいですか。　(　　)と(　　)

(3) 最もよく成長するのは、㋐〜㋒のどれですか。　(　　)

2 メダカを観察しました。

1つ3点(9点)

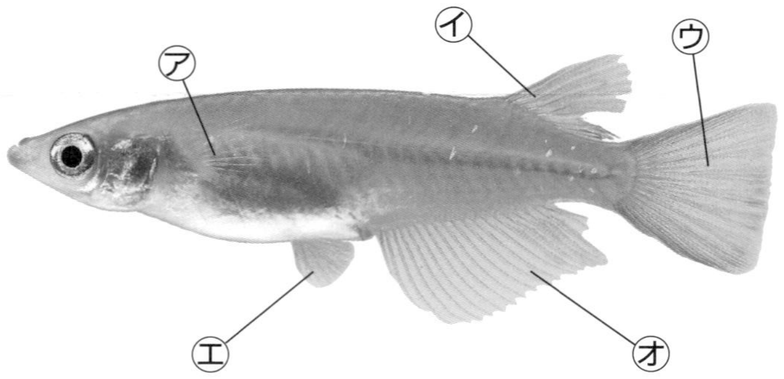

(1) 図のメダカは、めすですか、おすですか。　(　　)

(2) めすとおすを見分けるには、㋐〜㋔のどのひれに注目するとよいですか。2つ選び、記号で答えましょう。　(　　)と(　　)

3 図は、母親の体内で成長するヒトの赤ちゃんです。

1つ3点(9点)

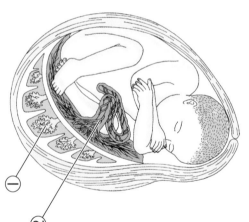

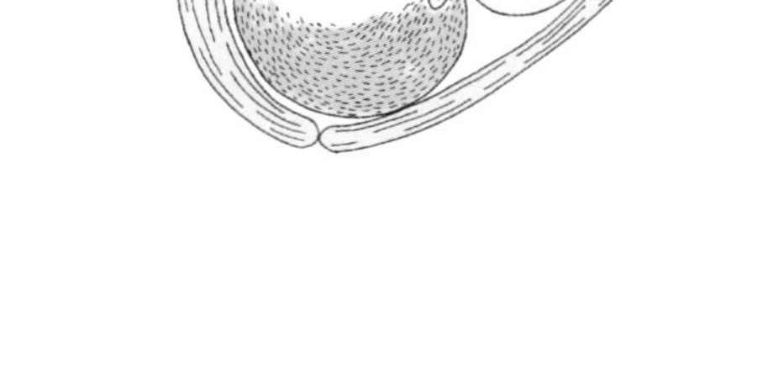

(1) ①、②の部分を、それぞれ何といいますか。
①(　　)
②(　　)

(2) 赤ちゃんが、母親の体内で育つ期間は約何週間ですか。
約(　　)週間

4 アサガオの花のつくりを観察しました。

1つ2点(14点)

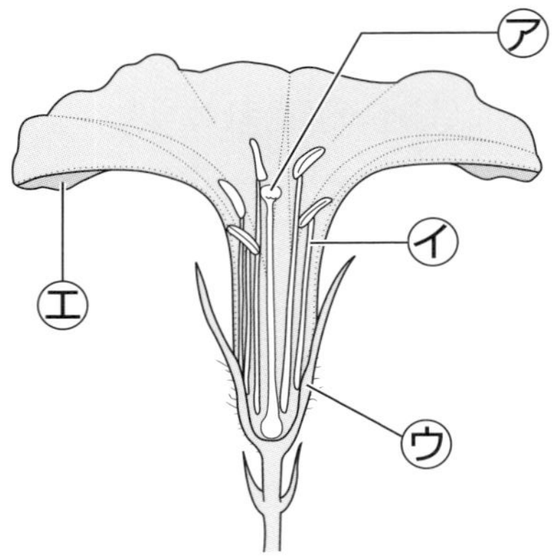

(1) ㋐〜㋓の部分を、それぞれ何といいますか。
㋐(　　)
㋑(　　)
㋒(　　)
㋓(　　)

(2) おしべの先から出る粉《こな》のようなものを、何といいますか。　(　　)

(3) めしべの先に(2)がつくことを、何といいますか。　(　　)

(4) 実ができると、その中には何ができていますか。　(　　)

5 天気の変化を観察しました。

1つ2点(10点)

(1) 下の雲のようすは、それぞれ晴れとくもりのどちらの天気ですか。

㋐(　　)　㋑(　　)　㋒(　　)

(2) 下の図は、台風《たいふう》の動きを表しています。①〜③を、日にちの早いものから順にならべましょう。

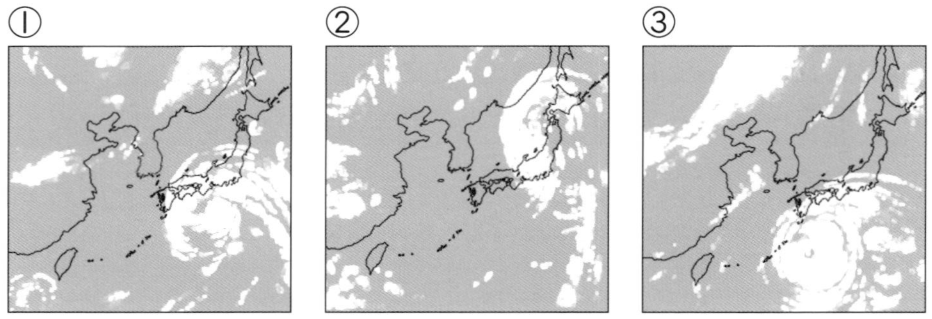

(　　→　　→　　)

(3) 台風はどこで発生しますか。㋐〜㋓から選んで、記号で答えましょう。　(　　)

㋐日本の北のほうの陸上　㋑日本の北のほうの海上
㋒日本の南のほうの陸上　㋓日本の南のほうの海上

うらにも問題があります。

ぴったり1 準備 ★花のつくり

学習 **2ページ**

植物の花や実のつくり、実のでき方をかくにんしよう。

3分でまとめ

教科書 9〜13ページ　答え 2ページ

下の(　)にあてはまる言葉をかくか、あてはまるものを○で囲《かこ》もう。

1 アプラナの花は、どんなつくりをしているのだろうか。　教科書 9〜10ページ

▶アプラナの花には、めしべやおしべ、花びら、がくがある。

アプラナの花のつくり
(花びらを１まい外したところ)

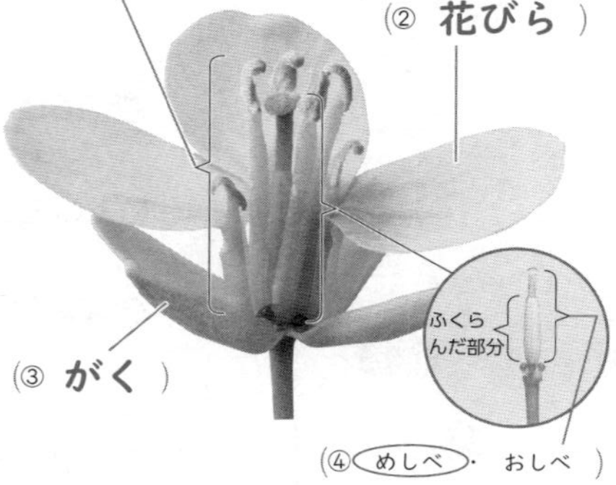

(① めしべ ・(おしべ))
(② 花びら)
(③ がく)
ふくらんだ部分
(④(めしべ)・ おしべ)

2 花がさいた後、実はどのようにしてできるのだろうか。　教科書 11〜13ページ

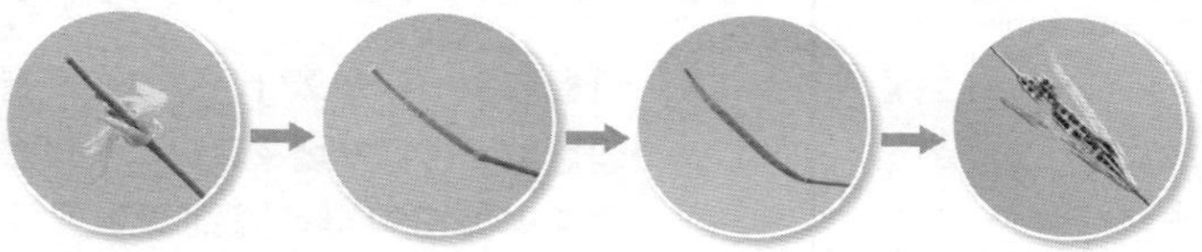

さき終わりそうな花
わかい実
大きく育った実
じゅくした実

▶花がさいた後、めしべのもとのふくらんだ部分が育って、(① 実)になる。
▶(　①　)の中には、たくさんの(② 種子)がある。

ここがだいじ!
①アプラナの花には、めしべやおしべ、花びら、がくがある。
②花がさいた後、めしべのもとのふくらんだ部分が育って、実になる。
③実の中には、たくさんの種子がある。

ぴたトリビア　植物の種類によって、花のめしべやおしべの本数、花びらのまい数などはちがいますが、花のつくりは同じです。

ぴったり2 練習 ★花のつくり

学習 **3ページ**

教科書 9〜13ページ　答え 2ページ

1 アプラナの花のつくりを調べました。

アプラナの花の花びらを１まい外したところ

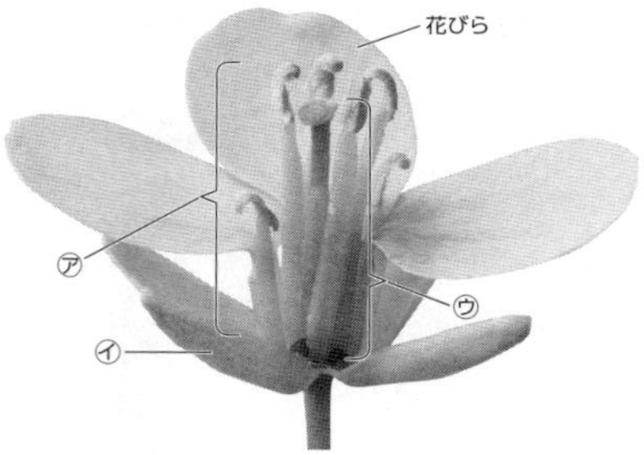

花びら
㋐
㋑
㋒

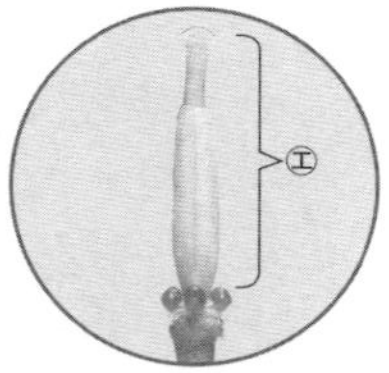

㋓

(1) ㋐〜㋒の部分を何といいますか。
㋐(おしべ)　㋑(がく)　㋒(めしべ)

(2) ㋓は、㋐〜㋒のどれですか。

(㋒)

(3) ㋓のようすとして正しいものに○をつけましょう。
①(　)どこも同じ太さをしている。
②(○)もとの部分がふくらんでいる。
③(　)先のほうほどふくらんでいる。

2 アプラナの花がさき終わった後のようすを観察しました。

(1) やがて実になるのは、どれですか。正しいものに○をつけましょう。
①(　)花びら　②(　)がく　③(○)めしべ　④(　)おしべ

(2) 実の中にある㋐は何ですか。

(種子)

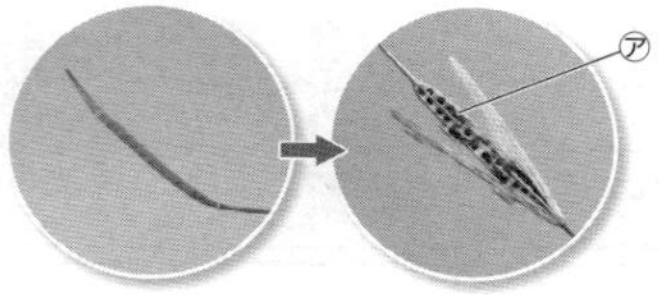

㋐

3ページ　てびき

1 (1)アブラナの花には、めしべ、おしべ、花びら、がくがあります。
(2)(3)めしべのもとの部分はふくらんでいます。

2 (1)花がさいた後、めしべのもとのふくらんだ部分が育って、実になります。
(2)実の中には、たくさんの種子があります。

おうちのかたへ
これまで「たね」と表現していたものは、「種子」の場合と「実」の場合がありますので、５年以降は「たね」を使わず、「種子」と「実」を使います。なお、花が実になり、その中に種子ができる詳しいしくみは「4.花から実へ」でも学習します。

おうちのかたへ　★ 花のつくり
身近な植物の花を観察して、花のつくりを学習します。花にはめしべ、おしべ、花びら、がくがあること、実の中にはたくさんの種子があることを理解しているか、などがポイントです。

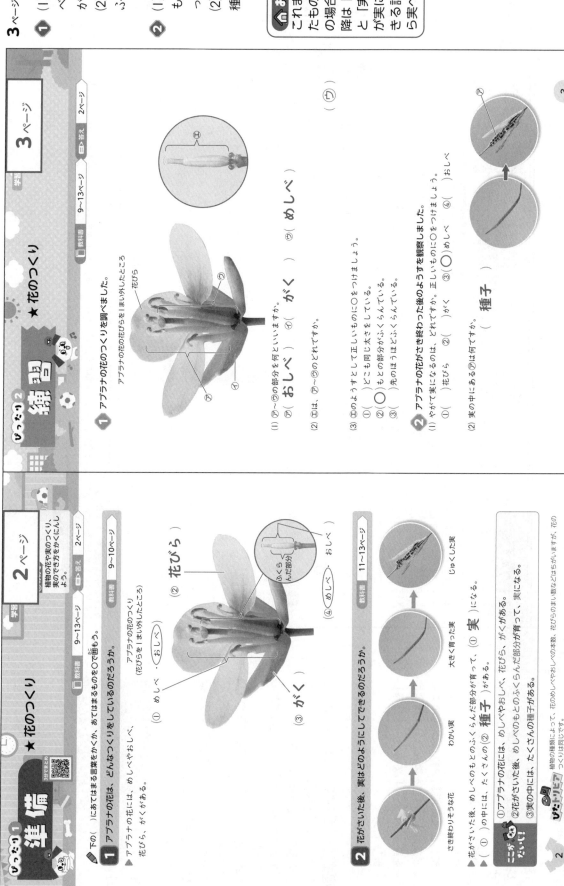

教科書ぴったりトレーニング

丸つけラクラク解答

啓林館版
理科５年

この「丸つけラクラク解答」は
とりはずしてお使《つか》いください。

「丸つけラクラク解答」では問題《もんだい》と同じ紙面《しめん》に、赤字で答えを書いています。

①問題がとけたら、まずは答え合わせをしましょう。

②まちがえた問題やわからなかった問題は、てびきを読んだり、教科書を読み返したりしてもう一度《いちど》見直しましょう。

おうちのかたへ では、次のようなものを示しています。

- 学習のねらいやポイント
- 他の学年や他の単元の学習内容とのつながり
- まちがいやすいことやつまずきやすいところ

お子様への説明や、学習内容の把握などにご活用ください。

見やすい答え

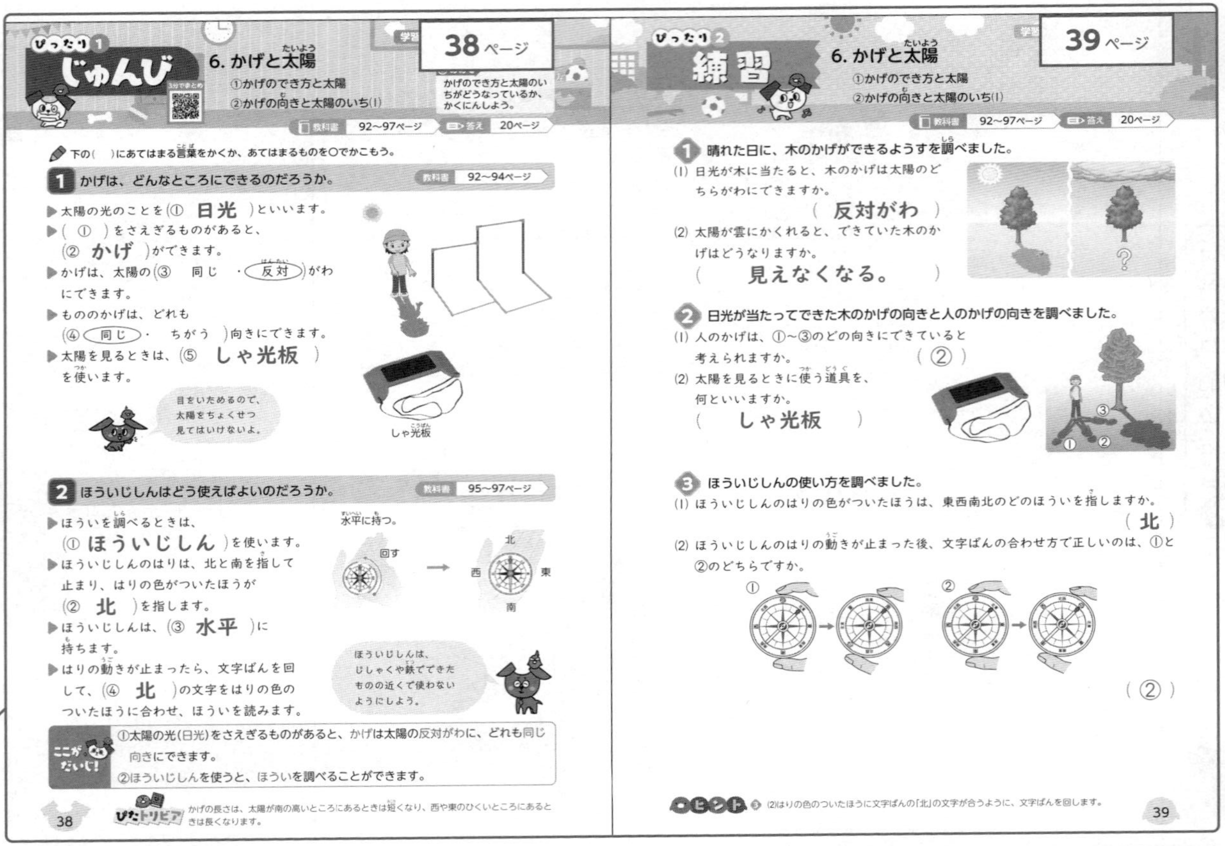
ぴったり１ じゅんび

6. かげと太陽《たいよう》

①かげのでき方と太陽
②かげの向《む》きと太陽のいち(1)

38ページ

かげのでき方と太陽のいちがどうなっているか、かくにんしよう。

教科書 92〜97ページ　答え 20ページ

下の(　)にあてはまる言葉《ことば》をかくか、あてはまるものを○でかこもう。

1 かげは、どんなところにできるのだろうか。 教科書 92〜94ページ

▶太陽の光のことを(① **日光**)といいます。
▶(①)をさえぎるものがあると、(② **かげ**)ができます。
▶かげは、太陽の(③ 同じ ・(反対《はんたい》))がわにできます。
▶もののかげは、どれも(④(同じ)・ ちがう)向きにできます。
▶太陽を見るときは、(⑤ **しゃ光板**)を使《つか》います。

2 ほういじしんはどう使えばよいのだろうか。 教科書 95〜97ページ

▶ほういを調《しら》べるときは、(① **ほういじしん**)を使います。
▶ほういじしんのはりは、北と南を指《さ》して止まり、はりの色がついたほうが(② **北**)を指します。
▶ほういじしんは、(③ **水平**)に持《も》ちます。
▶はりの動《うご》きが止まったら、文字ばんを回して、(④ **北**)の文字をはりの色のついたほうに合わせ、ほういを読みます。

ここがだいじ！
①太陽の光(日光)をさえぎるものがあると、かげは太陽の反対がわに、どれも同じ向きにできます。
②ほういじしんを使うと、ほういを調べることができます。

ぴたトリビア かげの長さは、太陽が南の高いところにあるときは短《みじか》くなり、西や東のひくいところにあるときは長くなります。

38

ぴったり２ 練習

6. かげと太陽《たいよう》

①かげのでき方と太陽
②かげの向《む》きと太陽のいち(1)

39ページ

教科書 92〜97ページ　答え 20ページ

1 晴れた日に、木のかげができるようすを調《しら》べました。
(1) 日光が木に当たると、木のかげは太陽のどちらがわにできますか。
(**反対がわ**)
(2) 太陽が雲にかくれると、できていた木のかげはどうなりますか。
(**見えなくなる。**)

2 日光が当たってできた木のかげの向きと人のかげの向きを調べました。
(1) 人のかげは、①〜③のどの向きにできていると考えられますか。
(②)
(2) 太陽を見るときに使《つか》う道具《どうぐ》を、何といいますか。
(**しゃ光板**)

3 ほういじしんの使い方を調べました。
(1) ほういじしんのはりの色がついたほうは、東西南北のどのほういを指《さ》しますか。
(**北**)
(2) ほういじしんのはりの動《うご》きが止まった後、文字ばんの合わせ方で正しいのは、①と②のどちらですか。
(②)

ヒント 3 (2)はりの色のついたほうに文字ばんの「北」の文字が合うように、文字ばんを回します。

39

おうちのかたへ　6. かげと太陽

日光により影ができること、太陽が動くと影も動くこと、日なたと日かげではようすが違うことを学習します。太陽と影(日かげ)との関係が考えられるか、日なたと日かげの違いについて考えることができるか、などがポイントです。

おうちのかたへ

39ページ　てびき

1 (1)かげは太陽《たいよう》の反対《はんたい》がわにできます。
(2)日光をさえぎるものがあると、かげができます。日光が当たらなければ、かげはできません。

2 (1)かげはどれも同じ向《む》きにできるため、人のかげは木のかげと同じ向きにできます。
(2)目をいためるので、ぜったいに太陽をちょくせつ見てはいけません。

3 (1)ほういじしんのはりの色がついたほうは、北を向いて止まります。
(2)ほういじしんのはりの動きが止まってから、文字ばんを回して、「北」の文字をはりの色のついたほうに合わせます。

くわしいてびき

※紙面はイメージです。

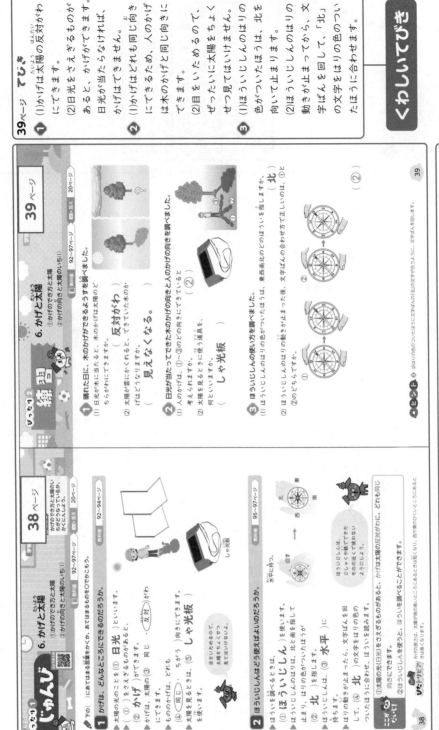

ぴったり3
確かめのテスト。 ★花のつくり

/100 合格70点

教科書 8〜13ページ　答え 3ページ

よく出る

1 アブラナの花と実を観察しました。 1つ10点(60点)

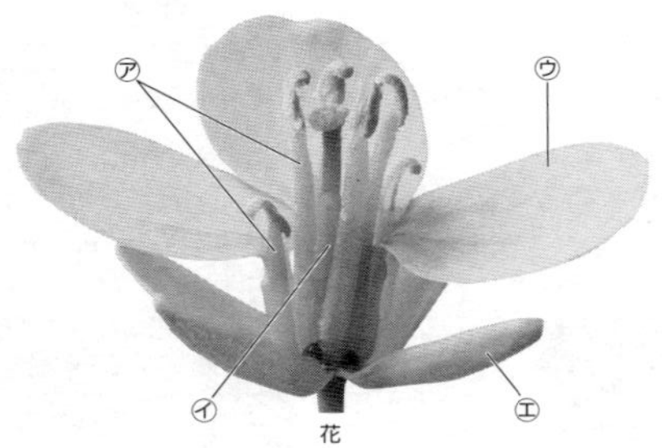
㋐
㋑
㋒
㋓
花

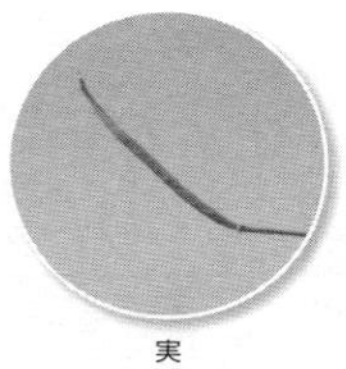
実

(1) 花のつくりを調べました。㋐〜㋓を何といいますか。

㋐(おしべ)
㋑(めしべ)
㋒(花びら)
㋓(がく)

(2) 実は、花のどの部分が育ったものですか。正しいものに○をつけましょう。

①( )
㋐の先の部分が育って、実になった。

②( )
㋐のもとの部分が育って、実になった。

③( )
㋑の先の部分が育って、実になった。

④(○)
㋑のもとの部分が育って、実になった。

(3) 実の中には、何がありますか。

(種子)

2 アブラナの花を観察しました。 技能 (1)は10点、(2)は全部できて10点(20点)

(1) 花びらやがくを外すとき、つまむために使う右の道具を何といいますか。

(ピンセット)

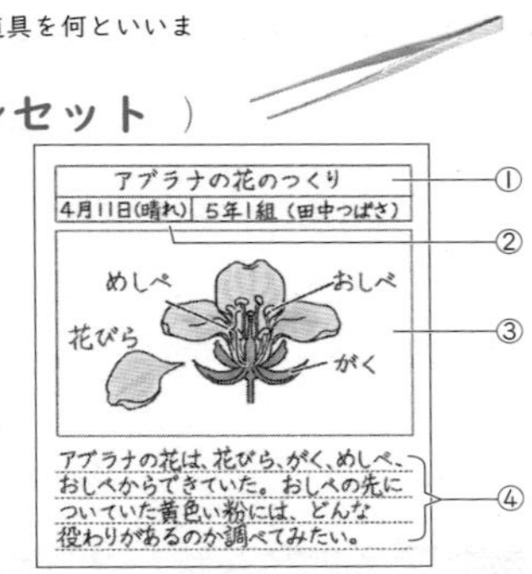
アブラナの花のつくり
4月11日(晴れ)　5年1組（田中つばさ）
めしべ
おしべ
花びら
がく
アブラナの花は、花びら、がく、めしべ、おしべからできていた。おしべの先についていた黄色い粉には、どんな役わりがあるのか調べてみたい。
①
②
③
④

(2) 記録カードにはどこに何をかきますか。
①〜④にあてはまるものを から選んで、記号をかきましょう。

①(イ)
②(ア)
③(ウ)
④(エ)

ア　調べた日付、天気をかく。
イ　題名(調べたもの)をかく。
ウ　スケッチをかく。
エ　調べたことや、ぎ問に思ったことなどをかく。

できたらスゴイ!

3 アブラナの花から実への変化を調べました。 (1)は10点、(2)は全部できて10点(20点)

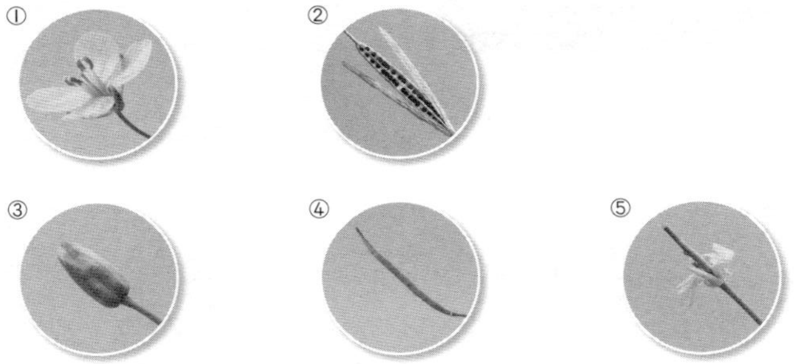
①
②
③
④
⑤

(1) ③のような、さく前の花を何といいますか。

(つぼみ)

(2) ①〜⑤の写真を、育ちの順にならべましょう。

(③)→(①)→(⑤)→(④)→(②)

ふりかえり
1がわからないときは、2ページの1にもどってかくにんしてみましょう。
3がわからないときは、2ページの2にもどってかくにんしてみましょう。

4〜5ページ てびき

1 (1)花の外側から、がく、花びら、おしべ、めしべがついています。
(2)めしべ(㋑)のもとのふくらんだ部分が育って、実になります。

2 (1)小さいものをつまむには、ピンセットを使うと便利です。
(2)これまで記録カードをどのようにかいてきたか、思い出しましょう。

3 (2)つぼみが開いて花がさき、めしべのふくらんだ部分が育って実ができます。実の中には、たくさんの種子があります。

ぴったり1 準備

1. 雲と天気の変化

①雲のようすと天気の変化

学習 6ページ

雲のようすと天気の変化の関係をかくにんしよう。

3分でまとめ

教科書 16～19ページ　答え 4ページ

下の（　）にあてはまる言葉をかこう。

1 雲のようすと天気の変化には、どんな関係があるのだろうか。

教科書 16～19ページ

▶雲の量と天気の決め方

・「晴れ」か「くもり」かは、（① 雲 ）の量で決める。

・晴れとくもりの決め方

空全体の広さを１０として、雲がおおっている空の広さが０～８のとき、（② 晴れ ）とする。

空全体の広さを１０として、雲がおおっている空の広さが９～１０のとき、（③ くもり ）とする。

・（ ① ）の量に関係なく、

雨がふっていれば天気は（④ 雨 ）、

雪がふっていれば天気は（⑤ 雪 ）とする。

▶雲が動く方位は、（⑥ ８ ）方位を使って表す。

方位は、方位磁針《じしん》を使って調べよう。

▶雲のようすと天気の変化の観察

午前９時ごろ
晴れ
雲の量…５
白くてうすい雲。
雲は西から東へ移動《いどう》。

午後３時ごろ
くもり
雲の量…１０
もこもことした黒い雲。
雲は南西から北東へ移動。

▶天気が変わるとき、（⑦ 雲 ）は動きながら、量が増《ふ》えたり減《へ》ったりする。

▶雲は（⑧ 色 ）や形が変わることがある。

▶黒っぽい雲の量が増えてくると、（⑨ 雨 ）になることが多い。

ここが だいじ！
①雲の色や形は変わることがある。
②黒っぽい雲の量が増えてくると、雨になることが多い。

ぴたトリビア　雲は、できる高さと形によって、１０種類に分けられます。雲の種類によって特ちょうがあり、雨がふるかどうかを知るのに、役立てることができます。

ぴったり2 練習

1. 雲と天気の変化

①雲のようすと天気の変化

学習 7ページ

教科書 16～19ページ　答え 4ページ

1 雲のようすと天気の変化について調べました。

(1) 空を見上げると、空の半分ぐらいが雲におおわれていました。このときの天気は「晴れ」ですか、「くもり」ですか。

（ 晴れ ）

(2)「晴れ」か「くもり」かを調べるには、次の①～④のどれを調べますか。正しいものに○をつけましょう。

①（ ○ ）雲の量はどれぐらいかを調べる。
②（　）雲はどの方位からどの方位へ動いているかを調べる。
③（　）雲はどんな形をしているかを調べる。
④（　）雲はどんな色をしているかを調べる。

(3) 空全体の広さを１０として、雲がおおっている空の広さが１０で、雨がふっているとき、天気は何ですか。

（ 雨 ）

(4) 雲が動く方位は、何方位を使って表しますか。

（ ８方位 ）

(5) 右の写真は、ある日のある時こくの雲のようすです。

①このとき、空全体が雲におおわれて太陽は見えませんでしたが、雨はふっていませんでした。天気は何ですか。

（ くもり ）

②写真をとった数時間後、黒っぽい雲の量が増《ふ》えてきました。このとき、天気の変化の予想として正しいものに○をつけましょう。

ア（　）黒っぽい雲の量が増えてきたので、すぐに晴れる。
イ（ ○ ）黒っぽい雲の量が増えてきたので、雨がふるかもしれない。
ウ（　）黒っぽい雲の量が増えてきたので、雨がふることはない。

おうちのかたへ　1. 雲と天気の変化

雲の様子と天気の変化について学習します。雲の量や動き方によって天気がどのように変化するかを理解しているか、気象情報を読み取って天気を予測することができるか、などがポイントです。

7ページ　てびき

1 (1)空の半分ぐらいが雲におおわれていたことから、雲の量は５ぐらいと考えられます。このときの天気は晴れです。

(2)(3)雲の量が０～８のときの天気は晴れ、９～１０のときの天気はくもりです。雲の量に関係なく、雨がふっているときの天気は雨です。

(5)①空全体が雲におおわれていることから、雲の量は１０と考えられます。このときの天気は、くもりです。雨がふっていないので、雲の量が多くても、雨ではありません。

②黒っぽい雲の量が増《ふ》えてくると、天気は雨になることが多いです。

おうちのかたへ

天気による１日の気温の変化は４年で学習しています。また、台風については、「★ 台風と気象情報」で学習します。

下の(　)にあてはまる言葉をかこう。

1 雲の動きや天気の変化には、何かきまりがあるのだろうか。 教科書 20～23ページ

▶いろいろな気象情報《きしょうじょうほう》
・気象衛星《えいせい》(人工衛星)による(① **雲画像**)で、雲のようすがわかる。
・(② **アメダス**)の降水量《こうすいりょう》情報で、雨や雪がふっている地いきと降水量がわかる。

雲画像《くもがぞう》　　アメダスの降水量情報

4月17日　正午　　4月17日　正午

・宮崎県えびの市　くもり
・岡山県倉敷《くらしき》市　くもり
・東京都荒川《あらかわ》区　くもり
・北海道千歳《ちとせ》市　晴れ

4月18日　正午　　4月18日　正午

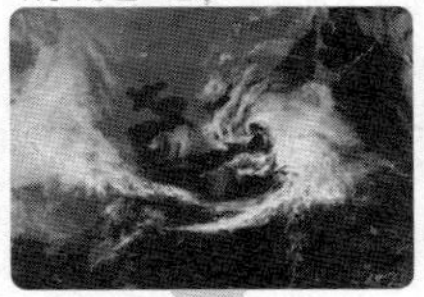
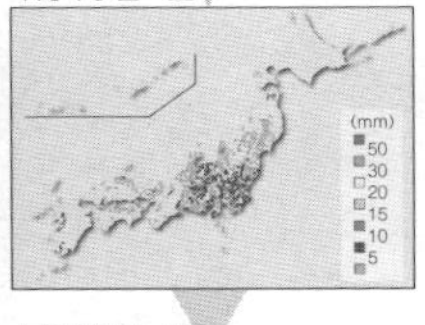

・宮崎県えびの市　晴れ
・岡山県倉敷市　晴れ
・東京都荒川区　雨
・北海道千歳市　くもり

4月19日　正午　　4月19日　正午

・宮崎県えびの市　くもり
・岡山県倉敷市　くもり
・東京都荒川区　晴れ
・北海道千歳市　晴れ

▶春のころの日本付近では、雲はおよそ(③ **西**)から東へ動いていく。また、天気も雲の動きとともに、およそ西から(④ **東**)へ変化していく。

ここがだいじ!
①気象衛星による雲画像やアメダスの降水量情報など、日本全国の気象情報を知ることができる。
②雲はおよそ西から東へ動いていき、天気も雲の動きとともに、およそ西から東へ変化していく。

ぴたトリビア　無人の観測《かんそく》所で自動的に気象観測を行い、その結果を気象庁《きしょうちょう》で集計するしくみを、「アメダス(地いき気象観測システム)」といいます。

1 天気がどのように変わっていくのかを調べました。

(1) 下の図は、ある連続した3日間における、同じ時こくの日本付近の雲画像《くもがぞう》です。

㋐

㋑

㋒

①図の㋕、㋖にはそれぞれどの方位が入りますか。正しいものに○をつけましょう。
ア(　)㋕…北、㋖…南
イ(　)㋕…南、㋖…北
ウ(　)㋕…東、㋖…西
エ(○)㋕…西、㋖…東

②㋐～㋒を、日にちの早いものから順にならべましょう。
(㋒)→(㋐)→(㋑)

(2) 下の図は、(1)の雲画像と同じ連続した3日間における、同じ時こくのアメダスの降水量情報《こうすいりょうじょうほう》です。

㋐
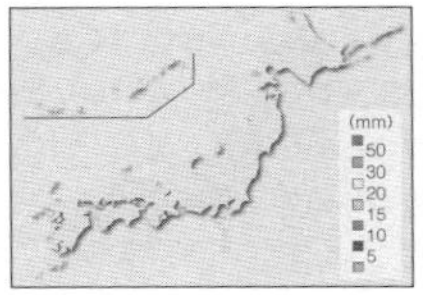

㋑
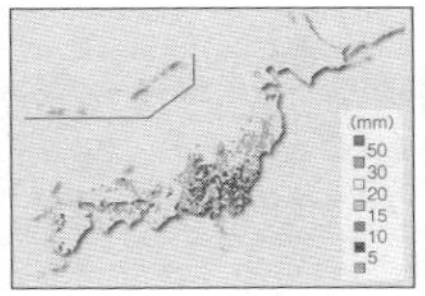

㋒

①3つの図からわかることとして、正しいものに○をつけましょう。
ア(　)気温の変化
イ(　)風速の変化
ウ(○)雨のふっている地いきの変化

②㋐～㋒を、日にちの早いものから順にならべましょう。
(㋐)→(㋑)→(㋒)

③天気は何の動きとともに変わりますか。
(雲(の動き))

ヒント　1 (1)②、(2)②雲はおよそ西から東へ動いていきます。雲の動きとともに、天気も変化します。雲や、雨のふっている地いきが、西から東へ動くようにならべます。

9ページ　てびき

1 (1)①雲画像《くもがぞう》の右が東、左が西、上が北、下が南になります。
②日本付近では、雲はおよそ西から東へ動いていきます。雲が西から東へ動いていくように3つの雲画像をならべると、㋒→㋐→㋑となります。
(2)①アメダスの降水量情報《こうすいりょうじょうほう》からは、雨がふっている地いきや、その地いきの降水量がわかります。
②③天気は、雲の動きとともに、およそ西から東へ変化していきます。(1)の雲画像と見比《くら》べながら、雨がふっている地いきが西から東へ変化するように3つのアメダスの降水量情報をならべると、㋐→㋑→㋒となります。

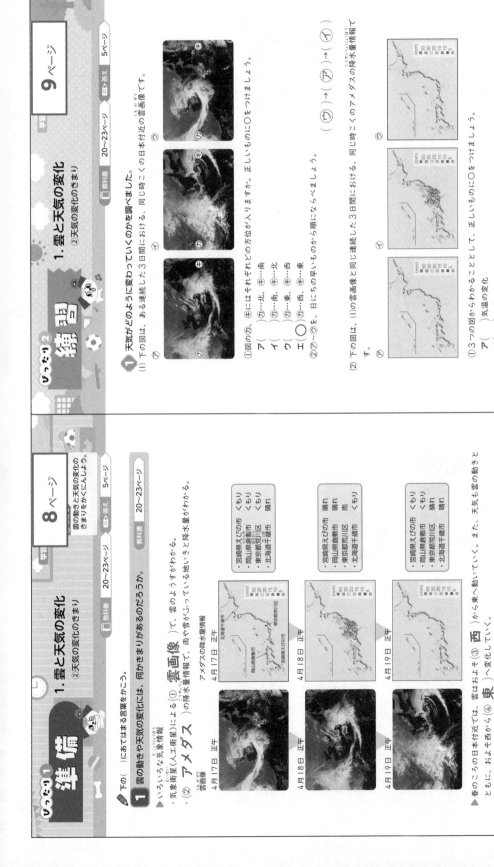

ぴったり3 確かめのテスト

1. 雲と天気の変化

10ページ

/100 合格 70 点

教科書 14〜31ページ　答え 6ページ

1 空を見上げて、雲のようすを調べました。 1つ8点(32点)

(1) 空を見るとき、あるものを直接《ちょくせつ》見てはいけないと注意されました。あるものとは何ですか。

(太陽)

(2) 天気が「晴れ」か「くもり」かを決めるためには、何を調べればよいですか。 技能

(雲の量)

(3) 空のようすを午前9時ごろと午後3時ごろに調べると、写真のようでした。この日の天気はどうでしたか。正しいものに○をつけましょう。

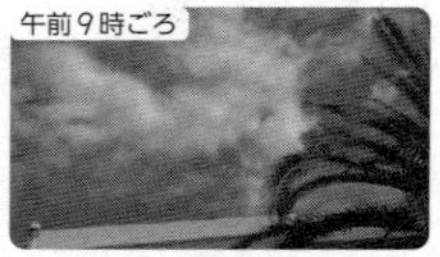

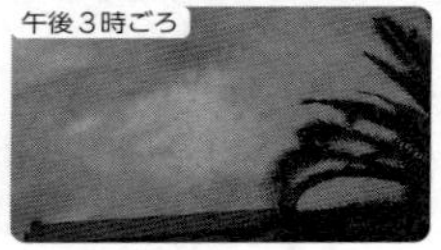

①(　)午前も午後もくもりだった。
②(　)午前も午後も晴れだった。
③(　)午前はくもりだったが、午後は晴れになった。
④(◯)午前は晴れだったが、午後はくもりになった。

(4) 雨になることが多いのは、何色の雲が増《ふ》えてくるときですか。

(黒(っぽい雲))

2 右の図は、ある月の10日の各地の天気のようすです。 (1)は8点、(2)は10点(18点)

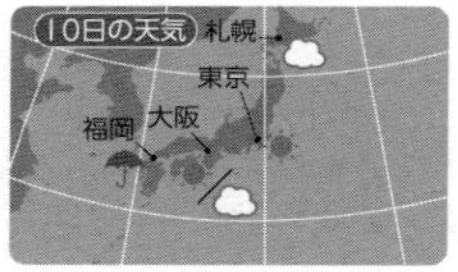

(1) 図の4つの地いきの上空における雲のようすとして考えられるものはどれですか。正しいものに○をつけましょう。

①(　)札幌《さっぽろ》から福岡まで、全体的に雲が多い。
②(　)札幌と東京は、雲が多い。
③(◯)東京は、雲が少ない。
④(　)福岡と大阪は、雲が少ない。

(2) 次の日(11日)に、天気が雨に変わると考えられる地いきが1つあります。その地いきは福岡、大阪、東京、札幌のうちのどこですか。

(大阪)

10

11ページ

学習

よく出る

3 いろいろな気象情報《きしょうじょうほう》について調べました。 1つ8点(32点)

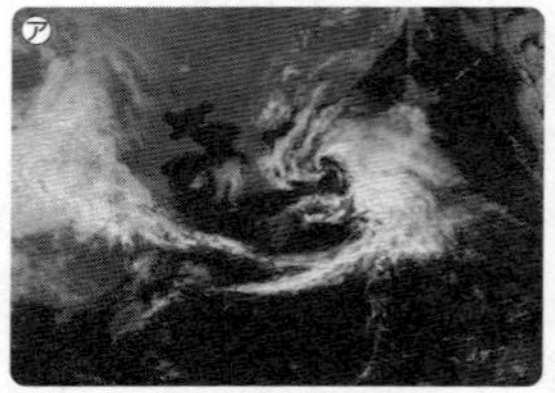

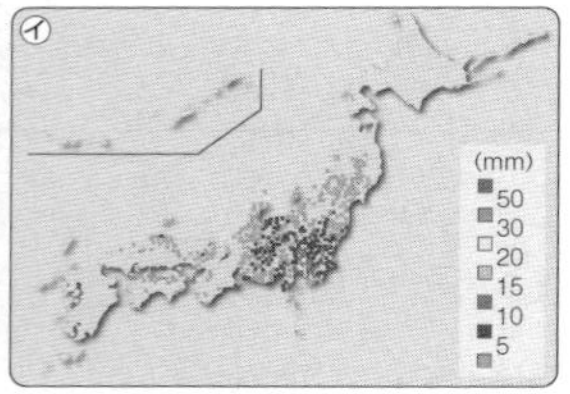

(1) アは気象衛星《えいせい》の雲のようすを表す画像《がぞう》です。白く見える部分は何ですか。

(雲)

(2) イの情報は、日本全国の観測《かんそく》所で得られた気象観測のデータを集める気象庁《きしょうちょう》の観測システムを利用した情報です。この情報を何といいますか。

アメダスの(降水量)情報

(3) アとイは同じ日時の気象情報です。アの白く見える部分と天気の関係として、正しいほうに○をつけましょう。

①(　)白く見える部分には、晴れている地いきが多い。
②(◯)白く見える部分には、雨がふっている地いきが多い。

(4) アの白く見える部分は、図の位置にくるまでにどのように動いてきたと考えられますか。正しいほうに○をつけましょう。

①(　)およそ東から西へ動いてきた。
②(◯)およそ西から東へ動いてきた。

できたらスゴイ!

4 天気と雲のようすの関係について調べました。 思考・表現 (1)は8点、(2)は10点(18点)

(1) 雲画像《くもがぞう》を見て、東京の天気はこの後どう変わると考えられますか。正しいほうに○をつけましょう。

①(◯)晴れ→雨
②(　)雨→晴れ

(2) 記述 (1)のように考えた理由をかきましょう。

(東京の西にある雲が東へ動くから。(天気は雲の動きとともに、およそ西から東へ変化していくから。))

ふりかえり　3がわからないときは、8ページの1にもどってかくにんしてみましょう。
4がわからないときは、8ページの1にもどってかくにんしてみましょう。

11

10〜11ページ　てびき

1 (2)(3)空全体の広さを10として、雲がおおっている空の広さが0〜8のときは晴れ、9〜10のときはくもりとします。

2 (1)東京の天気は晴れなので、東京の上空には雲が少ないと考えられます。
(2)大阪より西の福岡が10日は雨なので、11日は大阪が雨になると考えられます。

3 (2)アメダスの降水量情報《こうすいりょうじょうほう》で、雨がふっている地いきと、その地いきの降水量がわかります。
(3)(4)雨がふっている地いきの上空には、雲があります。雲はおよそ西から東へ動いていき、天気も雲の動きとともに、およそ西から東へ変化していくことが多いです。

4 関東地方の上空には雲がありませんが、関東地方のすぐ西のほうは雲が広がっています。この雲が動いて関東地方の上空に雲が広がると考えられます。

ぴったり1 準備

2. 植物の発芽《はつが》と成長

①種子が発芽する条件《じょうけん》

3分でまとめ

12ページ

学習

植物が発芽するための条件をかくにんしよう。

教科書 34〜39ページ　答え 7ページ

下の(　)にあてはまる言葉をかこう。

1 種子の発芽には、水が必要なのだろうか。

教科書 34〜36ページ

▶植物の種子が芽を出すことを(① 発芽)という。

		ア	イ
変える条件	水	水をあたえる。	水をあたえない。
同じ条件	温度	同じ温度の室内	
同じ条件	空気	空気にふれる。	
結果		すべて発芽した。	すべて発芽しなかった。

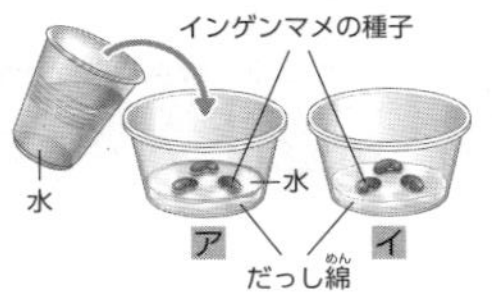

▶種子の発芽には、(② 水)が必要である。

2 種子の発芽には、適当《てきとう》な温度や空気も必要なのだろうか。

教科書 36〜39ページ

		ウ	エ
同じ条件	水	水をあたえる。	
変える条件	温度	あたたかい。(室内)	冷たい。(冷ぞう庫の中)
同じ条件	空気	空気にふれる。	
結果		すべて発芽した。	すべて発芽しなかった。

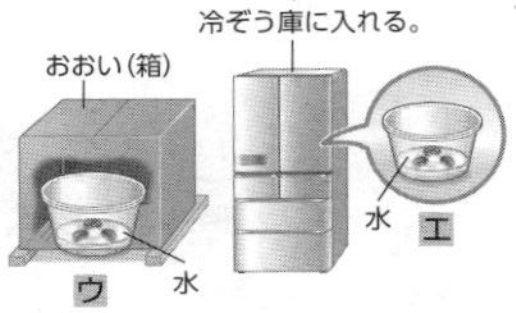

▶種子の発芽には、適当な(① 温度)が必要である。

とびらをとじると、冷ぞう庫の中は暗いね。

		オ	カ
同じ条件	水	水をあたえる。	
同じ条件	温度	同じ温度の室内	
変える条件	空気	空気にふれる。	空気にふれない。
結果		すべて発芽した。	すべて発芽しなかった。

▶種子の発芽には、(② 空気)が必要である。

ここが だいじ!
①植物の種子が芽を出すことを、発芽という。
②種子の発芽には、水のほかに、適当な温度と空気が必要である。
③水・適当な温度・空気のどれか1つでも条件がたりないと、種子は発芽しない。

ぴたトリビア　長い時間がたった種子でも、発芽することがあります。1000年以上前の種子が、発芽に必要なすべての条件をそろえたら発芽したという研究結果もあります。

ぴったり2 練習

2. 植物の発芽《はつが》と成長

①種子が発芽する条件《じょうけん》

13ページ

学習

教科書 34〜39ページ　答え 7ページ

1 インゲンマメの種子を使って、種子が発芽する条件を調べました。

(1) アとイの結果から、種子が発芽するには、何が必要なことがわかりますか。

(水)

(2) ウとエでは、発芽に適当《てきとう》な温度が必要かどうかを調べました。

①ウにおおいをしたのはなぜですか。正しいものに○をつけましょう。

ア(　)だっし綿《めん》がかわかないようにするため。

イ(　)あたたかくするため。

ウ(○)冷ぞう庫の中と同じように暗くするため。

②ウとエの結果はどうなりましたか。それぞれ答えましょう。

ウ(発芽した。)

エ(発芽しなかった。)

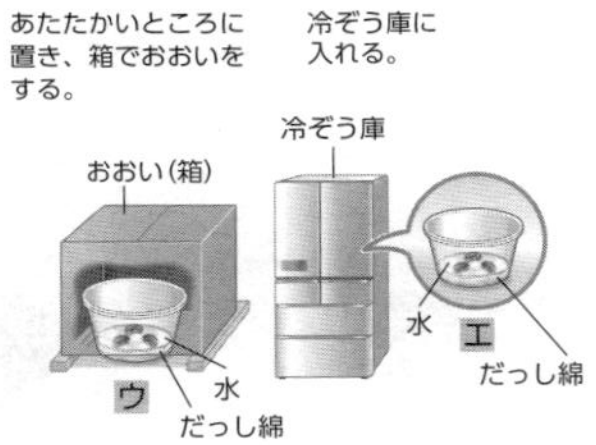

(3) オとカでは、発芽に空気が必要かどうかを調べました。

①オとカはどんなところに置けばよいですか。正しいものに○をつけましょう。

ア(　)オはあたたかいところ、カは冷たいところに置く。

イ(　)オは冷たいところ、カはあたたかいところに置く。

ウ(○)オもカもあたたかいところに置く。

②オとカの結果から、発芽に空気は必要だといえますか。

(いえる。)

ヒント 1 調べる条件以外は、同じにして実験します。

おうちのかたへ　**2. 植物の発芽と成長**

植物の発芽や成長に必要な条件を学習します。ここでは、変える条件・同じにする条件を考えて実験できるか、発芽や成長に必要な条件を理解しているか、などがポイントです。

13ページ　てびき

1 (1)アとイのちがいは水があるかないかです。アは発芽《はつが》して、イは発芽しなかったことから、種子の発芽には水が必要なことがわかります。

(2)①ウとエでは、発芽に適《てき》当《とう》な温度が必要かどうかを調べるので、それ以外の条《じょう》件《けん》は同じにします。冷ぞう庫の中と同じように暗くするために、ウにおおいをします。

②種子の発芽には適当な温度が必要なので、あたたかいところに置いたウは発芽しますが、冷たいところに置いたエは発芽しません。

(3)①オとカでは、発芽に空気が必要かどうかを調べるので、それ以外の条件は同じにします。どちらも同じ温度のところに置きます。

②空気にふれているオは発芽して、空気にふれていないカは発芽しなかったことから、種子の発芽には空気が必要なことがわかります。

ぴったり1 **準備**

2. 植物の発芽《はつが》と成長

②種子の発芽と養分

14ページ

種子の発芽と、種子にふくまれる養分の変化をかくにんしよう。

教科書 40〜43ページ　答え 8ページ

下の(　)にあてはまる言葉をかくか、あてはまるものを○で囲《かこ》もう。

1 なぜ、子葉はしぼんでしまったのだろうか。　教科書 40〜43ページ

▶インゲンマメの種子には、根・くき・葉になる部分と(①　)の部分がある。

▶種子が発芽すると、子葉は(②　ふくらんで　・（しぼんで）)いく。

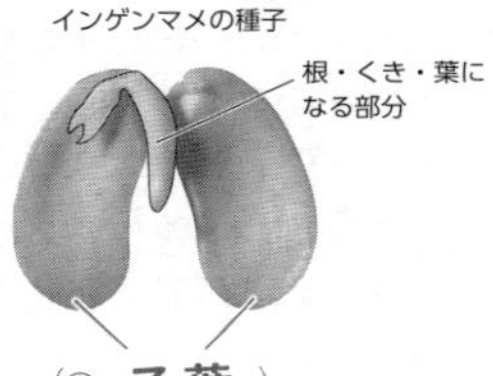

(①　子葉　)

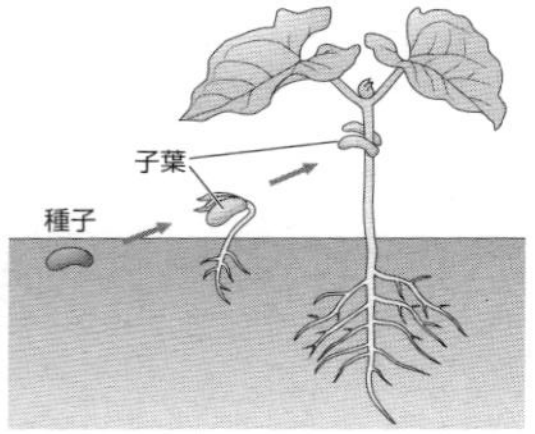

▶でんぷんに、うすめたヨウ素液《そえき》をつけると、こい(③（青むらさき色）・　赤色　)になる。

でんぷんは、米やいもなどに多くふくまれている養分だよ。

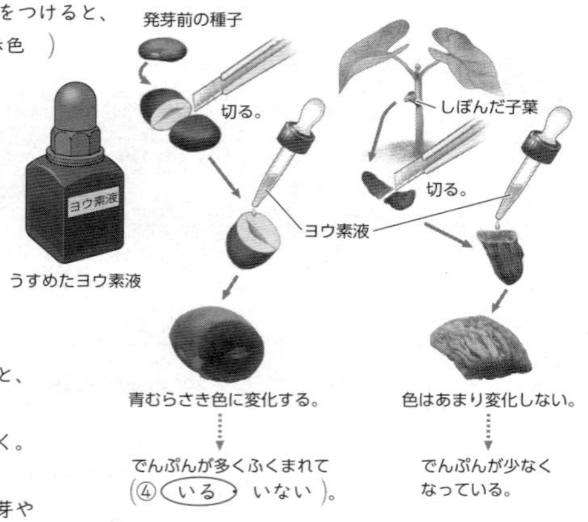

▶種子が発芽して、成長していくと、子葉はしぼんで、でんぷんは(⑤　増《ふ》えて　・（減って）)いく。

▶種子の子葉にあった(⑥　でんぷん　)は、発芽や成長のための養分として使われる。

ここがだいじ！　①種子の子葉にふくまれるでんぷんは、発芽や成長のための養分として使われる。

ぴたトリビア　種子にでんぷんを多くふくむイネ、ムギ、トウモロコシなどは地球上の多くの地いきで主食として食べられるほか、家ちくのえさとしても利用されます。

ぴったり2 **練習**

2. 植物の発芽《はつが》と成長

②種子の発芽と養分

15ページ

教科書 40〜43ページ　答え 8ページ

1 インゲンマメの種子のつくりを調べました。

(1) インゲンマメの種子の㋐の部分は、発芽後はⓐになります。㋐やⓐの部分を何といいますか。

(　子葉　)

(2) インゲンマメの種子の㋑の部分は、発芽後、成長すると何になりますか。

(　根・くき・葉　)

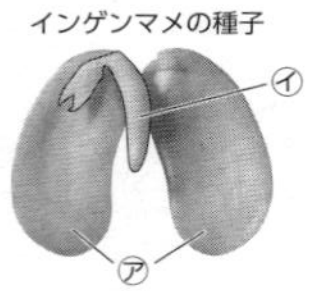

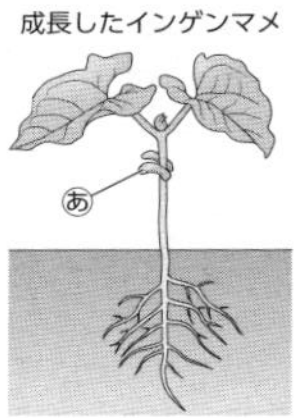

2 発芽に必要な養分について、インゲンマメの発芽前の種子と発芽後の子葉を調べました。

(1) 養分がふくまれているかどうかを調べるために使ったⓐの液体《えきたい》を何といいますか。

(　ヨウ素液　)

(2) 発芽前の種子にⓐの液体をつけると青むらさき色に変化したことから、発芽前の種子には何がふくまれていたことがわかりますか。

(　でんぷん　)

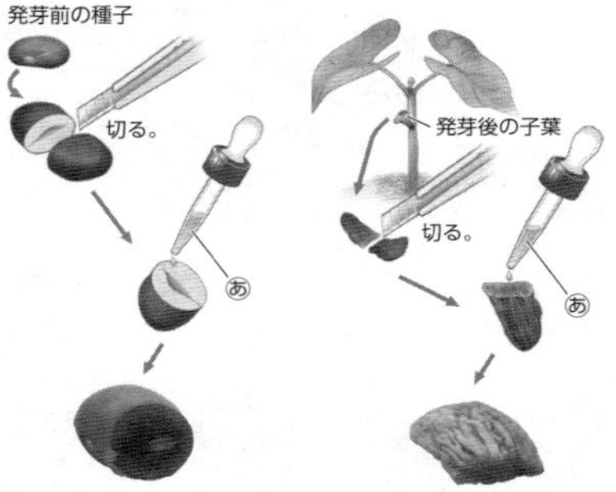

(3) 発芽後の子葉にⓐの液体をつけると、どうなりましたか。正しいほうに○をつけましょう。

①(　)青むらさき色に変化した。

②(◯)色はあまり変わらなかった。

(4) 種子が発芽するための養分について、正しいもの2つに○をつけましょう。

①(◯)種子にふくまれている。

②(　)肥料《ひりょう》から取り入れる。

③(◯)発芽などに使われて少なくなっていく。

④(　)かれるまで減らない。

15ページ　てびき

1 (1)種子のときの子葉は㋐で、ⓐは子葉がしぼんだものです。

(2)種子には、根・くき・葉になる部分と、発芽《はつが》や成長に使う養分をふくんだ部分(インゲンマメでは子葉)があります。

2 (1)(2)ⓐの液体《えきたい》をつけると、発芽前の種子が青むらさき色になっています。でんぷんにうすめたヨウ素液《そえき》をつけると、青むらさき色になるので、発芽前の種子にはでんぷんがふくまれていることがわかります。

(3)発芽後の子葉にヨウ素液をつけても、ほとんど色が変わりません。種子のときにふくまれていたでんぷんは少なくなっています。

(4)種子は、種子の中にふくまれている養分を使って発芽するので、発芽させるための肥料《ひりょう》はいりません。

ぴったり1 準備

2. 植物の発芽《はつが》と成長
③植物が成長する条件《じょうけん》

学習 16ページ

植物が成長するための条件をかくにんしよう。

教科書 44～46ページ　答え 9ページ

下の(　)にあてはまる言葉をかくか、あてはまるものを○で囲《かこ》もう。

1 子葉が取れた植物が成長するには、どんな条件が必要なのだろうか。　教科書 44～46ページ

▶植物が成長する条件を調べる実験

変える条件		同じ条件
㋐ 日光に当てる。		日光以外のすべての条件。
㋑ 日光に当てない。		

2週間後

・大きく成長し、くきが太い。
・葉の数が多く、こい緑色をしている。

・ひょろ長く、くきが細い。
・葉の数が少なく、黄色っぽい。

どの実験も、発芽に必要な条件(水・適当な温度・空気)はそろえておくよ。

(① ㋐・ ㋑)のほうがよく成長した。
・植物は、日光を(② 当てる・ 当てない)とよく成長する。

変える条件		同じ条件
㋒ 肥料《ひりょう》をあたえる。		肥料以外のすべての条件。
㋓ 肥料をあたえない。		

2週間後

・大きく成長し、くきが太い。
・葉の数が多く、こい緑色をしている。

・草たけが短く、くきが細い。
・葉の数が少なく、うすい緑色。

(③ ㋒・ ㋓)のほうがよく成長した。
・植物は、(④ 肥料)をあたえるとよく成長する。

ここがだいじ!
①子葉が取れた植物がよく成長するには、日光と肥料が必要である。
②植物の成長には、発芽に必要な水・適当《てきとう》な温度・空気も必要である。

16

ぴたトリビア　ダイズなどの種子を光に当てないまま発芽させて育てた野菜が「もやし」です。

ぴったり2 練習

2. 植物の発芽《はつが》と成長
③植物が成長する条件《じょうけん》

学習 17ページ

教科書 44～46ページ　答え 9ページ

1 同じくらいに育ったインゲンマメのなえを、条件を変えて育て、成長のようすを比《くら》べる実験をしました。

㋐ 日光に当てて、肥料は週に2回ずつあたえる。水は毎日あたえる。
㋑ 日光に当てて、肥料をあたえない。水は毎日あたえる。
㋒ おおいをして肥料は週に2回ずつあたえる。水は毎日あたえる。

2週間後

(1) 日光と植物の成長との関係を調べるには、㋐～㋒のどれとどれを比べればよいですか。
(㋐ と ㋒)

(2) 肥料《ひりょう》と植物の成長との関係を調べるには、㋐～㋒のどれとどれを比べればよいですか。
(㋐ と ㋑)

(3) 2週間後のようすで、いちばんよく成長しているといえるのは、㋐～㋒のどれですか。
(㋐)

(4) この実験から、どんなことがわかりますか。正しいものに○をつけましょう。
①(　)日光に当てれば、肥料をあたえてもあたえなくても同じように成長する。
②(　)肥料をあたえれば、日光に当てても当てなくても同じように成長する。
③(○)日光に当て、肥料をあたえるとよく成長する。
④(　)日光や肥料は、植物の成長には関係しない。

ヒント **1** (3)葉の数や色、くきの太さやのびから、育ちのちがいがわかります。

17

17ページ　てびき

1 (1)日光についての条件《じょうけん》だけがちがい、それ以外の条件は同じものを比《くら》べます。㋐は日光に当て、㋒は日光に当てていませんが、どちらも肥料《ひりょう》と水をあたえています。
(2)肥料についての条件だけがちがい、それ以外の条件は同じものを比べます。㋐は肥料をあたえ、㋑は肥料をあたえていませんが、どちらも日光に当て、水をあたえています。
(3)くきがよくのびて太く、葉の数が多くてこい緑色をしている㋐が、いちばんよく成長しているといえます。
(4)日光や肥料の条件を変えた㋐、㋑、㋒で成長のしかたにちがいがあることから、植物がよく成長するには日光と肥料が必要であることがわかります。植物の成長には、水・適当《てきとう》な温度・空気も必要です。

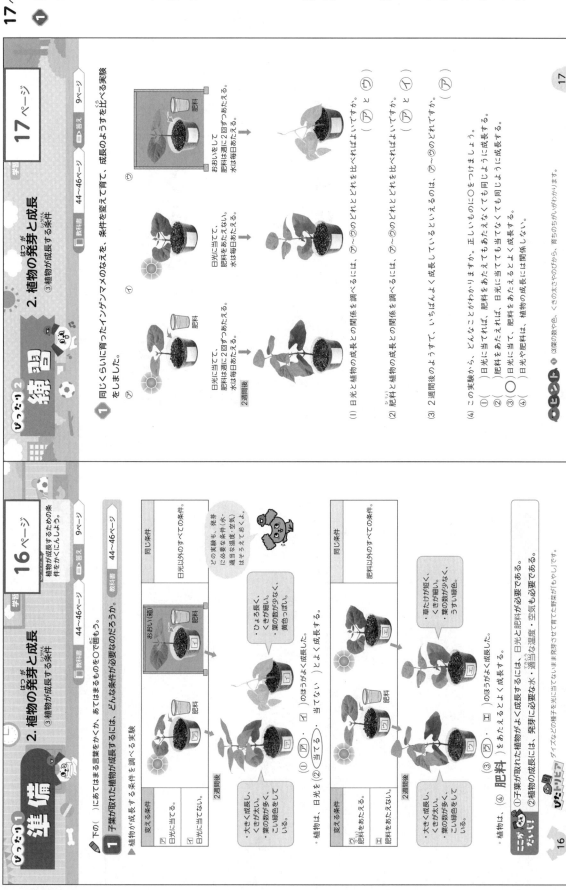

ぴったり3 確かめのテスト。

2. 植物の発芽《はつが》と成長

18ページ

/100 合格70点

教科書 32〜51ページ　答え 10ページ

よく出る

1 インゲンマメを使って、種子が発芽する条件《じょうけん》を調べます。

(1)、(2)、(4)は1つ6点、(3)、(6)はそれぞれ全部できて10点、(5)は10点(48点)

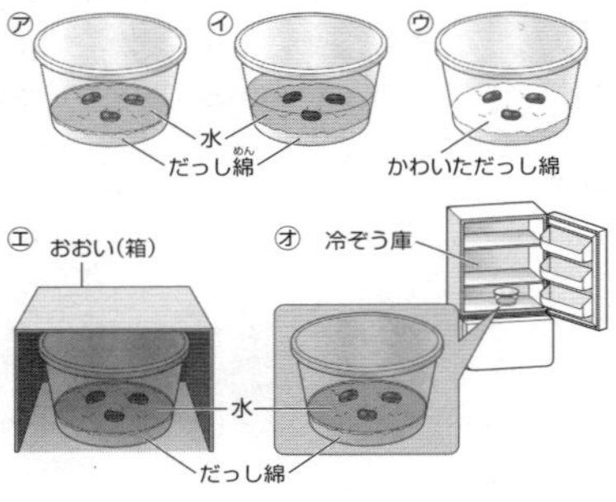

(1) 発芽に水が必要かどうかを調べるには、㋐〜㋒のどれとどれを比《くら》べればよいですか。 技能

(㋐ と ㋒)

(2) 発芽に空気が必要かどうかを調べるには、㋐〜㋒のどれとどれを比べればよいですか。 技能

(㋐ と ㋑)

(3) ㋐〜㋒で、発芽するものには○を、発芽しないものには×をつけましょう。

㋐(○)　㋑(×)　㋒(×)

(4) ㋓と㋔を比べると、発芽に何が必要なことがわかりますか。正しいものに○をつけましょう。

①(　)明るさ　②(○)適当《てきとう》な温度　③(　)肥料《ひりょう》

(5) 記述 ㋓と㋔を比べるとき、㋓でおおいをするのはなぜですか。 思考・表現

(明るさの条件を同じにするため。(どちらも光が当たらないようにするため。))

(6) 種子の発芽には、どんな条件が必要でしょうか。3つかきましょう。

(水)、(適当な温度)、(空気)

2 インゲンマメの種子を調べました。

1つ6点(12点)

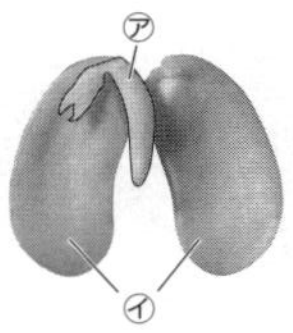

(1) インゲンマメの種子の根・くき・葉になる部分は、㋐、㋑のどちらですか。

(㋐)

(2) うすめたヨウ素液《そえき》をつけて、青むらさき色になる部分は、㋐、㋑のどちらですか。

(㋑)

19ページ

学習

よく出る

3 同じくらいに育ったインゲンマメのなえを使って、日光や肥料と植物の成長との関係を調べました。

1つ6点(12点)

(1) ㋐〜㋒で成長のようすを比べるとき、水はどうしますか。正しいものに○をつけましょう。

①(○)どれにも同じように水をあたえる。

②(　)どれにも同じように水をあたえない。

③(　)㋐と㋑にだけ水をあたえる。

(2) ㋐〜㋒で、いちばんよく成長するものはどれですか。

(㋑)

できたらスゴイ!

4 インゲンマメの種子の養分を調べました。

(1)、(2)、(3)は1つ6点、(4)は10点(28点)

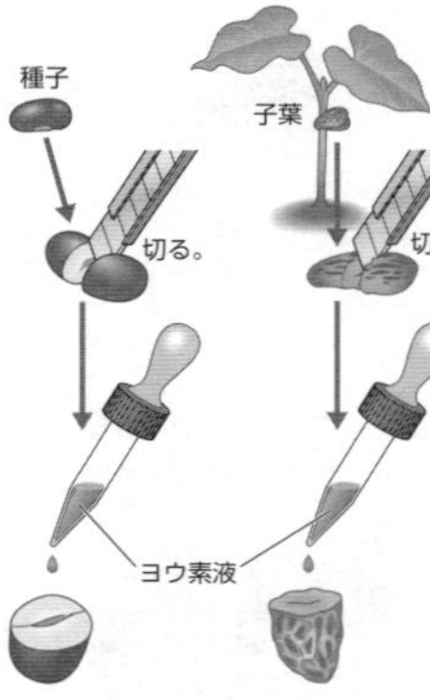

(1) インゲンマメの種子を切り、ヨウ素液をつけると、色が変わりました。何色になりましたか。 技能

((こい)青むらさき色)

(2) (1)で色が変わったことから、インゲンマメの種子にある養分は何であるとわかりますか。

(でんぷん)

(3) 発芽した後の子葉を切り、ヨウ素液をつけても、色はあまり変わりませんでした。このことから、種子にあった養分はどうなったことがわかりますか。正しいものに○をつけましょう。

①(　)増《ふ》えた。

②(○)減った。

③(　)変わらなかった。

(4) 記述 種子にあった養分が(3)のようになったのはなぜですか。 思考・表現

(発芽(や成長)のための養分として使われたから。)

ふりかえり 1がわからないときは、12ページの1や2にもどってかくにんしてみましょう。3がわからないときは、16ページの1にもどってかくにんしてみましょう。

18〜19ページ　てびき

1 (1)水の条件《じょうけん》だけがちがう㋐と㋒を比《くら》べます。

(2)空気の条件だけがちがう㋐と㋑を比べます。

(3)空気にふれていない㋑、水のない㋒は発芽《はつが》しません。

(4)㋓と㋔でちがう条件は温度です。

(5)冷ぞう庫の中と同じように暗くします。

2 ㋐は根・くき・葉になる部分です。㋑は子葉で、養分がふくまれています。

3 (1)植物の成長には水も必要です。

(2)日光に当てて肥料《ひりょう》をあたえた㋑が、いちばんよく成長します。

4 (1)(2)インゲンマメの種子はでんぷんを多くふくむので、ヨウ素液《そえき》をつけると青むらさき色になります。

(3)(4)発芽した後の子葉にヨウ素液をつけても、ほとんど色が変わらないことから、種子の中にある養分は、発芽や成長に使われて減ったと考えられます。

ぴったり1
準備
3. メダカのたんじょう
①メダカのたまご(1)

3分でまとめ

学習 20ページ

メダカのめすとおすのちがいと、受精についてかくにんしよう。

教科書 54～55ページ　答え 11ページ

下の(　)にあてはまる言葉をかくか、あてはまるものを○で囲《かこ》もう。

1 メダカのめすとおすを見分けて、いっしょの水そうで飼《か》ってみよう。 教科書 54～55ページ

▶めすとおすの見分け方

(① (めす)・ おす)　　(② めす ・(おす))

せびれに切れこみがない。　　せびれに切れこみが(④ (ある)・ ない)。

しりびれの後ろが(③ 長い ・(短い))。　　しりびれの後ろが長い。

▶メダカの飼い方

・水そうは、日光が直接《ちょくせつ》(⑤ 当たる ・ (当たらない))明るいところに置く。

水がよごれたら、3分の1ぐらいを(⑥くみ置きの水)と入れかえる。

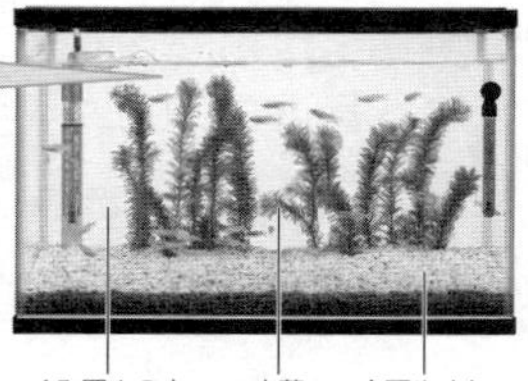

・えさは、食べ残さないぐらいの量を(⑦ (毎日)・ 1日おきに)1～2回あたえる。

▶メダカの産卵《さんらん》

おすとめすが体をすり合わせ、めすはたまご(卵《らん》)を産み、おすは精子《せいし》を出す。

たまごと精子が結びつく。このことを(⑧ 受精)という。

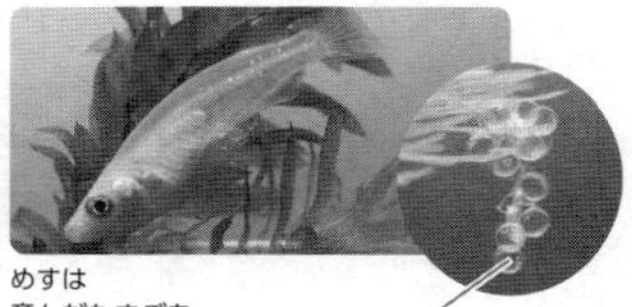

めすは産んだたまごを水草につける。

受精《じゅせい》したたまごを(⑨ 受精卵)という。

ここがだいじ！
①メダカのめすは、せびれに切れこみがなく、しりびれの後ろが短い。
　メダカのおすは、せびれに切れこみがあり、しりびれの後ろが長い。
②めすが産んだたまごと、おすが出す精子が結びつくことを受精といい、受精したたまごを受精卵《じゅせいらん》という。

ぴたトリビア　メダカ以外の魚も、めすが産んだ卵が、おすが出す精子と結びついて、たまごが育ち始めます。

ぴったり2
練習
3. メダカのたんじょう
①メダカのたまご(1)

学習 21ページ

教科書 54～55ページ　答え 11ページ

1 水そうで、メダカのめすとおすを飼《か》います。

(1) 水そうは、どのようなところに置くとよいですか。正しいものに○をつけましょう。
①(　)日光が直接《ちょくせつ》当たる明るいところ。
②(○)日光が直接当たらない明るいところ。
③(　)日光が直接当たらない暗いところ。

(2) えさは、食べ残さないぐらいの量を、毎日何回あたえるとよいですか。正しいものに○をつけましょう。
①(○)1～2回　②(　)4～5回　③(　)7～8回

2 メダカのめすとおすを比《くら》べます。

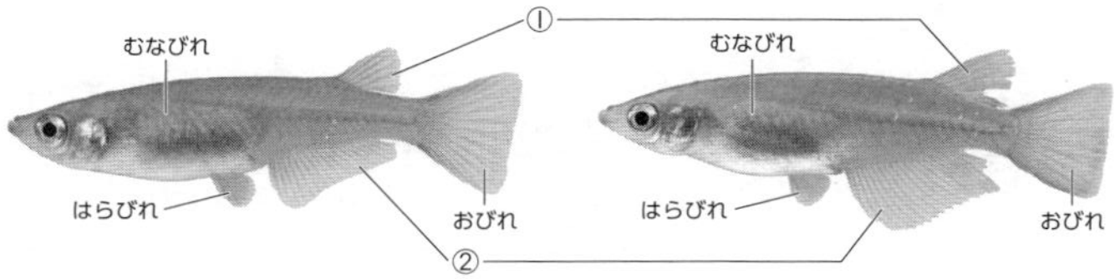

(1) ①、②のひれを何といいますか。それぞれのひれの名前をかきましょう。
①(せびれ)
②(しりびれ)

(2) ㋐、㋑のどちらがおすのメダカですか。
(㋑)

(3) メダカの産卵《さんらん》では、めすが産んだたまごとおすが出した精子《せいし》が結びつきます。たまごと精子が結びつくことを何といいますか。
(受精)

(4) (3)で精子と結びついたたまごのことを何といいますか。
(受精卵)

ヒント ❷ (1)ひれがどこについているかで考えましょう。
(2)メダカのおすとめすは、ひれの形のちがいで見分けることができます。

21ページ　てびき

❶ (1)明るいところがよいですが、日光が直接《ちょくせつ》当たるところはさけます。
(2)えさの食べ残しがあると、水がよごれます。

❷ (1)メダカなど魚の体には5種類のひれがあり、数はふつう全部で7まいです。
(2)おすのメダカは、せびれに切れこみがあり、しりびれは後ろが長くなっています。めすのメダカは、せびれに切れこみがなく、しりびれは後ろが短くなっています。
(3)(4)めすはたまご(卵《らん》)を産み、おすは精子《せいし》を出します。たまごと精子が結びついて受精卵《じゅせいらん》になると、たまごは育ち始めます。

おうちのかたへ　3. メダカのたんじょう
動物の発生や成長について学習します。ここでは、魚(メダカ)を対象として扱います。めすとおすがいること、受精した卵が変化して子メダカが生まれることを理解しているか、などがポイントです。

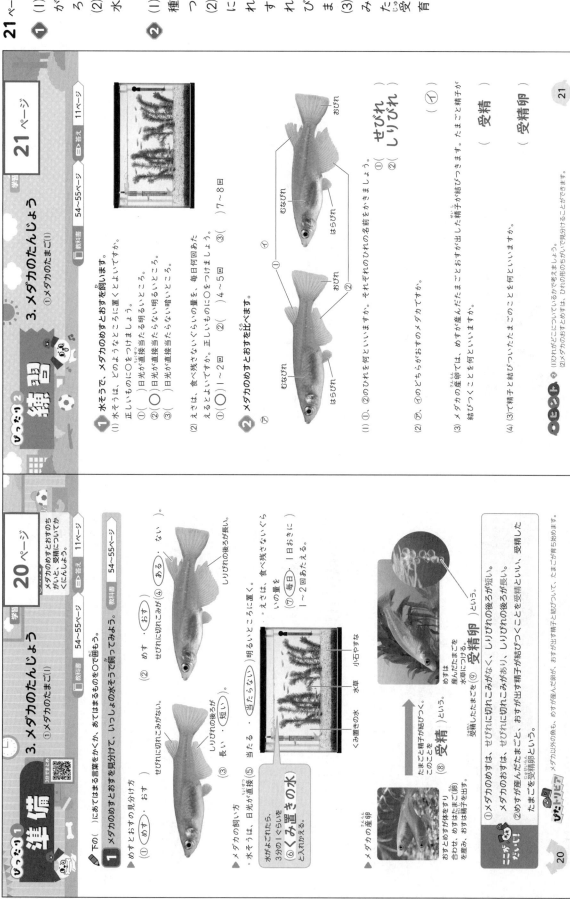

ぴったり1 準備　3. メダカのたんじょう

①メダカのたまご(2)

学習　22ページ

受精したメダカのたまごの育ちをかくにんしよう。

教科書　56～60ページ　答え　12ページ

下の(　)にあてはまる言葉をかくか、あてはまるものを○で囲《かこ》もう。

1 メダカのたまごは、どのように変化して子メダカになるのだろうか。　教科書　56～60ページ

▶メダカのたまごを(①　虫眼鏡《むしめがね》　・(かいぼうけんび鏡))やそう眼《がん》実体けんび鏡で観察する。

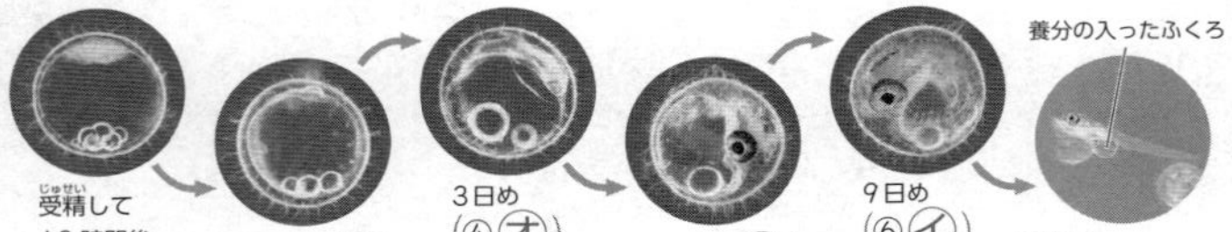

養分の入ったふくろ
受精《じゅせい》して
12 時間後
(②㋐)
2日め(③㋓)
3日め
(④㋔)
6日め(⑤㋒)
9日め
(⑥㋑)
11日め
たまごのまくを破《やぶ》って、子メダカがたんじょうする。

②～⑥には、㋐～㋔の記号を入れよう。

㋐ふくらんだ部分ができてくる。
㋑体が大きくなり、ときどきくるりと動く。
㋒血液の流れがわかるようになる。
㋓だんだん体の形が見えてくる。
㋔体の形がわかるようになり、目が目立ってくる。

▶かいぼうけんび鏡の使い方

(1) レンズをのぞきながら(⑦　反しゃ鏡　)を動かして、明るく見えるようにする。

(2) 観察するものをステージに置き、見たい部分が(⑧ レンズ)の真下にくるようにする。

(3) (⑨　調節ねじ　)を少しずつ回して、ピントを合わせる。

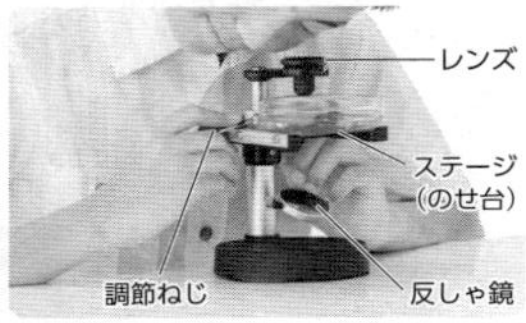

レンズ
ステージ
(のせ台)
調節ねじ
反しゃ鏡

▶そう眼実体けんび鏡の使い方

(1) 観察するものを(⑩ ステージ(のせ台))に置く。

(2) (⑪　接眼　)レンズのはばを目のはばに合わせ、両目で見て、見えるはんいが、ぴったり重なるようにする。

(3) 右目でのぞきながら(⑫　調節ねじ　)を回して、ピントを合わせる。次に、左目でのぞきながら(⑬ 視度調節リング)を回し、はっきり見えるようにする。

接眼《せつがん》レンズ
視度《しど》調節
リング
対物レンズ
調節ねじ
ステージ(のせ台)

ここがだいじ!

①メダカのたまごは、受精後、中のようすが変化し、メダカの体ができていき、やがて子メダカがたんじょうする。

②たまごの中の子メダカは、たまごにふくまれる養分を使って育つ。

ぴたトリビア　黄色で観賞《かんしょう》用のメダカはヒメダカという種類で、黒っぽい野生のメダカとは別の種類です。飼っているメダカを自然の川などに放さないようにしましょう。

ぴったり2 練習　3. メダカのたんじょう

①メダカのたまご(2)

学習　23ページ

教科書　56～60ページ　答え　12ページ

1 メダカのたまごが育っていくようすを観察しました。

㋐(3)　㋑(1)　㋒(2)　たまごからかえった直後

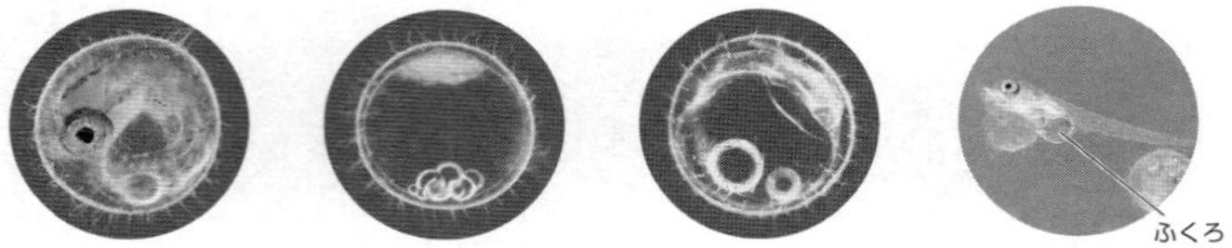

ふくろ

(1) ㋐で、赤く見えるものは何ですか。　(　血液　)

(2) たまごが育っていく順に、㋐～㋒の(　)に1～3の番号をつけましょう。

(3) たまごの中の子メダカが育っていくための養分について、正しいものに○をつけましょう。

①(○)たまごの中にふくまれている。

②(　)水から取り入れている。

③(　)親メダカがときどきあたえている。

(4) たまごからかえった直後のメダカのはらのふくろの中には、何が入っていますか。

(　養分　)

2 かいぼうけんび鏡について、次の問いに答えましょう。

(1) かいぼうけんび鏡は、どんなところに置いて使いますか。正しいものに○をつけましょう。

①(　)日光が直接《ちょくせつ》当たる明るいところ。

②(○)日光が直接当たらない明るいところ。

③(　)日光が当たらないうす暗いところ。

④(　)真っ暗なところ。

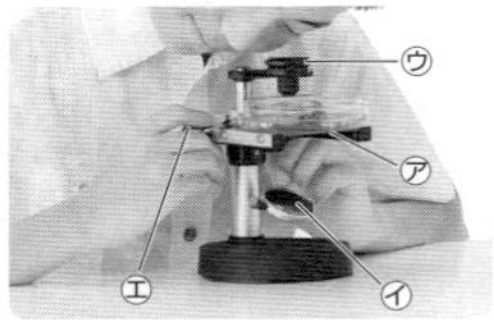

㋒
㋐
㋓
㋑

(2) ㋐～㋓の部分の名前をそれぞれかきましょう。

㋐(ステージ(のせ台))　㋑(反しゃ鏡)

㋒(レンズ)　㋓(調節ねじ)

(3) 観察するものが明るく見えるようにするためには、どこを動かしますか。㋐～㋓の記号をかきましょう。

(　㋑　)

ヒント　**2** (1)目をいためるので、強い光が直接当たるところでは使わないようにします。

23ページ　てびき

1 (1)赤く見えるものは血液《けつえき》、黒く見えるものは目です。

(2)たまごの中で、メダカの体がだんだんできていきます。

(3)子メダカは、たまごの中にふくまれている養分を使って育ちます。

(4)たまごからたんじょうしたばかりのメダカには、はらに養分が入ったふくろがあります。かえってから2～3日は、はらの中の養分を使って育ちます。

2 (1)目をいためるので、日光が直接《ちょくせつ》当たるところで使ってはいけません。

(3)レンズをのぞきながら反しゃ鏡を動かして、明るく見えるようにします。

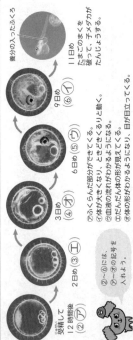

ぴったり3

確かめのテスト 3. メダカのたんじょう

24ページ

/100 合格70点

教科書 52～63ページ　答え 13ページ

1 水そうで、メダカを飼《か》いました。メダカの飼い方について、正しいものに○をつけましょう。

技能 1つ6点(12点)

(1) 水そうを置くところ
①(　)日光が当たるところに置く。
②(○)日光が直接《ちょくせつ》当たらない明るいところに置く。
③(　)暗いところに置く。

(2) 水がよごれたとき
①(　)一度にぜんぶをくみ置きの水と入れかえる。
②(○)3分の1ぐらいをくみ置きの水と入れかえる。

よく出る

2 メダカの育ちについて調べました。

(1)、(4)はそれぞれ全部できて8点、(2)、(3)は1つ8点(32点)

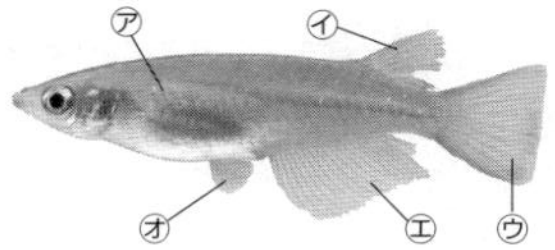

(1) 図のメダカがめすかおすかを見分けるには、どのひれを手がかりにするとよいですか。ア～オから2つ選び、記号をかきましょう。
(イ)、(エ)

(2) 図のメダカは、めすとおすのどちらですか。
(おす)

(3) 受精卵《じゅせいらん》は、何と何が結びつくことでできますか。
(たまご(卵)と　精子)

(4) 次の写真は、受精卵が育っていくとちゅうのようすです。受精卵が変化していく順に、①～⑤の(　)に1～5の番号をつけましょう。
①(5)　②(2)　③(4)　④(1)　⑤(3)

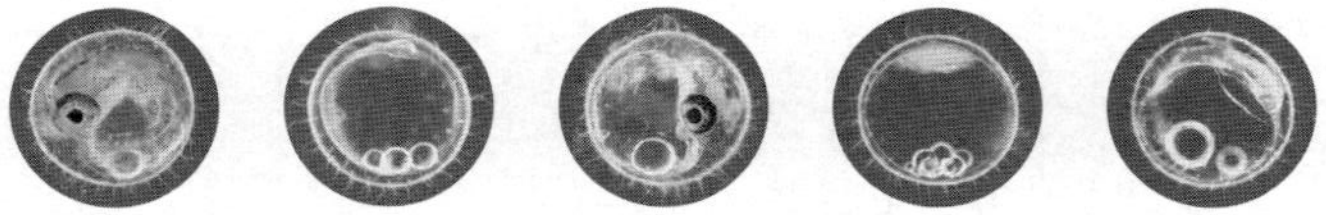

学習

25ページ

3 メダカのたまごの育ちを観察しました。

技能 1つ6点(24点)

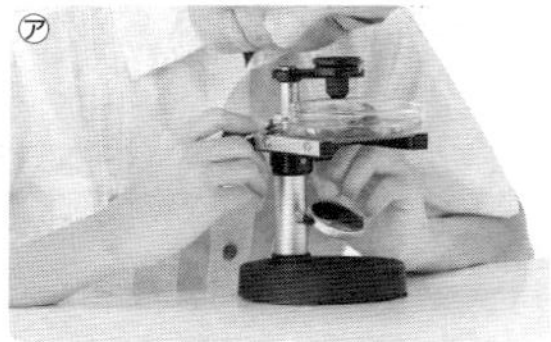
ア

イ

(1) ア、イの器具の名前をかきましょう。
ア(かいぼうけんび鏡)
イ(そう眼実体けんび鏡)

(2) アやイの器具は、どんなところに置いて使いますか。正しいものに○をつけましょう。
①(　)日光が直接当たる明るいところ。
②(○)日光が直接当たらない明るいところ。
③(　)暗いところ。

(3) メダカのたまごを観察するときは、どのようにすればよいですか。正しいほうに○をつけましょう。
①(　)水草についたたまごをピンセットでペトリ皿に取って観察する。
②(○)たまごのついた水草ごとペトリ皿に取って観察する。

できたらスゴイ!

4 メダカのたんじょうについて、正しいものには○を、正しくないものには×をつけましょう。

1つ8点(32点)

親メダカの体の中で育って、子メダカは生まれてくるよ。
①(×)

メダカは、たまごにふくまれている養分を使って育つんだね。
②(○)

おすが出したたまご(卵《らん》)と、めすが出した精子《せいし》が結びつくことを受精《じゅせい》というよ。
③(×)

たまごと精子が結びつくと、たまごは育ち始めるんだね。
④(○)

ふりかえり
2がわからないときは、20ページの1と22ページの1にもどってかくにんしてみましょう。
4がわからないときは、20ページの1と22ページの1にもどってかくにんしてみましょう。

24～25ページ　てびき

1 教科書や「ぴったり1」を見直して、メダカの飼《か》い方をかくにんしましょう。

2 (1)(2)せびれ(イ)に切れこみがあるかないか、しりびれ(エ)の後ろが長いか短いかで、めすとおすを見分けることができます。
(4)たまごの中で、だんだん体や目、血液《けつえき》などができていきます。

3 (3)たまごを観察するときは、たまごをきずつけないように、水草ごとたまごを取ります。

4 ①メダカは、たまごの中で育って生まれてきます。
③めすがたまご(卵《らん》)を産み、おすが精子《せいし》を出します。

ぴったり1
準備
★ 台風《たいふう》と気象情報《きしょうじょうほう》
学習 26ページ
台風の動きや台風が近づいてきたときの天気をかくにんしよう。
3分でまとめ
教科書 65~67ページ　答え 14ページ

下の(　)にあてはまる言葉をかこう。

1 台風はどのように動き、台風が近づくと天気はどのように変わるのだろうか。　教科書 65~67ページ

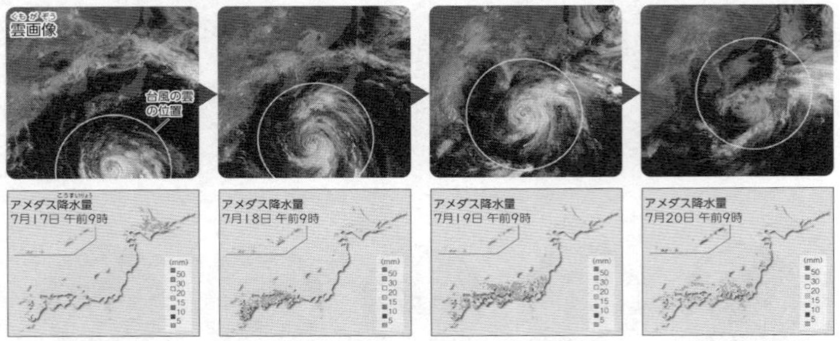

雲画像《くもがぞう》
台風の雲の位置
アメダス降水量《こうすいりょう》 7月17日 午前9時
アメダス降水量 7月18日 午前9時
アメダス降水量 7月19日 午前9時
アメダス降水量 7月20日 午前9時

7月17日午前9時　7月18日午前9時　7月19日午前9時　7月20日午前9時

▶日本では、夏から(① **秋**)にかけて、台風が近づいてくることがある。
▶日本に近づく台風は、(② **南**)の海上で発生し、(③ **北**)へ向かって進むことが多い。

台風の経路《けいろ》
7月20日
7月19日
7月18日
7月17日

台風の雲があるところはどんな天気か考えてみよう。

▶台風が近づくと、強い(④ **風**)がふいたり、短い時間に大(⑤ **雨**)がふったりして、(⑥ **災害**)が起こることがある。

ここがだいじ!
①台風は、南の海上で発生し、北へ向かって進むことが多い。
②台風が近づくと、強い風がふいたり、短い時間に大雨がふったりして、災害《さいがい》が起こることがある。

ぴたトリビア　自然災害が起こったときに予想されるひ害を、地図上に表したものを「ハザードマップ」といいます。

ぴったり2
練習
★ 台風《たいふう》と気象情報《きしょうじょうほう》
学習 27ページ
教科書 65~67ページ　答え 14ページ

1 次の図は、台風が日本に近づいたときの雲のようすを、1日ごとに表したものです。

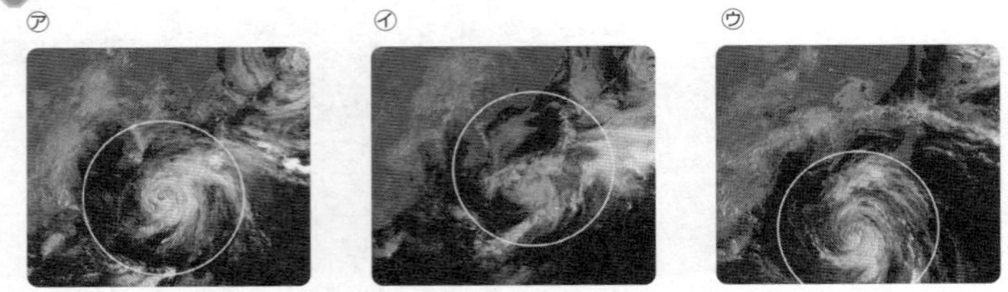

㋐
㋑
㋒

(1) 図の黄色の円の中の白い部分(雲)は何を表していますか。
(**台風**)
(2) ㋐~㋒を日にちの早い順にならべましょう。
(㋒)→(㋐)→(㋑)
(3) 台風が多く日本に近づくのはいつごろですか。正しいものに○をつけましょう。
①(　)春~夏　②(○)夏~秋
③(　)秋~冬　④(　)冬~春
(4) 台風が近づくと、風や雨はどうなりますか。正しいものに○をつけましょう。
①(　)風は弱くなり、雨の量は少なくなる。
②(　)強い風はふくが、雨の量は少なくなる。
③(　)風は弱くなるが、大雨がふる。
④(○)強い風がふいたり、大雨がふったりする。

2 次の①~⑥の災害《さいがい》を、雨による災害と風による災害とに分け、(　)に「雨」か「風」をかき入れましょう。
①(**雨**)洪水《こうずい》が起き、家の中に水が入ってくる。
②(**風**)かん板や屋根がわらが、ふき飛ばされる。
③(**雨**)がけくずれが起きて、家がおしつぶされたり、道路がふさがれたりする。
④(**風**)しゅうかく前のリンゴやナシが落とされる。
⑤(**風**)電柱がたおされる。
⑥(**雨**)川の増水《ぞうすい》で橋が流される。

ヒント　1 (1)台風の雲の集まりは、うずをまいた形をしています。

27ページ　**てびき**

1 (1)台風《たいふう》の雲の集まりは、うちゅうから見ると、うずをまいた形をしています。
(3)日本では、夏から秋にかけて、台風が近づいてきます。
(4)台風が近づくと、強い風がふいたり、短い時間で大雨がふったりします。

2 台風による強い風や大雨によって、災害《さいがい》が起こることがあります。

おうちのかたへ
天気による1日の気温の変化は4年で学習しています。また、台風ではない一般的な天気の変化は、「1．雲と天気の変化」で学習しています。

おうちのかたへ　★ **台風と気象情報**
台風の進路と天気の変化について学習します。台風の動き方や天気の変わり方、気象情報の読み取り方、災害への対策について理解しているか、などがポイントです。

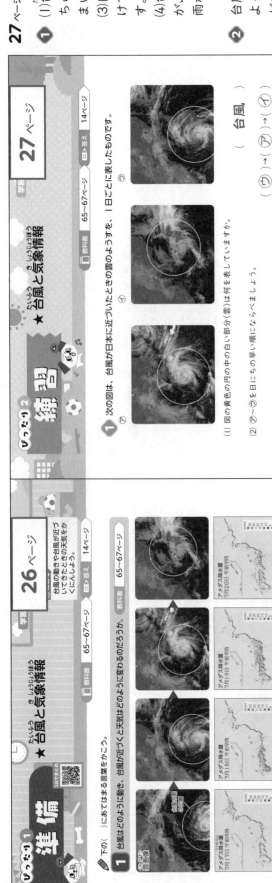

ぴったり3
確かめのテスト。 ★ 台風《たいふう》と気象情報《きしょうじょうほう》

28ページ

／100　合格70点

教科書 64〜69ページ　答え 15ページ

よく出る

1 次の図は、ある連続した3日間の雲のようすを表したものです。

(2)、(3)、(4)は1つ7点、(1)は全部できて7点(28点)

㋐　㋑　㋒

(1) 上の㋐〜㋒を、日にちの早いものから順にならべましょう。

(㋒)→(㋐)→(㋑)

(2) 白くうずをまいて見える雲は何ですか。

(台風)

(3) (2)の雲は、東・西・南・北のどの方位からどの方位へ動いたといえますか。

(南 から 北)

(4) 関東地方で、風や雨が最もはげしくなったのは、㋐〜㋒のどの日にちと考えられますか。記号をかきましょう。 思考・表現

(㋑)

2 右の図は、月ごとの台風のおもな経路《けいろ》を表したものです。

(1)、(3)は1つ6点、(2)は8点(20点)

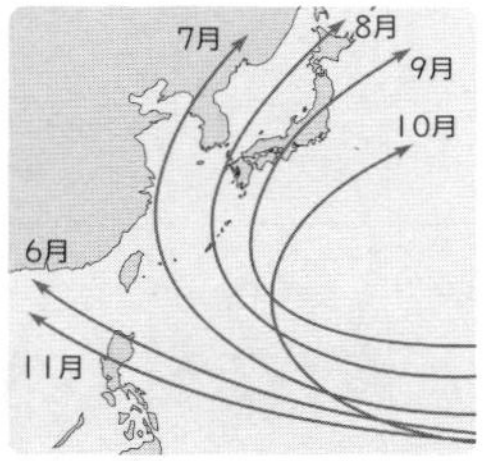

7月
8月
9月
10月
6月
11月

(1) 台風は、日本から見てどの方位の海上で発生しますか。東・西・南・北で答えましょう。

(南)

(2) 日本に台風が近づいてくることが多いのは、いつからいつにかけてですか。春・夏・秋・冬で答えましょう。

(夏 から 秋)

(3) 台風の動きと天気の変化には関係がありますか、ありませんか。

((関係が)ある。)

29ページ

学習

3 右の図は、ある日の日本付近の台風の雲のようすです。

1つ7点(28点)

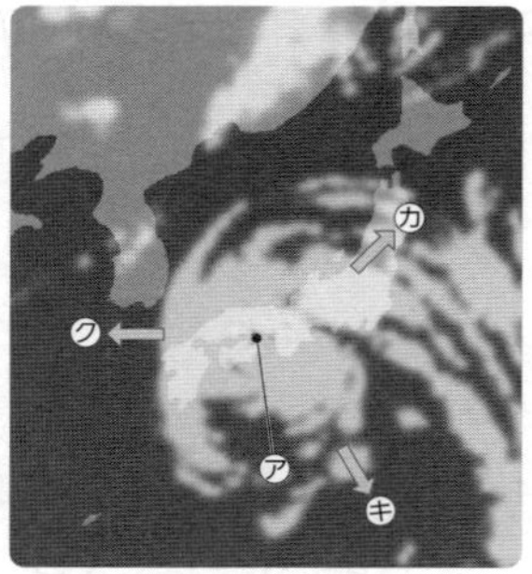

カ
ク
ア
キ

(1) 気象衛星《えいせい》(人工衛星)から送られてくる情報をもとに、雲のようすをわかりやすく表した画像《がぞう》を何といいますか。

(雲画像)

(2) 日本付近の台風の動きと天気の変化について調べるには、何月ごろの気象情報を集めるとよいですか。正しいものに○をつけましょう。

①(　)1〜2月ごろ　②(　)3〜4月ごろ
③(○)8〜9月ごろ　④(　)12〜1月ごろ

(3) ㋐の地いきの天気としてあてはまると考えられるものに○をつけましょう。

①(○)強い風がふき、大雨がふっている。
②(　)雨はふっていないがくもっている。
③(　)風や雨はおさまり、晴れている。

(4) この後、台風は、どの向きに動くと考えられますか。図の㋕〜㋗の矢印から選んで、記号をかきましょう。

(㋕)

この本の終わりにある「夏のチャレンジテスト」をやってみよう！

できたらスゴイ！

4 右の図は、連続した2日間の台風の雲のようすです。

1つ8点(24点)

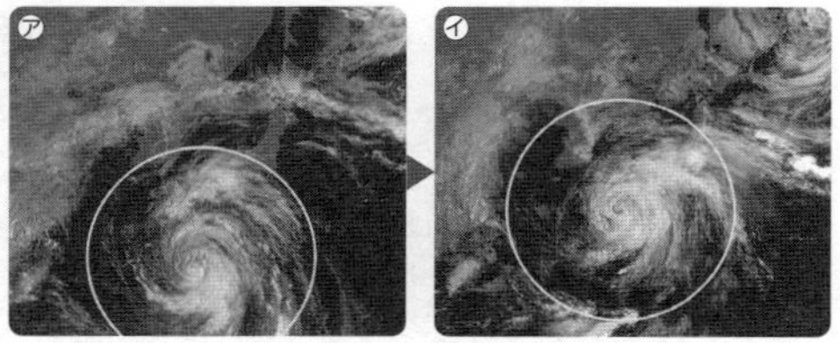

(1) ㋐、㋑のときの降水量《こうすいりょう》を表していると考えられるものを、下の①〜③からそれぞれ選びましょう。

㋐(②)　㋑(①)

(2) ㋐のときの東京の天気として正しいと考えられるほうに○をつけましょう。

ア(○)晴れ
イ(　)雨

①

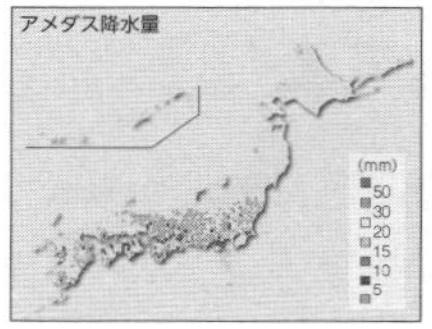

アメダス降水量
(mm)
50
30
20
15
10
5

②

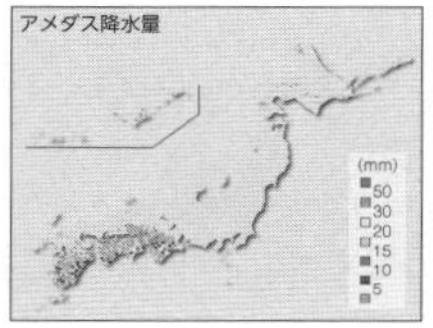

アメダス降水量
(mm)
50
30
20
15
10
5

③

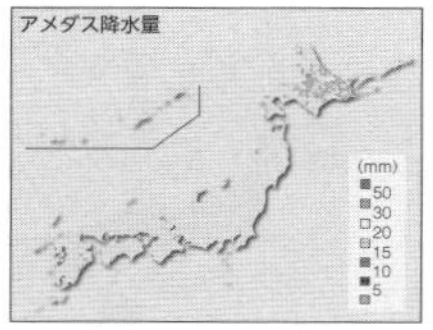

アメダス降水量
(mm)
50
30
20
15
10
5

ふりかえり
1がわからないときは、26ページの1にもどってかくにんしてみましょう。
4がわからないときは、26ページの1にもどってかくにんしてみましょう。

28〜29ページ　てびき

1 (3)台風《たいふう》の雲は、南から北へ動くことが多いです。
(4)台風の中心付近が関東地方に最も近い㋑の日に、風や雨が最もはげしくなったと考えられます。

2 (1)台風は南の海上で発生し、北へ向かって進むことが多いです。
(3)台風が近づくと、強い風がふいたり、短い時間に大雨がふったりすることがあります。

3 (2)日本に台風が近づくことが多い夏から秋の気象情報《きしょうじょうほう》を集めるとよいです。
(3)㋐の地いきの上空に台風の雲があるので、強い風がふき、大雨がふっていると考えられます。
(4)台風は、北へ向かって進むことが多いです。

4 (1)台風の雲のようすから、雨がふっていると思われる地いきを考えます。
(2)㋐の降水量《こうすいりょう》は②なので、東京は雨がふっていないと考えられます。

ぴったり1 準備

4. 花から実へ

①花のつくり(1)

3分でまとめ

植物の花のつくりをかくにんしよう。

教科書 74~79ページ　答え 16ページ

下の(　)にあてはまる言葉をかくか、あてはまるものを○で囲《かこ》もう。

1 ヘチマのめばなとおばなは、どんなつくりになっているのだろうか。 教科書 74~79ページ

▶アブラナやアサガオは、１つの花にめしべと(① **おしべ**)がある。

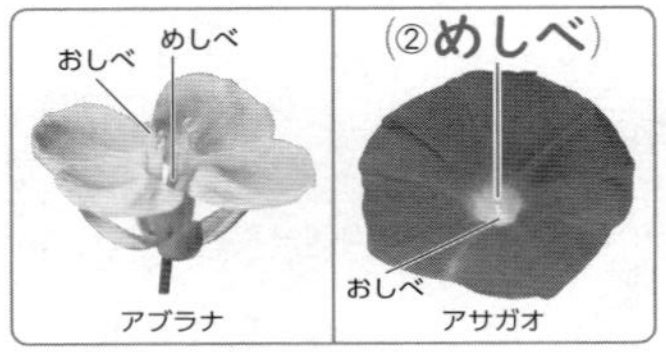

おしべ
めしべ
(②めしべ)
おしべ
アブラナ
アサガオ

▶ヘチマには(③ １ ・②)種類の花がさく。

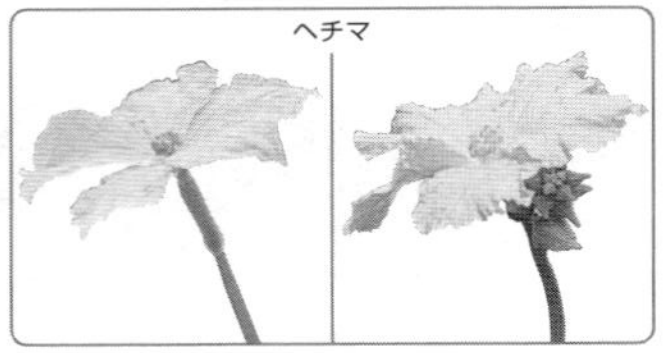

ヘチマ

▶ヘチマのめばなにはめしべがあり、おばなには(④ **おしべ**)があります。

ヘチマの花のつくり

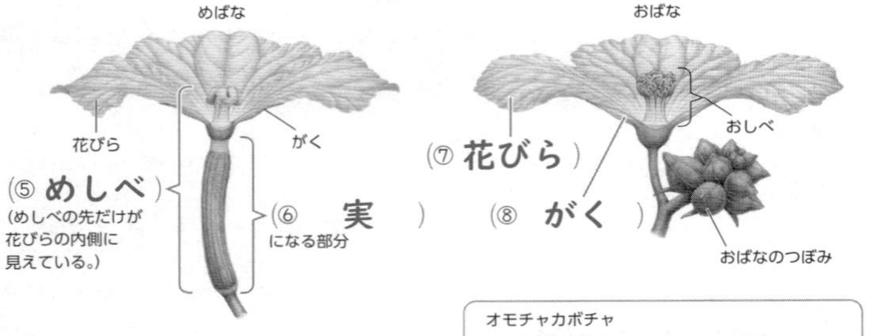

めばな
おばな
花びら
がく
(⑤ めしべ)
(めしべの先だけが花びらの内側に見えている。)
(⑥ 実)になる部分
(⑦ 花びら)
(⑧ がく)
おしべ
おばなのつぼみ

オモチャカボチャやツルレイシも、ヘチマと同じように２種類の花がさくよ。

オモチャカボチャ
めばな
おばな

ここがだいじ!
①ヘチマには、めばなとおばなの２種類の花がさく。
②めばなにはめしべがあり、おばなにはおしべがある。

ぴたトリビア 花は、色や形のほか、においやみつを出すことで、虫などをよびよせているよ。

ぴったり2 練習

4. 花から実へ

①花のつくり(1)

教科書 74~79ページ　答え 16ページ

1 アブラナの花とヘチマの花のつくりを調べました。

アブラナ
ヘチマ

(1) ２種類の花がさくのは、アブラナ、ヘチマのどちらですか。

(ヘチマ)

(2) アブラナの花のつくりとして、正しいものに○をつけましょう。
①(○)どの花も１つの花にめしべとおしべの両方がある。
②(　)おしべはあるがめしべのない花がある。
③(　)めしべはあるがおしべのない花がある。

2 ヘチマの花のつくりを調べました。

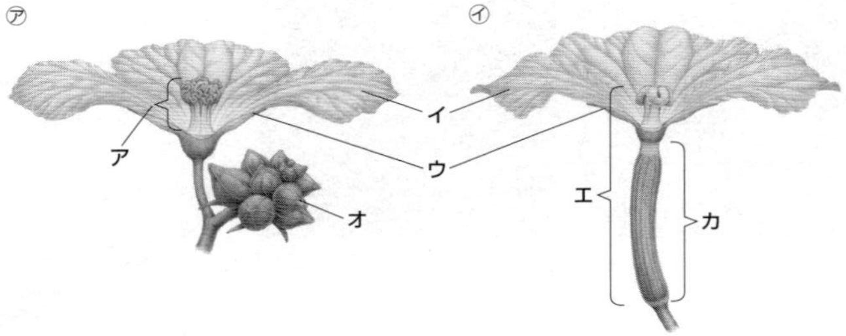

㋐
㋑
ア
イ
ウ
エ
オ
カ

(1) ㋐、㋑のどちらがめばなですか。

(㋑)

(2) ア~エの部分をそれぞれ何といいますか。

ア(おしべ)　イ(花びら)
ウ(がく)　エ(めしべ)

(3) ア~カのどこが実になる部分ですか。

(カ)

(4) めばなとおばなの２種類の花がある植物に○をつけましょう。
①(　)アサガオ　②(○)オモチャカボチャ　③(　)アブラナ

31ページ てびき

❶ (1)アブラナの花は１種類ですが、ヘチマにはめばなとおばなの２種類の花がさきます。
(2)アブラナは、１つの花にめしべとおしべがあります。

❷ (1)実になる部分があるかないかを見て、実になる部分があればめばな、なければおばなです。
(2)おばなにはおしべが、めばなにはめしべがあります。
(3)めしべのもとのふくらんだ部分が育って実になります。
(4)アサガオやアブラナの花は１種類で、１つの花にめしべとおしべがあります。オモチャカボチャにはめばなとおばなの２種類の花がさきます。

おうちのかたへ
花のつくりでは「めしべ」「おしべ」「がく」「花びら」の４つを扱います。「柱頭(めしべの先端)」、「子房(めしべの根元の膨らんだ部分)」などの詳しい内容は、中学校で学習します。

おうちのかたへ　4. 花から実へ
植物の花のつくりや実ができるまでの過程について学習します。ここでは、顕微鏡を使って花粉を観察することができるか、受粉することで実ができることを理解しているか、などがポイントです。

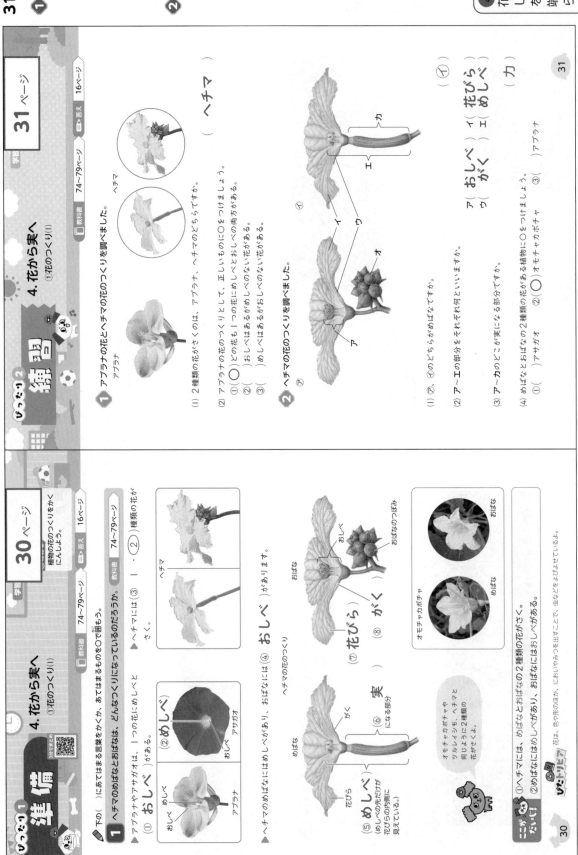

ぴったり1 準備　4. 花から実へ　①花のつくり(2)

花のつくりや、おしべからめしべへ花粉が運ばれることをかくにんしよう。

教科書 75〜79ページ　答え 17ページ

下の(　)にあてはまる言葉をかくか、あてはまるものを○で囲《かこ》もう。

1 ヘチマのめしべやおしべを観察してみよう。　教科書 75〜79ページ

▶(①**けんび鏡**)を使うと、目や虫眼鏡《むしめがね》では見えにくい小さなものをかく大して、調べることができます。

(1)対物レンズをいちばん(② 高い ・(低い))倍率《ばいりつ》のものにする。接眼《せつがん》レンズをのぞきながら、(③ **反しゃ鏡**)を動かして、明るく見えるようにする。
(2)観察したい部分が、対物レンズの真下にくるように、プレパラートを(④**ステージ(のせ台)**)に置いて、クリップで留《と》める。
(3)横から見ながら(⑤ **調節ねじ**)を回して、対物レンズとプレパラートをできるだけ近づける。
(4)接眼レンズをのぞきながら、調節ねじを(3)とは逆《ぎゃく》向《む》きに(対物レンズとプレパラートをはなす向き に)ゆっくりと回し、ピントを合わせる。

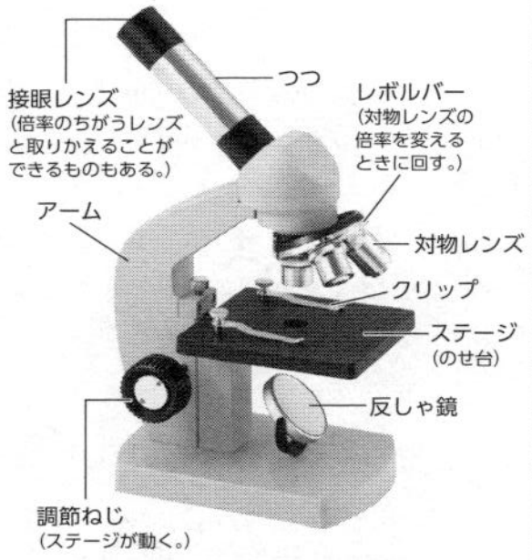

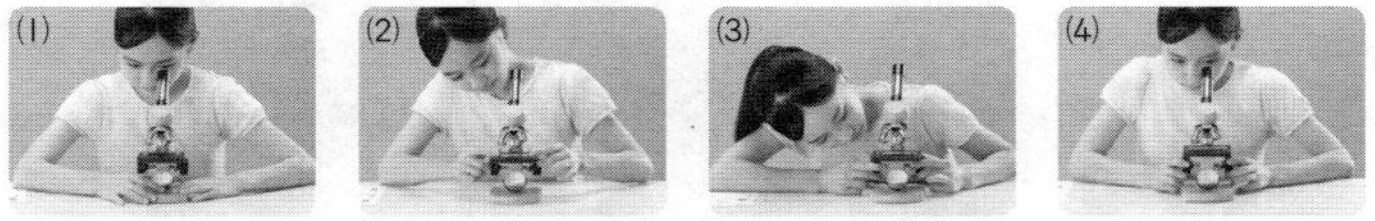

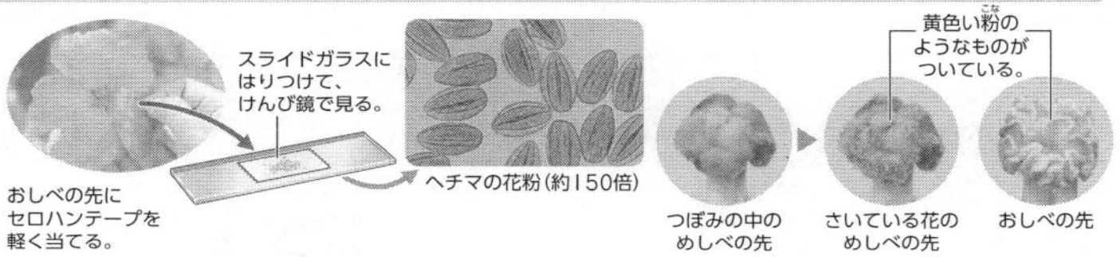

▶おしべの先には(⑥ **花粉**)がついている。
▶めしべの先についている(⑥)はハチなどのこん虫により、(⑦ **おしべ**)から運ばれたものである。

ここが だいじ!
①おしべの先についている粉のようなものを花粉《かふん》という。
②おしべの花粉が運ばれて、めしべにつく。

ぴたトリビア　花粉には、風にとばされやすいように軽《かる》くてざらざらしたものや、虫などの体にくっつきやすいようにねばねばしたものがあるよ。

ぴったり2 練習　4. 花から実へ　①花のつくり(2)

教科書 75〜79ページ　答え 17ページ

1 ヘチマのめしべの先とおしべの先を調べたところ、さいている花のめしべの先とおしべの先に黄色い粉《こな》のようなものがついていました。

(1) この黄色い粉のようなものを何といいますか。
(**花粉**)
(2) この黄色い粉のようなものがたくさんついていたのは、さいている花のめしべの先と、おしべの先のどちらですか。
(**おしべの先**)
(3) つぼみの中のめしべの先に、黄色い粉のようなものはついていますか。
(**ついていない。**)
(4) この黄色い粉のようなものについて、正しいほうに○をつけましょう。
①(○)おしべから運ばれて、めしべの先についた。
②(　)めしべから運ばれて、おしべの先についた。
(5) ヘチマのこの黄色い粉のようなものは、主に何によって運ばれますか。正しいものに○をつけましょう。
①(　)風　②(○)こん虫　③(　)鳥

2 ヘチマの花粉《かふん》をくわしく観察しました。

(1) セロハンテープは、めしべの先と、おしべの先のどちらに当てて花粉をつけるとよいですか。
(**おしべの先**)
(2) スライドガラスにはりつけた花粉は、何という器具を使って観察するとよいですか。
(**けんび鏡**)
(3) (2)の器具で観察するためにつくったものを何といいますか。
(**プレパラート**)

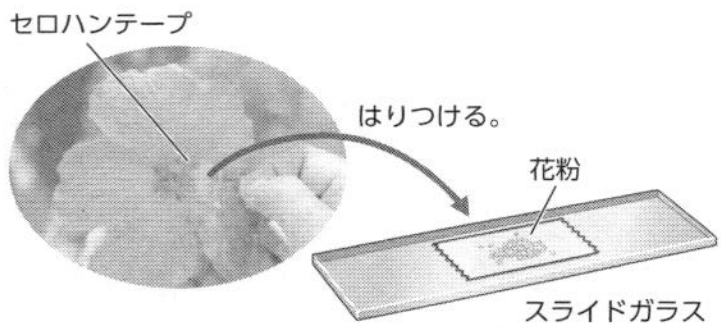

33ページ　てびき

1 (2)(3)花粉《かふん》はおしべの先にできます。つぼみの中のめしべの先には、花粉はついていません。さいているめばなのめしべの先についている花粉は、花がさいてからついたものです。
(4)つぼみの中のめしべの先には花粉がついていないこと、おしべの先には花粉がたくさんついていることから、おしべにできた花粉が運ばれて、さいためばなのめしべの先についたと考えられます。
(5)ヘチマの場合は、ハチなどのこん虫がおしべの花粉をめしべに運びます。

2 (1)花粉がたくさんついているのはおしべの先です。
(2)目や虫眼鏡《むしめがね》では見えにくい小さなものをかく大して見るには、けんび鏡を使います。

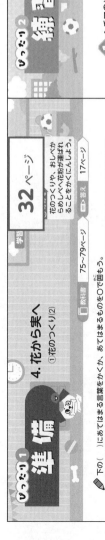

ぴったり1 準備

4. 花から実へ

②花粉《かふん》のはたらき

学習 34ページ

受粉の役割や、実のでき方をかくにんしよう。

教科書 80～83ページ　答え 18ページ

下の(　)にあてはまる言葉をかくか、あてはまるものを○で囲《かこ》もう。

1 実ができるためには、受粉《じゅふん》が必要なのだろうか。

教科書 80～83ページ

▶花粉がめしべの先につくことを(① 受粉)という。

夕方

次の日

明日さきそうな(②(めばな)・おばな)のつぼみ２つにふくろをかぶせる。

花がさいたらふくろを外してめしべの先に(③ 花粉)をつけて、もう一度ふくろをかぶせる。(受粉させる。)

ふくろをかぶせたままにしておく。(受粉させない。)

その後　花がしおれたらふくろを外す。

受粉しためばな

めばながしぼむ。

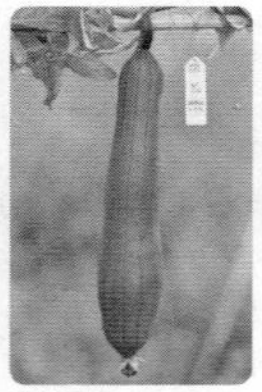

実ができる。

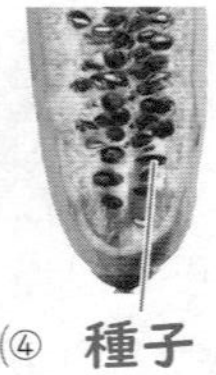

(④ 種子)

受粉しなかっためばな

めばながしぼむ。

かれ落ちる。

▶ヘチマは受粉すると、めしべのふくらんだ部分が育って(⑤ 実)になり、中に(　④　)ができる。

▶ヘチマは、受粉しないと実が(⑥ できる ・(できない))。

ここがだいじ！
①花粉がめしべの先につくことを、受粉という。
②ヘチマは受粉すると実ができ、中に種子ができる。

ぴたトリビア　ハチなどのこん虫が花粉を運び受粉させることは、農業でも利用されています。

ぴったり2 練習

4. 花から実へ

②花粉《かふん》のはたらき

学習 35ページ

教科書 80～83ページ　答え 18ページ

1 育てているヘチマで、花粉のはたらきと実のでき方を調べました。

夕方

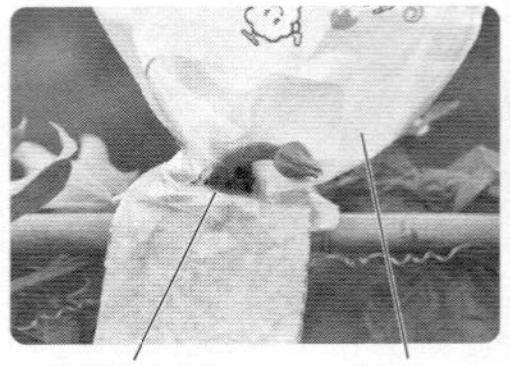

明日さきそうなつぼみ　ふくろをかぶせておく。

次の日

→㋐

花がさいたらふくろを外し、めしべの先に花粉をつけて、もう一度ふくろをかぶせる。

その後

そのままにしておく。→㋑

(1) ふくろをかぶせるつぼみは、めばな、おばなのどちらですか。

(めばな)

(2) つぼみにふくろをかぶせるのはなぜですか。正しいものに○をつけましょう。

①(　)日光を直接《ちょくせつ》当てないようにするため。

②(　)雨や風に当てないようにするため。

③(○)花がさいたときに、めしべの先に花粉がつかないようにするため。

(3) 花粉がめしべの先につくことを何といいますか。

(受粉)

(4) 花がしおれた後、ふくろを外すと、下の①、②の写真のようになりました。㋐、㋑にあてはまる写真はどちらですか。記号をかきましょう。

①(㋑)

かれる。

②(㋐)

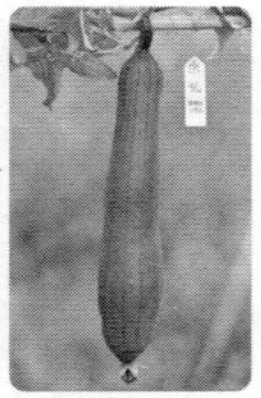

実ができる。

(5) 実が育つと、中に何ができますか。

(種子)

ヒント 1 (2)つぼみの中のめしべには、花粉がついていません。

35ページ てびき

1 (1)(2)実になる部分があるめばなを使います。つぼみの中のめしべの先には花粉《かふん》がついていません。花がさいたとき、自然に花粉がつかないように、花がさく前にふくろをかぶせておきます。受粉《じゅふん》させた後にもう一度ふくろをかぶせるのは、ふくろをかぶせたままの受粉させていないめばながあり、条件《じょうけん》を同じにするためです。
(4)㋐は受粉したので、実ができます。㋑は受粉していないので、実ができません。
(5)実の中にはたくさんの種子ができます。植物は種子から育って花をさかせ、再《ふたた》び種子をつくることで、生命を受けついでいきます。

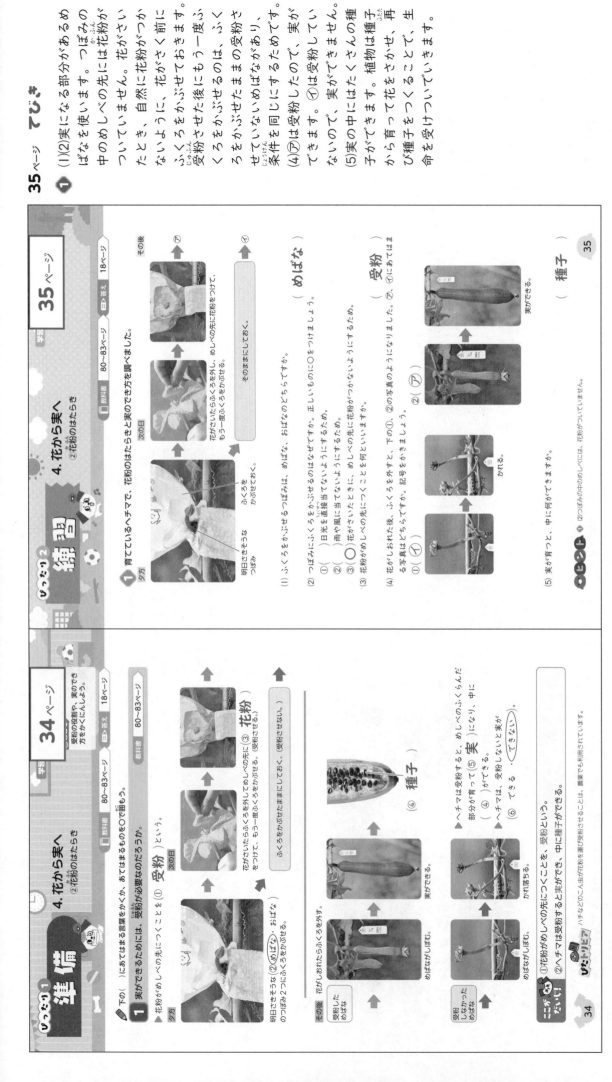

ぴったり3

確かめのテスト。 4. 花から実へ

36ページ

/100 合格70点

教科書 72～87ページ　答え 19ページ

よく出る

1 アサガオの花とヘチマの花のつくりを調べました。　1つ6点(42点)

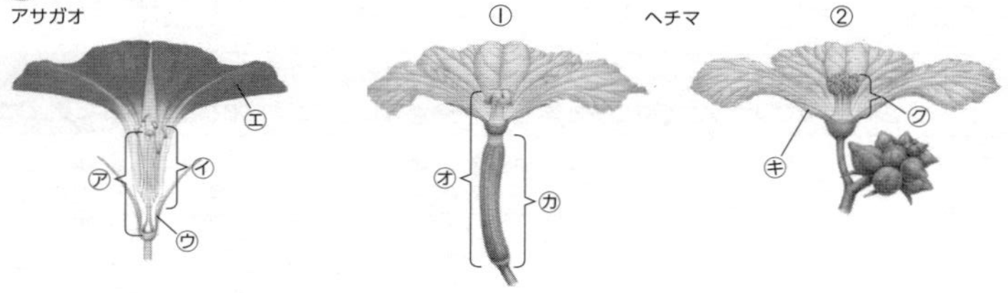

(1) ㋐～㋓の部分を何といいますか。

㋐(めしべ)　㋑(おしべ)
㋒(がく)　㋓(花びら)

(2) ヘチマのめばなは、①、②のどちらですか。　(①)

(3) アサガオの花の㋐、㋑の部分は、ヘチマの花ではどこですか。㋔～㋗からそれぞれ選んで、記号をかきましょう。　㋐(㋔)　㋑(㋗)

2 ヘチマの花粉《かふん》をけんび鏡で観察しました。　技能　1つ6点(36点)

(1) ㋐～㋓の部分の名前を(　)にかきましょう。

(2) ㋓を回すと、どうなりますか。

(ステージ(のせ台)が動く。)

(3) ㋔の花は、おばな、めばなのどちらを使えばよいですか。

(おばな)

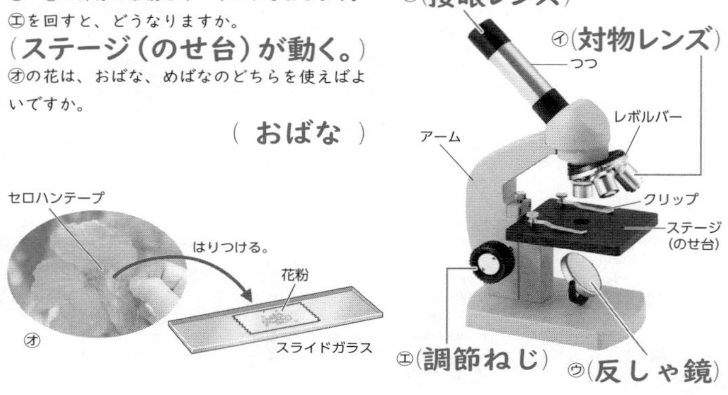

36

37ページ

できたらスゴイ!

3 育てているヘチマを使って、花粉のはたらきと実のでき方を調べました。　(1)、(3)は1つ6点、(2)は10点(22点)

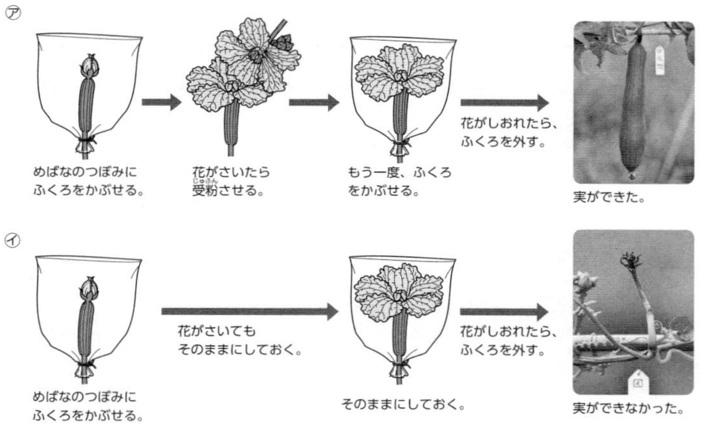

(1) さいているめばなではなく、つぼみにふくろをかぶせるのはなぜですか。正しいものに○をつけましょう。　技能

①(　)つぼみの中のめしべの先には花粉がついていないので、花がさいたときに花粉がつくようにしている。

②(○)つぼみの中のめしべの先には花粉がついていないので、花がさいたときに花粉がつかないようにしている。

③(　)つぼみの中のめしべの先には花粉がついているので、花がさいたときにもっと花粉がつくようにしている。

④(　)つぼみの中のめしべの先には花粉がついているので、花がさいたときに花粉が取れてしまわないようにしている。

(2) 記述 この実験から、どんなことがわかりますか。　思考・表現

(受粉すると実ができること。(受粉しないと実ができないこと。))

(3) この実験では、人がおしべの花粉をめしべの先につけていますが、自然にあるヘチマで、おしべからめしべに花粉を運んでいるものは何ですか。

(こん虫)
(ハチなど)

ふりかえり

❶がわからないときは、30ページの❶にもどってかくにんしてみましょう。
❸がわからないときは、34ページの❶にもどってかくにんしてみましょう。

37

36～37ページ　てびき

1 (1)㋐花の中心に1本だけあって、根もとがふくらんだつくりはめしべです。
㋑めしべの周りには、おしべがたくさんあります。
(2)花びらの下にふくらんだ部分があるほうがめばなです。
(3)ヘチマのめしべ(㋔)はめばなの中心に、おしべ(㋗)はおばなの中心にあります。

2 (3)セロハンテープに花粉《かふん》をつけて、スライドガラスにはりつけます。花粉はおしべの先にできるので、おばなを使います。

3 (1)つぼみの中のめしべの先に花粉はついていません。つぼみのうちにふくろをかぶせると、花がさいたときに自然に花粉がつくのを防《ふせ》ぐことができます。
(2)実ができるためには、受《じゅ》粉《ふん》が必要なことがわかります。
(3)自然のヘチマでは、ハチなどのこん虫がおしべの花粉をめしべに運んでいます。

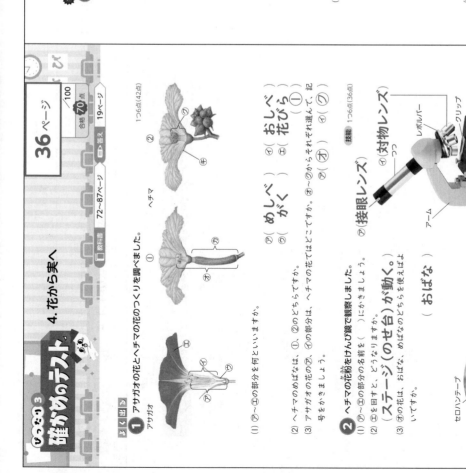

ぴったり1 準備

5. ヒトのたんじょう
①ヒトの受精卵《じゅせいらん》(1)

受精したヒトの卵が育っていくようすをかくにんしよう。

3分でまとめ

教科書 90〜93ページ　答え 20ページ

下の(　)にあてはまる言葉をかくか、あてはまるものを○で囲《かこ》もう。

1 ヒトは、母親の体内で、どのように育ってたんじょうするのだろうか。 教科書 90〜93ページ

- 女性《じょせい》の体内でつくられた(① 卵(卵子))が、男性《だんせい》の体内でつくられた(② 精子)と結びつくと、(①)は育ち始める。
- 卵《らん》と精子《せいし》が結びつくことを(③ 受精)といい、(③)した卵を(④ 受精卵)という。
- 受精卵は、母親の体内にある(⑤ 子宮)で育つ。

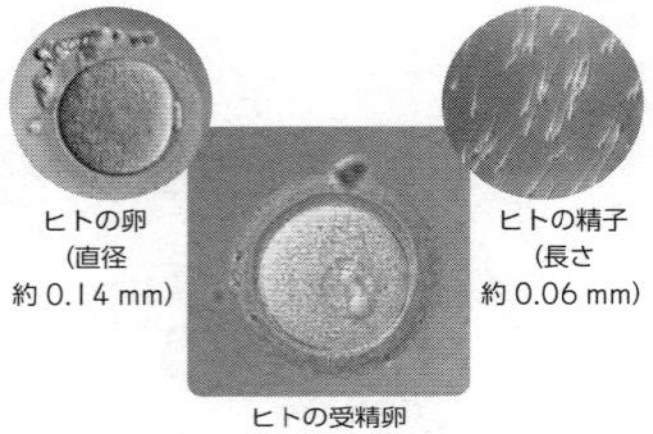

▶ヒトの育ち

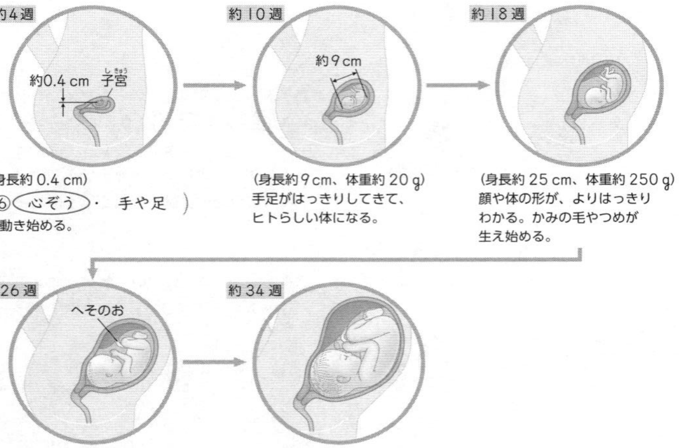

受精後約4週 (身長約0.4 cm) (⑥ 心ぞう ・ 手や足)が動き始める。

約10週 (身長約9 cm、体重約20 g) 手足がはっきりしてきて、ヒトらしい体になる。

約18週 (身長約25 cm、体重約250 g) 顔や体の形が、よりはっきりわかる。かみの毛やつめが生え始める。

約26週 (身長35 cm、体重約1000 g) ほねやきん肉が発達して、活発に動くようになる。

約34週 (身長45 cm、体重約2000 g) 体重がどんどん増えて、体に丸みが出てくる。

ここがだいじ! ①女性の体内でつくられた卵(卵子)が、男性の体内でつくられた精子と結びつくことを受精《じゅせい》といい、受精した卵を受精卵という。

ぴたトリビア いま地球にすむ人類は、みなホモ・サピエンスという同じ種類の生物です。

ぴったり2 練習

5. ヒトのたんじょう
①ヒトの受精卵《じゅせいらん》(1)

教科書 90〜93ページ　答え 20ページ

1 次の写真は、ヒトの卵《らん》(卵子《らんし》)と精子《せいし》のようすです。

(1) ヒトの卵の直径と精子の長さの実際《じっさい》の大きさはおよそどれぐらいですか。正しいものをそれぞれ選んで答えましょう。
①約0.06 mm
②約0.08 mm
③約0.14 mm
卵(③)　精子(①)

(2) 男性《だんせい》の体内でつくられるのは、卵と精子のうちのどちらですか。
(精子)

(3) 卵が精子と結びつくことを何といいますか。
(受精)

(4) 精子と結びついた卵を何といいますか。
(受精卵)

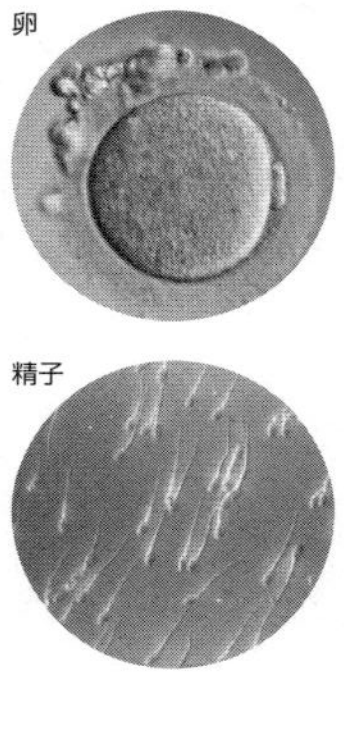

2 次の㋐〜㋔の図は、ヒトの受精卵が母親の体内で育っていくようすを表しています。

㋐(1)　㋑(5)　㋒(2)　㋓(4)　㋔(3)

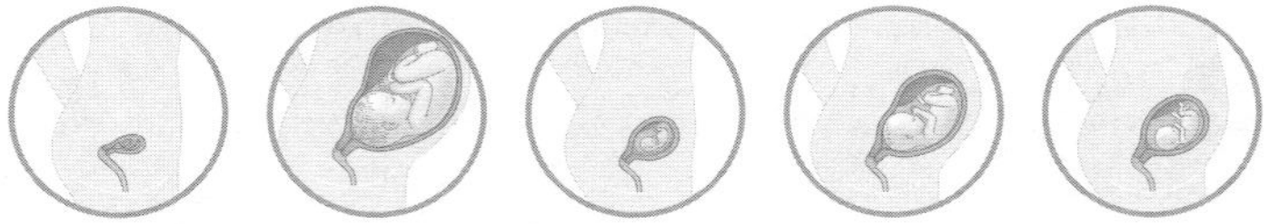

(1) 受精卵は、母親の体内のどこで育ちますか。
(子宮)

(2) 受精卵が育っていく順に、㋐〜㋔の(　)に1〜5の番号をつけましょう。

(3) 次の①〜⑤は、㋐〜㋔を説明しています。それぞれどの図を説明したものですか。記号をかきましょう。
①(㋔)顔や体の形が、よりはっきりわかる。かみの毛やつめが生え始める。
②(㋐)心ぞうが動き始める。
③(㋓)ほねやきん肉が発達して、活発に動くようになる。
④(㋒)手足がはっきりしてきて、ヒトらしい形なる。
⑤(㋑)体重がどんどん増《ふ》えて、体に丸みが出てくる。

39ページ　てびき

1 (1)ヒトの卵《らん》(卵子《らんし》)は約0.14 mm、精子《せいし》は約0.06 mmで、卵のほうが大きいです。
(2)卵は女性《じょせい》の体内でつくられ、精子は男性《だんせい》の体内でつくられます。
(3)(4)卵と精子が結びつくことを受精《じゅせい》といい、受精した卵を受精卵《じゅせいらん》といいます。

2 (2)子宮《しきゅう》の中の子どもは、だんだん大きくなっていくので、㋐→㋒→㋔→㋓→㋑の順になります。
(3)㋐は受精後約4週のようすで、身長約0.4 cm、体重0.02 g、㋒は受精後約10週のようすで、身長約9 cm、体重約20 g、㋔は受精後約18週のようすで、身長約25 cm、体重約250 g、㋓は受精後約26週のようすで、身長約35 cm、体重約1000 g、㋑は受精後約34週のようすで、身長約45 cm、体重約2000 gです。

おうちのかたへ　5. ヒトのたんじょう
動物の発生や成長について学習します。ここでは、ヒトを対象として扱います。子どもが母親の体内で成長して生まれてくることを理解しているか、などがポイントです。

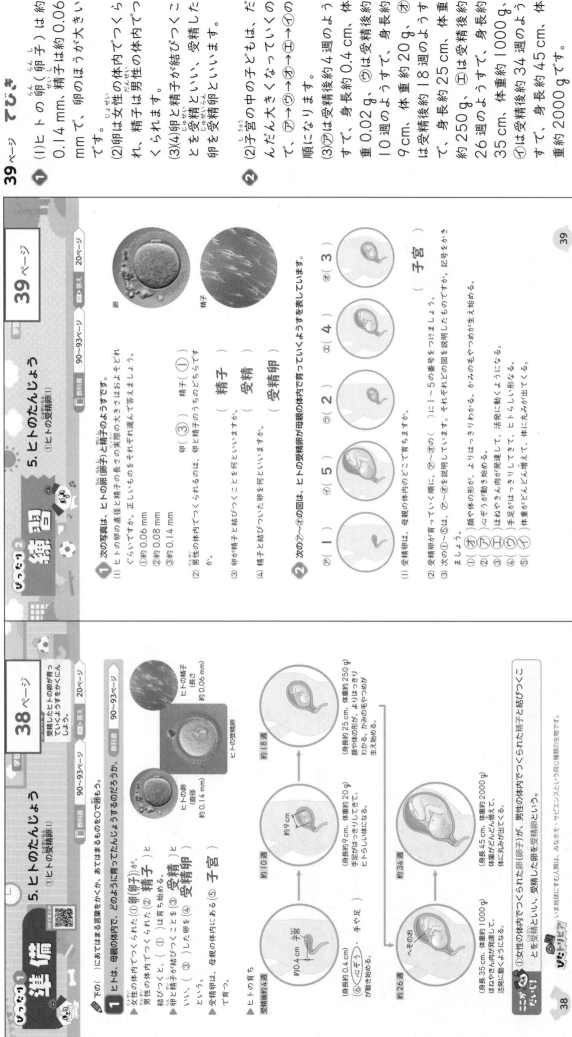

ぴったり1 準備 5. ヒトのたんじょう

①ヒトの受精卵《じゅせいらん》(2)

40ページ

子宮でのヒトの育ちや、ヒトのたんじょうをかくにんしよう。

教科書 94〜96ページ　答え 21ページ

下の(　)にあてはまる言葉をかくか、あてはまるものを○で囲《かこ》もう。

1 子宮《しきゅう》の中のようすは、どうなっているのだろうか。

教科書 94〜96ページ

- ヒトは、母親の(① 子宮)の中で、母親から養分などをもらって育つ。
- 子宮のかべには(② たいばん)があり、へそのおで子どもとつながっている。
- 子どもは、たいばんとへそのおを通して養分など(③ (必要なもの)・ いらないもの)を母親からもらい、いらないものを母親にわたしている。

子宮の中のようす

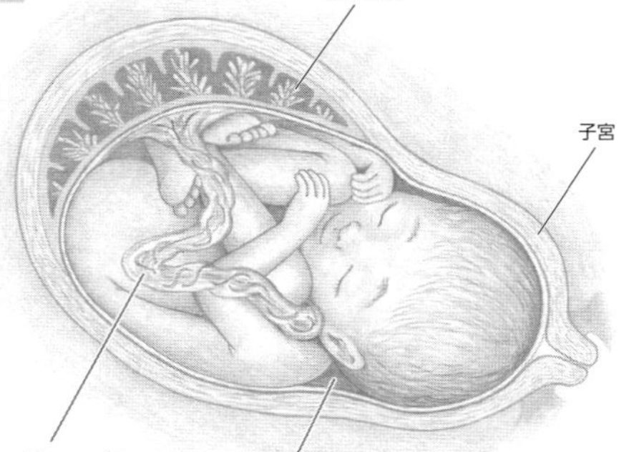

(④ へそのお)

(⑤ 羊水)
子宮の中にある液体《えきたい》で、外部からの力をやわらげ、子どもを守るはたらきがある。

- ヒトでは、受精《じゅせい》して約(⑥ 28 ・(38))週間、母親の子宮で育ち、たんじょうする。
- たんじょうした後、しばらくは、(⑦ 乳)を飲んで育つ。
- たんじょうした子どもが大きくなって、親となり、生命が受けつがれていく。

生まれたばかりのヒトの子ども
身長約 50 cm　体重約 3000 g

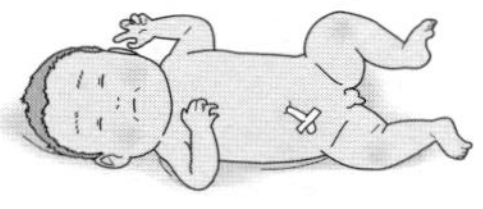

ここが だいじ!
①ヒトは、受精して約 38 週間、母親の子宮で育ち、たんじょうする。
②子どもは、子宮の中で、たいばんとへそのおを通して養分などを受け取り、いらないものをわたしている。
③ヒトは、たんじょうした後、しばらくは、乳《ちち》を飲んで育つ。

ぴたトリビア　ウシやウマ、ヒツジなどは生まれてから1〜2時間で歩けるようになりますが、ヒトの赤ちゃんは歩けるようになるまで長い日数が必要です。

ぴったり2 練習 5. ヒトのたんじょう

①ヒトの受精卵《じゅせいらん》(2)

41ページ

教科書 94〜96ページ　答え 21ページ

1 右の図は、母親の体内にいる子どものようすを表しています。

(1) 子どもがいるのは、母親の体内の何というところですか。

(子宮)

(2) ㋐〜㋒の部分を、それぞれ何といいますか。
　から選んでかきましょう。

㋐(たいばん)
㋑(へそのお)
㋒(羊水)

へそのお　羊水《ようすい》　たいばん

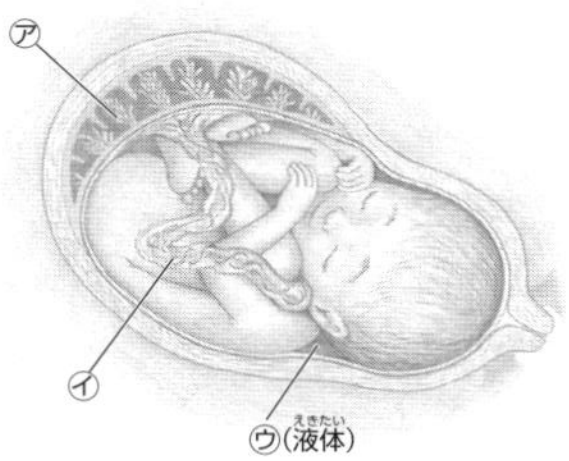

(3) ㋐と㋑はどんなはたらきをしていますか。正しいものを2つ選び、○をつけましょう。
①(○)母親からの養分を、㋐から㋑を通して子どもにわたす。
②(　)母親がいらないものを、㋐から㋑を通して子どもにわたす。
③(　)子どもからの養分を、㋑を通して㋐で母親にわたす。
④(○)子どもがいらないものを、㋑を通して㋐で母親にわたす。

2 右の図は、生まれたばかりのヒトの子どものようすです。

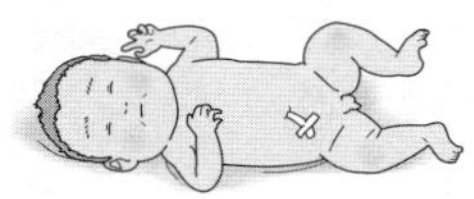

(1) 子どもが母親の体内で育つのは、およそどれくらいの期間ですか。正しいものに○をつけましょう。
①(　)約 18 週間　②(　)約 28 週間
③(○)約 38 週間　④(　)約 48 週間

(2) 生まれたばかりのヒトの子どもの身長はどれくらいですか。正しいものに○をつけましょう。
①(　)約 20 cm　②(○)約 50 cm　③(　)約 80 cm

(3) 生まれたばかりのヒトの子どもの体重はどれくらいですか。正しいものに○をつけましょう。
①(　)約 1000 g　②(　)約 2000 g　③(○)約 3000 g

(4) 生まれた後、子どもは何を飲んで育ちますか。

(乳)

41ページ てびき

1 (1)ヒトの子どもは、母親の体内の子宮《しきゅう》で育ちます。
(2)たいばんは子宮のかべにあり、へそのおで子どもとつながっています。羊水《ようすい》は子宮の中にある液体《えきたい》で、外部からの力をやわらげ、子どもを守るはたらきがあります。
(3)子宮の中の子どもは、母親から養分など必要なものをもらい、いらないものをわたしています。

2 (1)〜(3)最初は直径約 0.14 mm の受精卵《じゅせいらん》が、子宮の中で育ち、約 38 週間で身長約 50 cm、体重約 3000 g の赤ちゃんがたんじょうします。
(4)ヒトの子どもは、たんじょうした後、しばらくは乳《ちち》を飲んで育ちます。

おうちのかたへ
生まれるまでの期間や、生まれたときの身長や体重は目安であり、ヒトによってちがいがあります。

ぴったり3
確かめのテスト
5. ヒトのたんじょう

42ページ

100
合格 70 点

教科書 88〜99ページ　答え 22ページ

よく出る
1 右の写真は、ヒトの卵《らん》(卵子《らんし》)と精子《せいし》のようすです。 (1)、(2)、(3)は1つ5点、(4)は全部できて5点(20点)

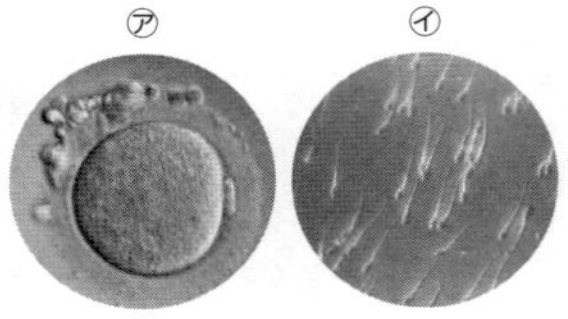

(1) ㋐、㋑のうち、卵はどちらですか。
(㋐)

(2) 精子はどこでつくられますか。正しいほうに○をつけましょう。
①(　)女性《じょせい》の体内
②(○)男性《だんせい》の体内

(3) ㋐の実際《じっさい》の大きさはおよそどれぐらいですか。正しいものに○をつけましょう。
①(○)直径約 0.14 mm
②(　)直径約 0.14 cm
③(　)直径約 0.14 m

(4) 次の文の(　)にあてはまる言葉をかきましょう。

○ 卵と精子が結びつくことを(受精)といい、
○ 精子と結びついた卵を(受精卵)という。

よく出る
2 右の図は、子どもが母親の体内にいるときのようすを表しています。 1つ5点(25点)

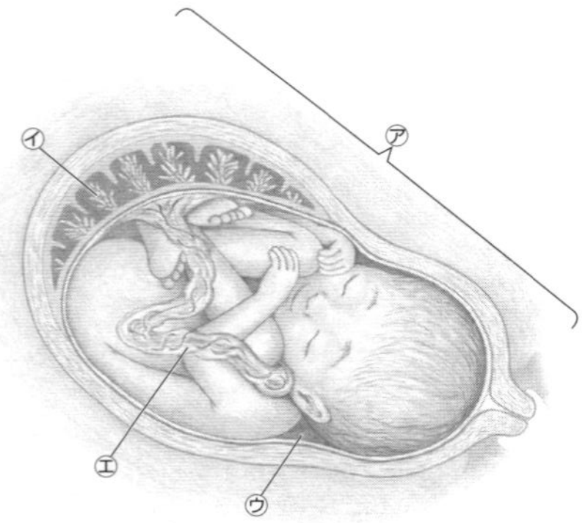

(1) ㋐〜㋓をそれぞれ何といいますか。
㋐(子宮)
㋑(たいばん)
㋒(羊水)
㋓(へそのお)

(2) 外部からの力をやわらげ、子どもを守るはたらきをしている液《えき》体《たい》は、㋐〜㋓のどれですか。
(㋒)

43ページ

3 次の図は、母親の体内で子どもが育つようすを表しています。 1つ5点(25点)

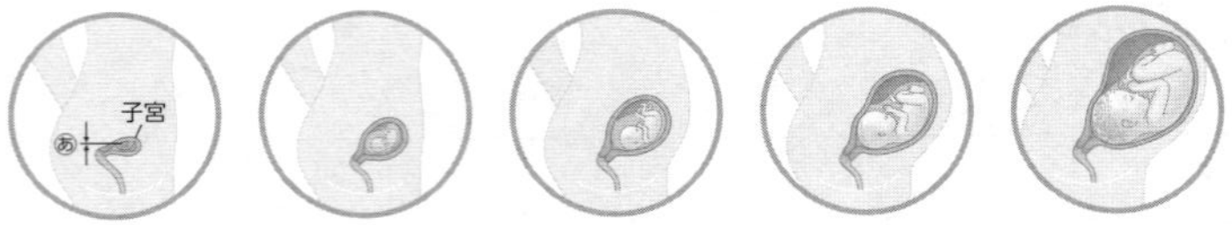

受精後 約4週　受精後 約10週　受精後 約18週　受精後 約26週　受精後 約34週

(1) 受精《じゅせい》後4週めの子どもの大きさ(あ)はどれぐらいですか。正しいものに○をつけましょう。
①(　)約 0.1 mm　②(○)約 0.4 cm　③(　)約 4 cm

(2) 手足がはっきりしてくるのは、受精後約何週のころですか。
((約)10週)

(3) 子どもがたんじょうするのは、受精してから何週間のころですか。正しいものに○をつけましょう。
①(　)約 35 週間　②(○)約 38 週間　③(　)約 50 週間

(4) たんじょうするとき、子どもの身長と体重はおよそどれぐらいになっていますか。正しいものにそれぞれ○をつけましょう。
身長　①(　) 30 cm　②(○) 50 cm　③(　) 70 cm
体重　①(○) 3000 g　②(　) 6000 g　③(　) 10000 g

できたらスゴイ!
4 ヒトのたんじょうについて、次の問いに答えましょう。 1つ10点(30点)

(1) 記述 へそのおのはたらきを、次の▭の言葉をすべて使って説明しましょう。 思考・表現

子宮《しきゅう》の中の子ども　へそのお　たいばん　養分　いらないもの

(子宮の中の子どもは、たいばんとへそのおを通して、母親から養分などを受け取り、いらないものをわたしている。)

(2) 次の①〜⑤は、ヒトのたんじょうについて説明しています。メダカのたんじょうの場合とちがうもの2つに○をつけましょう。
①(　)受精卵《じゅせいらん》をつくるためには男性と女性が必要である。
②(　)受精卵が育って子どもがたんじょうする。
③(○)受精卵は母親の体内で母親から養分をもらいながら育つ。
④(○)受精して約 38 週間で子どもがたんじょうする。
⑤(　)子どもが親になり、また子どもをつくって生命を受けついでいく。

ふりかえり
1 がわからないときは、38 ページの 1 にもどってかくにんしてみましょう。
2 がわからないときは、40 ページの 1 にもどってかくにんしてみましょう。

42〜43ページ てびき

1 (2)卵《らん》は女性《じょせい》の体内で、精子《せいし》は男性《だんせい》の体内でつくられます。

2 (1)子どもがいる㋐を子宮《しきゅう》、子宮のかべにある㋑をたいばん、たいばんと子どもをつなぐ㋓をへそのお、子宮の中にある液体《えきたい》㋒を羊水《ようすい》といいます。

3 (1)卵の大きさは直径約 0.14 mm で、受精《じゅせい》後4週で 0.4 cm です。
(3)(4)受精して約 38 週間で、身長約 50 cm、体重約 3000 g に育ってたんじょうします。

4 (1)子宮の中の子どもは、へそのおでたいばんとつながっています。へそのおは、養分など必要なものや、いらないものが通ります。
(2)③メダカの受精卵は水中で育つので、母親から養分をもらうことはなく、たまごにふくまれている養分を使って育ちます。
④子メダカは、受精後約2週間でたんじょうします。

ぴったり1 準備

6. 流れる水のはたらき

①地面を流れる水
②川の流れとそのはたらき(1)

3分でまとめ

学習 44ページ

流れる水にはどのようなはたらきがあるのか、かくにんしよう。

教科書 104〜109ページ　答え 23ページ

下の(　)にあてはまる言葉をかくか、あてはまるものを○で囲《かこ》もう。

1 流れる水には、どんなはたらきがあるのだろうか。　教科書 104〜106ページ

▶土をしいて地面をつくり、みぞをつけ、水を流す実験

(1)コップの近くでは、流れが速く、地面の(① 底)がけずられる。

(2)曲がって流れているところの(② (外側) ・ 内側)では、水の流れが速く、地面がけずられる。

(3)出口では、流れがゆるやかになり、運ばれてきた土が(③ けずられる ・ (積もる))。

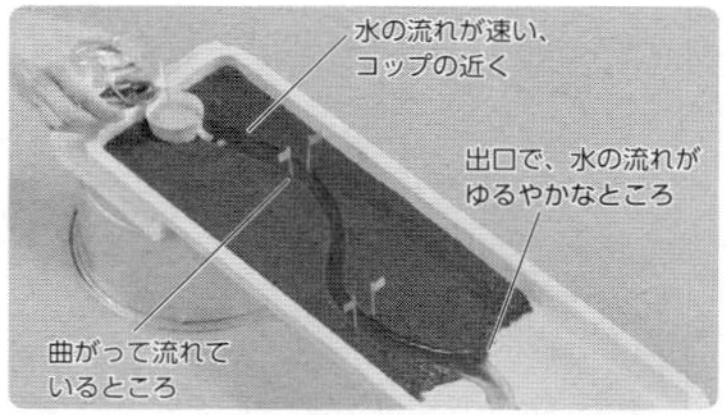

▶流れる水が地面をけずるはたらきを(④ しん食)、土を運ぶはたらきを(⑤ 運ぱん)、積もらせるはたらきを(⑥ たい積)という。

2 実際《じっさい》の川でも、流れる場所によって、川のようすにちがいがあるのだろうか。　教科書 107〜109ページ

▶川が曲がったところの外側では、流れが、(① (速く) ・ ゆるやかで)、(② 浅く ・ (深く))なっている。

▶川が曲がったところの内側では、流れが(③ 速く ・ (ゆるやかで))、(④ 角ばった ・ (丸みのある))石やすなが積もって川原《かわら》が広がっている。

ここがだいじ！
①流れる水には、地面をけずる(しん食)、土を運ぶ(運ぱん)、土を積もらせる(たい積)はたらきがある。
②川の曲がったところでは、流れの速い外側がしん食され、流れのゆるやかな内側でたい積している。

ぴたトリビア　山の上から流れた川は、川底をしん食して、長い年月をかけて深い谷をつくります。このようにしてできた地形は、アルファベットのＶ《ブイ》の字に似ていることから「V字谷」とよばれます。

ぴったり2 練習

6. 流れる水のはたらき

①地面を流れる水
②川の流れとそのはたらき(1)

学習 45ページ

教科書 104〜109ページ　答え 23ページ

1 写真のように、土をしいて地面をつくり、みぞに水が流れるようにして、地面の変化を調べました。

(1) みぞに水を流すと、曲がって流れているところはどうなりますか。正しいものに○をつけましょう。

ア(○)外側がけずられる。
イ(　)内側がけずられる。
ウ(　)外側も内側もけずられない。

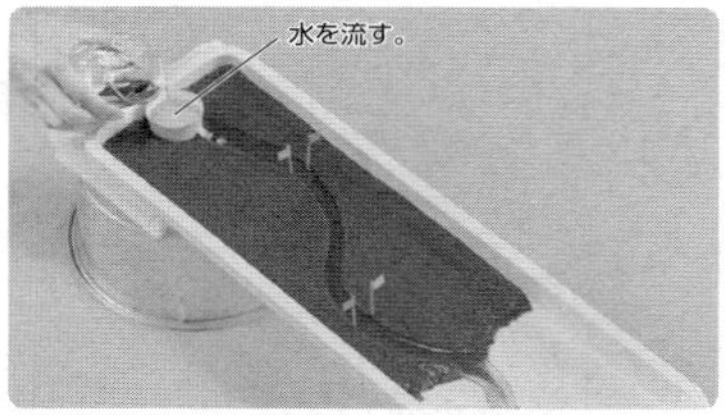

(2) 水の流れが速いコップの近くではどうなりますか。正しいほうに○をつけましょう。

ア(○)底がけずられる。
イ(　)土が積もる。

(3) 水の流れがゆるやかな出口ではどうなりますか。正しいほうに○をつけましょう。

ア(　)底がけずられる。
イ(○)土が積もっていく。

2 図のような川の曲がったところを観察しました。

(1) けずられてがけになっているのは㋐、㋑のどちらですか。

(㋑)

(2) 石やすなが積もっているのは㋐、㋑のどちらですか。

(㋐)

(3) 図の　に入る川の中のようすとして、正しいものは①、②のどちらですか。

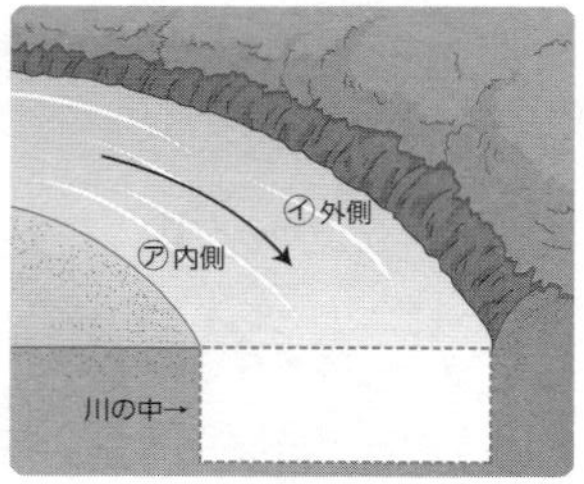

①
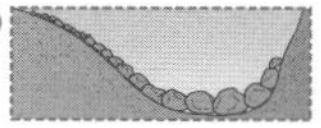
②
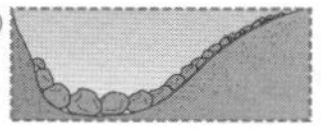

(①)

45ページ　てびき

1 (1)曲がっているところでは、外側のほうが水の流れが速く、地面がけずられます。
(2)(3)水の流れが速いところでは地面の底がけずられ、流れがゆるやかなところでは運ばれてきた土が積もります。

2 (1)(2)川が曲がったところでは、流れの速い外側がけずられてがけになり、流れがゆるやかな内側には石やすなが積もります。
(3)実際《じっさい》の川は、外側は流れが速くて深く、内側は流れがゆるやかで浅いので、外側のほうが深い図を選びます。

おうちのかたへ
川のはたらきによる地形が出てきますが、「扇状地」「三角州」といった用語は小学校で扱っていません。これらの用語は中学校社会（地理）で学習します。

おうちのかたへ　6. 流れる水のはたらき
流れる水のはたらきと土地の変化について学習します。ここでは、流れる水が土地を侵食したり、土や石を運搬したり堆積したりすることを理解しているか、実際の川の様子を観察して、上流と下流の様子の違いや土地の様子をとらえることができるか、などがポイントです。

ぴったり1 準備

6. 流れる水のはたらき

②川の流れとそのはたらき(2)
③流れる水の量が変わるとき

地面のかたむきや水の量と流れる水のはたらきについて、かくにんしよう。

教科書 110～115ページ　答え 24ページ

下の(　)にあてはまる言葉をかくか、あてはまるものを○で囲《かこ》もう。

1 実際《じっさい》の川でも、流れる場所によって、川のようすにちがいがあるのだろうか。 教科書 110～111ページ

▶山の中では川はばがせまく、流れが
(①(速く)・ゆるやかで)、大きくて
(② 角ばった)石が多く見られる。
また、深く険《けわ》しい谷などができる。
▶平地や海の近くでは川はばが広くなり、流れが
(③ 速く・(ゆるやかで))、小さくて
(④丸い(丸みのある))石やすなが多く見られる。また、土が広く積もる。

2 水の量が増《ふ》えると、流れる水のはたらきには、どんな変化があるのだろうか。 教科書 112～115ページ

▶水の量が増えると、水の流れが速くなり、曲がったところの外側は大きくけずられ、運ばれる土の量が(①(増える)・減る)。
▶流れる水の量が増えると、しん食したり、運ぱんしたりするはたらきが
(②(大きく)・小さく)なる。
▶大雨で川の水が増えると、流れる水のはたらきが大きくなり、川岸をけずったり、川の外に水があふれたりして、(③ 災害)が起こることがある。

ここがだいじ!
①山の中、平地、海の近くでは、川はばや流れの速さ、川原《かわら》の石の形や大きさなどがちがう。
②流れる水は、水の量が増えると、しん食したり、運ぱんしたりするはたらきが大きくなる。

ぴたトリビア　谷から平地に川が出ると水の流れる速さがおそくなるため、運んできた土がたい積していきます。このような場所では、おうぎ状《じょう》にたい積した地形ができるため、「扇状地《せんじょうち》」とよばれます。

ぴったり2 練習

6. 流れる水のはたらき

②川の流れとそのはたらき(2)
③流れる水の量が変わるとき

教科書 110～115ページ　答え 24ページ

1 山から海へと流れる川のようすのちがいを調べました。

(1) ①～③で、流れがいちばん速いのはどこですか。
(①)
(2) ①～③で、川はばがいちばん広いのはどこですか。
(③)
(3) ㋐～㋒の石やすなは、それぞれ①～③のどこでよく見られますか。(　)に番号をかきましょう。
㋐(③)　㋑(②)　㋒(①)

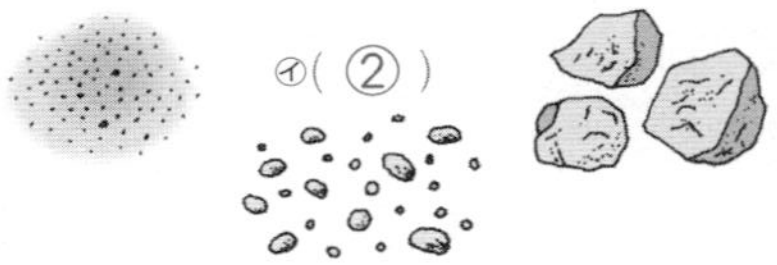

(4) ア～ウの地形がよく見られるのは、①～③のどの場所ですか。番号をかきましょう。
ア(②)土砂《どしゃ》がおうぎ状《じょう》にたい積している。
イ(①)深く険《けわ》しい谷。
ウ(③)三角形に土が広く積もっている。

2 写真のように、土をしいて地面をつくり、水の量が増《ふ》えると流れる水のはたらきが変化するかどうかを調べました。

(1) 水の量が増えると、曲がって流れているところはどうなりますか。正しいものに○をつけましょう。
ア(○)外側のけずられ方が大きくなる。
イ(　)外側のけずられ方が小さくなる。
ウ(　)外側のけずられ方は変わらない。
(2) 水の量が増えると、運ばれる土の量はどうなりますか。正しいほうに○をつけましょう。
ア(○)運ばれる土の量は増える。
イ(　)運ばれる土の量は減る。
(3) 水の量が増えると、しん食したり、運ぱんしたりするはたらきは大きくなるといえますか、いえませんか。
(いえる。)

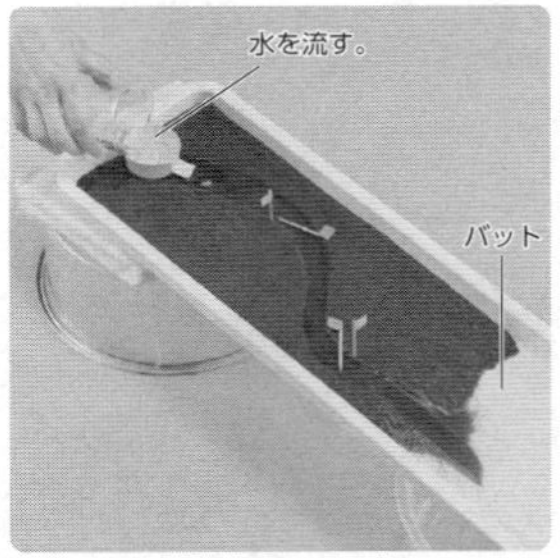

ヒント ❶❷ 流れが速いとしん食する(けずる)はたらきも大きいことから考えましょう。

47ページ　てびき

❶ (1)山の中のほうが、かたむきが急で、流れが速いです。
(2)平地や海の近くでは、川はばが広くなり、流れがゆるやかです。
(3)山の中では、大きくて角ばった石が多く見られます。平地や海の近くでは、小さくて丸い石やすなが多く見られます。
(4)山の中では地面がけずられて、深く険《けわ》しい谷ができます。平地や海の近くでは、土がたい積した地形ができます。

❷ 水の量が増《ふ》えると、水の流れが速くなり、曲がったところの外側は大きくけずられ、運ばれる土の量が増えます。つまり、しん食したり、運ぱんしたりするはたらきが大きくなります。

ぴったり3 確かめのテスト。

6. 流れる水のはたらき

48ページ

/100 合格 70 点

教科書 102〜121ページ　答え 25ページ

よく出る

1 図のようなそうちを使って、土のしゃ面をつくってみぞをつけ、みぞに水を流しました。

(1)〜(3)は1つ5点、(4)は全部できて10点(25点)

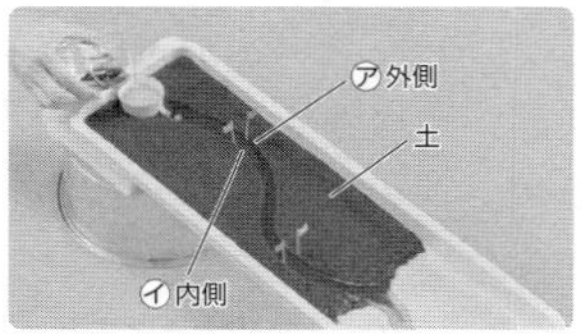

(1) 水の流れが速いのは、㋐と㋑のどちらですか。
（ ㋐ ）

(2) 流れる水が土をけずるはたらきが大きいのは、㋐と㋑のどちらですか。
（ ㋐ ）

(3) 流す水の量を増《ふ》やすと、土をけずったり、運んだりするはたらきはどうなりますか。
（ 大きくなる。）

(4) 流れる水のはたらきについて、あてはまるものを線でつなぎましょう。

しん食	土をけずるはたらき
運ぱん	土を積もらせるはたらき
たい積	土を運ぶはたらき

（しん食—土をけずるはたらき、運ぱん—土を運ぶはたらき、たい積—土を積もらせるはたらき）

2 図は、川の曲がって流れているところのようすを表しています。

1つ5点(15点)

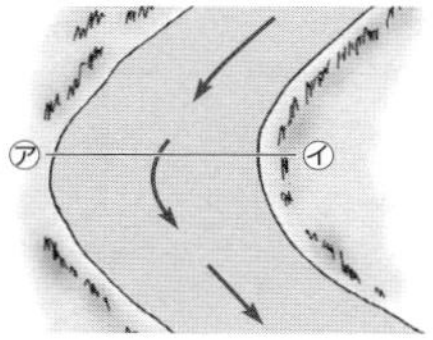

(1) 川の水は、→の向きに流れています。流れが速く、川の深さが深くなっているのは、川が曲がったところの外側と内側のどちらですか。
（ 外側 ）

(2) 石やすなが積もって川原《かわら》になりやすいのは、川が曲がったところの外側と内側のどちらですか。
（ 内側 ）

(3) この川を㋐—㋑で切って、川のようすを見てみると、どうなっていますか。正しいものに○をつけましょう。

ア（　）

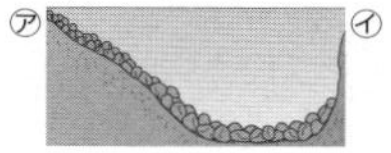

イ（　）

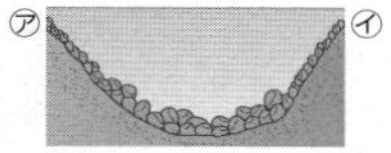

ウ（○）

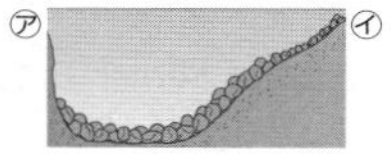

学習

49ページ

よく出る

3 実際《じっさい》の川で、①山の中、②平地、③海の近くで、川のようすにちがいがあるかどうかを調べました。

1つ5点(35点)

(1) ①〜③のうち、流れがおそく、土が積もるはたらきが大きいのはどこですか。
（ ③ ）

(2) ①〜③のうち、深く険《けわ》しい谷ができているのはどこですか。
（ ① ）

(3) ②で、水の流れが速いのは、曲がって流れているところの外側と内側のどちらですか。
（ 外側 ）

(4) ①〜③のうち、大きくて角ばった石が見られるのはどこですか。
（ ① ）

(5) ア〜ウの石はそれぞれ、①〜③のどこで見られる石ですか。

ア（ ③ ）　イ（ ① ）　ウ（ ② ）

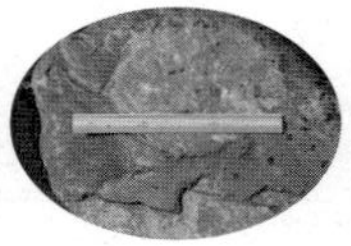

できたらスゴイ！

4 長い間雨がふり続いたり、台風《たいふう》などで短時間に大雨がふったりすることがあります。

(1)、(2)は1つ5点、(3)は10点(25点)

(1) 大雨がふって、ふだんより川の水の量が増える と、①水の流れる速さ、②川の水が川岸をけずるはたらきは、それぞれどうなりますか。
①（ 速くなる。）
②（ 大きくなる。）

(2) 図のようなところで、川岸にてい防《ぼう》をつくるとすれば、どこにつくればよいですか。正しいほうに○をつけましょう。
ア（○）流れの外側につくる。
イ（　）流れの内側につくる。

(3) 記述 (2)のように答えた理由をかきましょう。　思考・表現
（流れの外側のほうが（流れが速く）、川岸をけずるはたらきが大きいから。）

ふりかえり
❶がわからないときは、44ページの1と46ページの2にもどってかくにんしてみましょう。
❸がわからないときは、44ページの2と46ページの1にもどってかくにんしてみましょう。

48〜49ページ　てびき

1 (1)(2)外側のほうが流れが速く、より多くの土がけずられます。

2 (1)流れが速い外側は川岸がけずられ、深くなっています。
(2)流れがおそい内側には、石やすなが積もります。
(3)外側㋐に近いほうが深い図を選びます。

3 (1)流れがゆるやかな平地や海の近くでは、土を積もらせるはたらきが多くなります。
(2)山の中では、流れが速く、深く険《けわ》しい谷ができます。
(3)曲がって流れているところは、外側のほうが流れが速いです。
(4)(5)山の中のほうの石ほど、大きく角ばっていて、海の近くになるほど小さくて丸みのある石になります。

4 (1)川の水が増《ふ》えると、流れが速くなり、流れる水のはたらきも大きくなります。
(2)(3)流れが速く、しん食されやすい外側にてい防《ぼう》をつくるほうがよいです。

ぴったり1 準備　50ページ

7. ふりこのきまり
①ふりこが1往復《おうふく》する時間(1)

ふれはばを変えて、ふりこが1往復する時間のきまりをかくにんしよう。

教科書 123~128ページ　答え 26ページ

下の(　)にあてはまる言葉をかくか、あてはまるものを○で囲《かこ》もう。

1 ふりこをふってみよう。　教科書 123~124ページ

▶糸などにおもりをつるして、ふれるようにしたものを(① **ふりこ**)という。
・ふれの真ん中の位置から、ふり始めた位置までの角度を(② **ふれはば**)という。
・糸をつるす点からおもりの中心までの長さをふりこの(③ **長さ**)という。

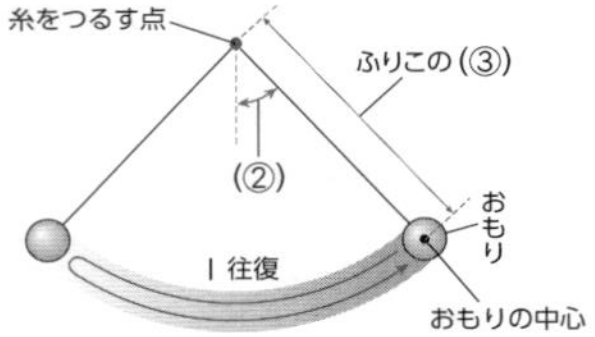

2 ふれはばを変えると、1往復する時間は変わるのだろうか。　教科書 125~128ページ

▶ふりこが1往復する時間は、何度かの測定《そくてい》結果を(① **平均**)して求める。

ふれはば(°)	10往復する時間(秒) 1回め	2回め	3回め	10往復する時間の合計(秒)		10往復する平均《へいきん》の時間(秒)		1往復する平均の時間(秒)
10					÷3		÷10	
20					÷3		÷10	
30					÷3		÷10	

❶10往復する時間をはかる。(3回以上)
❷10往復する時間を合計する。
❸10往復する時間の合計を、はかった回数でわる。
❹10往復する時間を10でわり、1往復する時間を求める。

▶1往復する時間と、ふれはばの関係を調べる。

変える条件《じょうけん》
ふれはば(10°、20°、30°)
同じ条件
●おもりの重さ(10g) ●ふりこの長さ(50cm)

結果(例)

ふれはば(°)	1往復する平均の時間(秒)
10	1.4
20	1.4
30	1.4

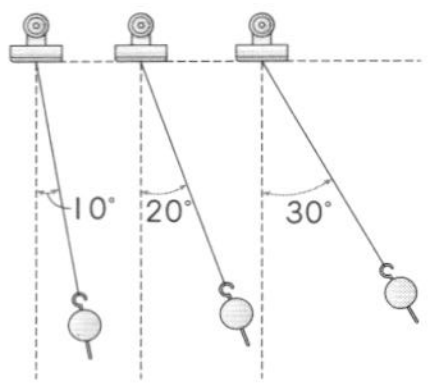

▶ふれはばを変えても、ふりこが1往復する時間は(② 変わる ・ (変わらない))。

ここがだいじ!
①糸などにおもりをつるして、ふれるようにしたものをふりこという。
②ふれはばを変えても、ふりこが1往復する時間は変わらない。

ぴたトリビア　イタリアの科学者ガリレオが発見したふりこのきまりを使って、1656年にオランダの科学者ホイヘンスがふりこを使った時計のしくみを発明しました。

ぴったり2 練習　51ページ

7. ふりこのきまり
①ふりこが1往復《おうふく》する時間(1)

教科書 124~128ページ　答え 26ページ

1 糸におもりをつるして、ふりこをつくりました。

(1) ふりこの長さは、㋐~㋒のどれですか。　(㋑)

(2) ふれはばは、㋕、㋖のどちらですか。　(㋕)

(3) ふりこを①からふらせます。ふりこの1往復とは、どこからどこまでですか。正しいものに○をつけましょう。

ア(　)①→②→①
イ(　)①→②→③
ウ(　)①→②→③→②
エ(○)①→②→③→②→①

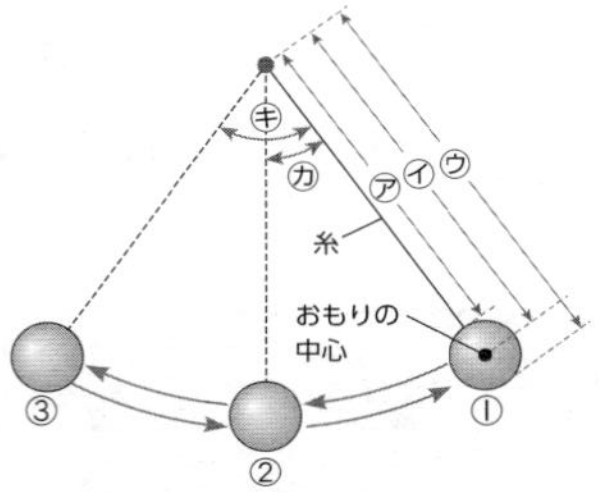

2 ふれはばを変えて、ふりこが1往復する時間を調べました。

ふれはば(°)	10往復する時間(秒) 1回め	2回め	3回め	10往復する時間の合計(秒)		10往復する平均《へいきん》の時間(秒)		1往復する平均の時間(秒)
10	14.2	14.2	14.1	42.5	÷3	14.2	÷10	③
20	14.1	14.3	14.2	42.6	÷3	②	÷10	1.4
30	14.2	14.3	14.3	①	÷3	14.3	÷10	1.4

(1) この実験をするときに変える条件《じょうけん》に○をつけましょう。

ア(　)ふりこにつるすおもりの重さ
イ(　)ふりこの長さ
ウ(○)ふれはば

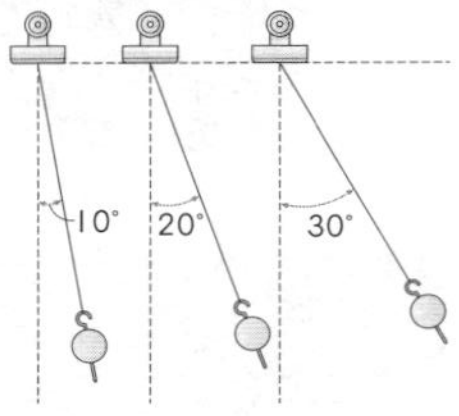

(2) ①~③にあてはまる数をかきましょう。ただし、小数第2位を四捨五入《ししゃごにゅう》して求めます。

①14.2+14.3+14.3=42.8　①(**42.8**)
②42.6÷3=14.2　②(**14.2**)
③14.2÷10=1.42　③(**1.4**)

(3) ふれはばを変えたとき、ふりこが1往復する時間は変わりますか、変わりませんか。
(**変わらない。**)

ヒント
❶ おもりをふらせ始めてから、ふり始めた位置にもどるまでが1往復です。
❷ (2)小数第2位を四捨五入するので、例えば、1.44なら1.4、1.45なら1.5となります。

おうちのかたへ　7. ふりこのきまり
ふりこが1往復する時間の規則性について学習します。ふりこが1往復する時間が何によって変わるのか・変わらないのかを理解しているか、などがポイントです。

51ページ　てびき

❶ (1)ふりこの長さは、糸をつるす点からおもりの中心までの長さです。糸の長さではありません。
(2)ふれはばは、ふれの真ん中の位置から、ふり始めた位置までの角度です。
(3)ふりこの1往復《おうふく》は、ふり始めた位置にもどるまでです。①からふらせたので、③まで行って、①にもどるまでが1往復になります。

❷ (1)ふれはばを変えます。おもりの重さやふりこの長さは変えません。
(2)③計算で求めた1.42の小数第2位を四捨五入《ししゃごにゅう》するので、答えは1.4となります。
(3)ふれはばを変えても、ふりこが1往復する時間は変わりません。

おうちのかたへ
四捨五入は4年の算数で学習していますが、平均は5年の算数で学習します。そのため、平均は算数より先に理科で学習する可能性があります。

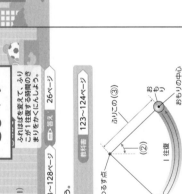

ぴったり1 準備

7.ふりこのきまり
①ふりこが1往復《おうふく》する時間(2)

学習 **52ページ**

重さや長さを変えて、ふりこが1往復する時間のきまりをかくにんしよう。

教科書 129〜132ページ　答え 27ページ

下の(　)にあてはまるものを○で囲《かこ》もう。

1 おもりの重さやふりこの長さを変えると、1往復する時間は変わるのだろうか。 教科書 129〜132ページ

▶1往復する時間と、おもりの重さの関係を調べる。

変える条件《じょうけん》
おもりの重さ（10g、20g、30g）
同じ条件
●ふれはば(30°) ●ふりこの長さ(50 cm)

結果(例)

おもりの重さ(g)	1往復する平均《へいきん》の時間(秒)
10	1.4
20	1.4
30	1.4

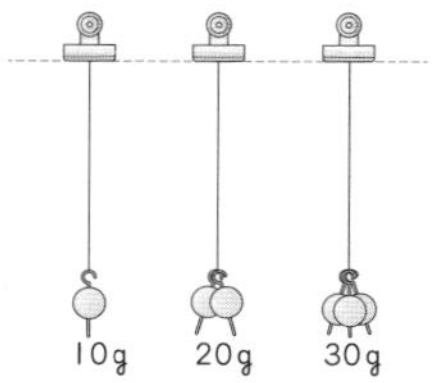

▶おもりの重さが変わっても、ふりこが1往復する時間は(①　変わる　・（変わらない）)。

▶1往復する時間と、ふりこの長さの関係を調べる。

変える条件
ふりこの長さ（25 cm、50 cm、75 cm）
同じ条件
●ふれはば(30°) ●おもりの重さ(10 g)

結果(例)

ふりこの長さ(cm)	1往復する平均の時間(秒)
25	1.0
50	1.4
75	1.7

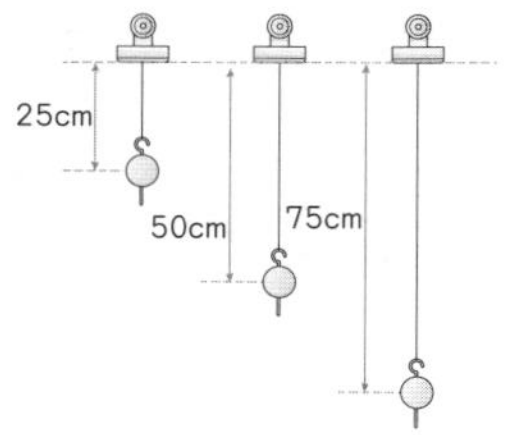

▶ふりこが1往復する時間は、ふりこの長さで変わる。
・ふりこを長くすると、1往復する時間は
(②（長くなる）・　短くなる　)。
・ふりこを短くすると、1往復する時間は
(③　長くなる　・（短くなる）)。

ふりこが1往復する時間は、ふりこの長さで変わるんだね。

ここがだいじ!
①ふりこが1往復する時間は、ふりこの長さで変わる。
②ふりこの長さが同じならば、ふれはばやおもりの重さを変えても、1往復する時間は変わらない。

ぴたトリビア　同じ長さのふりこが1往復する時間が、おもりの重さやふれはばを変えても変わらないことを「ふりこの等時性《とうじせい》」といいます。

ぴったり2 練習

7.ふりこのきまり
①ふりこが1往復《おうふく》する時間(2)

学習 **53ページ**

教科書 129〜132ページ　答え 27ページ

1 おもりの重さを変えて、ふりこが1往復する時間を調べました。

(1) つるすおもりの数を変えて、重さを変えます。おもり1個を㋐のようにつるしたとき、おもり2個をつるすときにはどのようにつるせばよいですか。正しいものに○をつけましょう。
①(○)㋑のようにつるす。
②(　)㋒のようにつるす。
③(　)㋑でも㋒でもどちらでもよい。

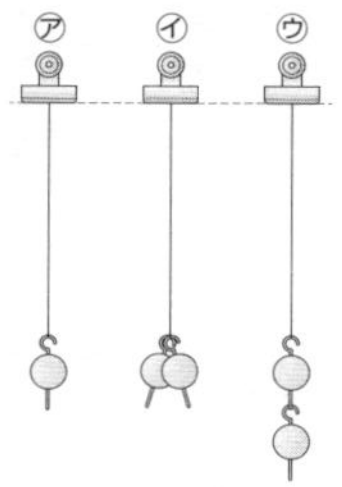

(2) ふりこの重さを変えると、ふりこが1往復する時間は変わりますか、変わりませんか。
(　変わらない。　)

2 ふりこの長さを変えて、ふりこが1往復する時間を調べました。

ふりこの長さ(cm)	10往復する時間(秒) 1回め	2回め	3回め	10往復する時間の合計(秒)		10往復する平均《へいきん》の時間(秒)		1往復する平均の時間(秒)
25	10.1	10.1	10.0	①	÷3	10.1	÷10	1.0
50	14.2	14.2	14.1	42.5	÷3	②	÷10	1.4
75	17.3	17.3	17.2	51.8	÷3	17.3	÷10	③

(1) この実験をするときに変える条件《じょうけん》に○をつけましょう。
ア(　)ふりこにつるすおもりの重さ
イ(○)ふりこの長さ
ウ(　)ふれはば

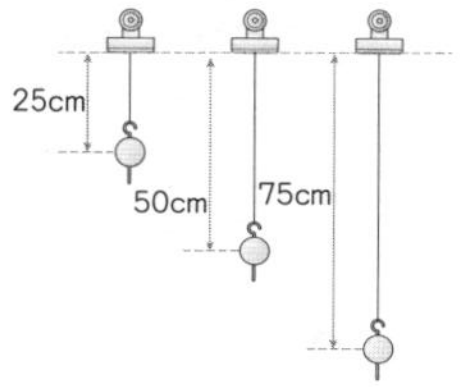

(2) ①〜③にあてはまる数をかきましょう。ただし、小数第2位を四捨五入《ししゃごにゅう》して求めます。
①10.1＋10.1＋10.0＝30.2　①(　30.2　)
②42.5÷3＝14.16…　②(　14.2　)
③17.3÷10＝1.73　③(　1.7　)

(3) ふりこの長さを変えたとき、ふりこが1往復する時間はどうなりますか。(　)にあてはまる言葉をかきましょう。

ふりこの長さを変えると、ふりこが1往復する時間は(　変わる　)。
ふりこを長くすると、1往復する時間は(　長く　)なり、
ふりこを(　短く　)すると、1往復する時間は短くなる。

53ページ　てびき

1 (1)ふりこの長さは、糸をつるす点からおもりの中心までの長さです。㋒のようにつるすと、糸の長さは変わりませんが、ふりこの長さは変わってしまいます。ふりこの長さを変えないようにするには、㋑のようにつるします。
(2)おもりの重さを変えても、ふりこが1往復《おうふく》する時間は変わりません。

2 (1)ふりこの長さを変えます。おもりの重さやふれはばは変えません。
(2)②計算で求めた14.16…の小数第2位を四捨五入《ししゃごにゅう》するので、14.2となります。
③計算で求めた1.73の小数第2位を四捨五入するので、1.7となります。
(3)ふりこの長さを変えると、ふりこが1往復する時間は変わります。ふりこの長さが同じなら、ふれはばやおもりの重さを変えても、1往復する時間は変わりません。

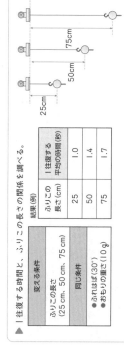

ぴったり３ 確かめのテスト。

7.ふりこのきまり

／100 合格 70 点

教科書 122〜135ページ　答え 28ページ

よく出る

１ 糸におもりをつるして、ふりこをふらせました。　1つ5点(25点)

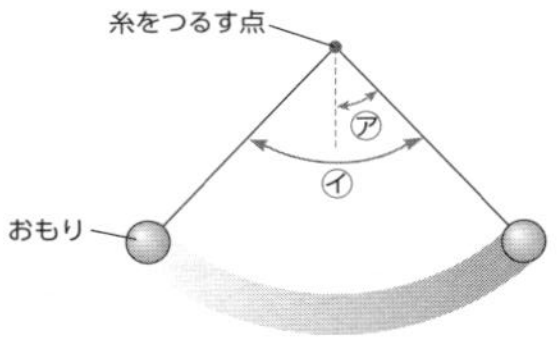

糸をつるす点
㋐
㋑
おもり

(1) ふりこの長さとは、①〜③のどれですか。正しいものに○をつけましょう。

①(　)おもりをつるす糸の長さ

②(○)糸をつるす点からおもりの中心までの長さ

③(　)糸をつるす点からおもりの下はしまでの長さ

(2) ふれはばは、㋐と㋑のどちらの角度のことですか。　(㋐)

(3) ①〜③のうち、ふりこが１往復《おうふく》する時間について正しいものには○を、正しくないものには×をつけましょう。

①(○)ふれはばを変えても、ふりこが１往復する時間は変わらない。

②(×)おもりの重さが重いほど、ふりこが１往復する時間は長くなる。

③(×)ふりこの長さを変えても、１往復する時間は変わらない。

２ ふりこが１往復する時間を３回測定《そくてい》して、表にまとめました。ここから、ふりこが１往復する時間を求めます。　技能 1つ5点(15点)

10往復する時間(秒)			10往復する時間の合計(秒)		10往復する平均の時間(秒)		1往復する平均の時間(秒)
1回め	2回め	3回め					
14.2	14.2	14.1	①	÷3	②	÷10	③

(1) ふりこが10往復する時間の合計(①)は何秒ですか。

14.2+14.2+14.1=42.5　(42.5 秒)

(2) 10往復する平均《へいきん》の時間(②)は何秒ですか。小数第２位を四捨五入《ししゃごにゅう》して求めましょう。

42.5÷3=14.16…　小数第2位を四捨五入すると14.2　(14.2 秒)

(3) ふりこが１往復する平均の時間(③)は何秒ですか。小数第２位を四捨五入して求めましょう。

14.2÷10=1.42　小数第2位を四捨五入すると1.4　(1.4 秒)

できたらスゴイ！

３ ①〜④の４つのふりこで、ふりこが１往復する時間を比《くら》べる実験をしました。　思考・表現

(1)、(2)、(3)、(5)、(6)は1つ6点、(4)は12点、(7)は全部できて18点(60点)

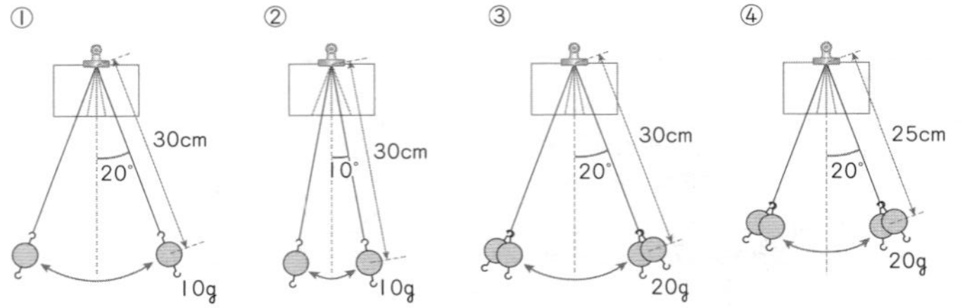

①
30cm
20°
10g
②
30cm
10°
10g
③
30cm
20°
20g
④
25cm
20°
20g

(1) ①〜④のふりこのうち、１つだけふれはばがちがうのはどれですか。　(②)

(2) (1)で答えたふりこのふれはばはいくらかきましょう。　(10°)

(3) ①〜④のふりこで、おもりの重さと、ふりこが１往復する時間の関係を調べるとき、①とどれを比べればよいですか。正しいものに○をつけましょう。

ア(　)①と②

イ(○)①と③

ウ(　)①と④

(4) ①〜④のふりこで、ふりこの長さと、ふりこが１往復する時間の関係を調べるとき、どれとどれを比べればよいですか。　(③ と ④)

(5) ①〜④のふりこで、ふりこが１往復する時間がいちばん短いのはどれですか。　(④)

(6) (5)で答えた以外の３つのふりこでは、１往復する時間はどのようになりますか。正しいものに○をつけましょう。

ア(○)１往復する時間はすべて同じになる。

イ(　)１往復する時間は、２つが同じで、１つはそれよりおそい。

ウ(　)１往復する時間は、すべてちがう。

(7) ア〜カで、正しいものすべてに○をつけましょう。

ア(　)ふりこのふれはばによって、ふりこが１往復する時間は変わる。

イ(○)ふりこのふれはばを大きくしても、ふりこが１往復する時間は変わらない。

ウ(　)おもりの重さによって、ふりこが１往復する時間は変わる。

エ(○)おもりの重さによって、ふりこが１往復する時間は変わらない。

オ(○)ふりこの長さによって、ふりこが１往復する時間は変わる。

カ(　)ふりこの長さを長くしても、ふりこが１往復する時間は変わらない。

この本の終わりにある「冬のチャレンジテスト」をやってみよう！

ふりかえり　１がわからないときは、50ページの１２と52ページの１にもどってかくにんしてみましょう。
３がわからないときは、50ページの２と52ページの１にもどってかくにんしてみましょう。

54〜55ページ　てびき

１ (1)(2)ふりこの長さ、ふりこのふれはば、ふりこの１往《おう》復《ふく》がどこをさすのか、見直しておきましょう。

(3)ふりこが１往復する時間は、ふりこの長さで変わります。

２ 平均《へいきん》の求め方や四捨五入《ししゃごにゅう》のしかたを見直しておきましょう。

３ (1)(2)②だけ、ふれはばが10°です。それ以外はすべて20°です。

(3)①と②はふれはばがちがいます。①と④はおもりの重さとふりこの長さがちがいます。

(4)ふりこの長さの条件《じょうけん》だけがちがうのは、③と④です。

(5)ふりこの長さを短くすると、１往復する時間が短くなります。そのため、ふりこの長さが①〜③よりも短い④が、１往復する時間がいちばん短いです。

(6)ふりこの長さが同じなら、ふれはばやおもりの重さを変えても、１往復する時間は変わりません。

ぴったり1 準備　56ページ

8. もののとけ方
①とけたもののゆくえ
②水にとけるものの量(1)

3分でまとめ

水よう液とはどのようなものか、かくにんしよう。

教科書 142～145ページ　答え 29ページ

下の(　)にあてはまる言葉をかくか、あてはまるものを○で囲《かこ》もう。

1 水にとけたものは、どうなったのだろうか。　教科書 142～144ページ

▶食塩を水にとかす前と、水にとかした後の重さを比《くら》べると、全体の重さは
(① 変わる ・(変わらない))。

▶水《すい》よう液《えき》の重さは、(② **水**)の重さと、とかすものの重さの和になる。

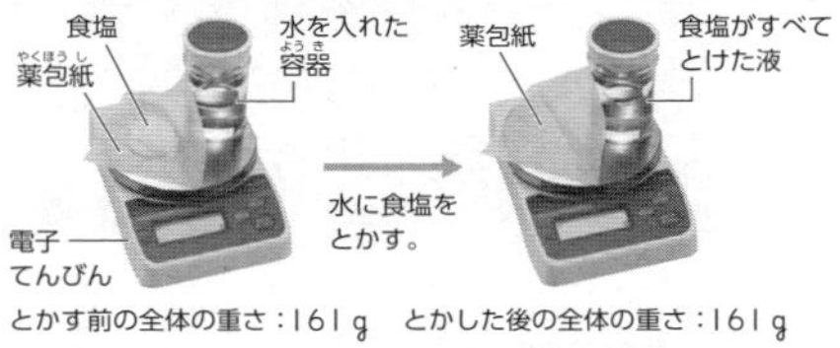

食塩
薬包紙《やくほうし》
水を入れた容器《ようき》
電子てんびん
水に食塩をとかす。
薬包紙
食塩がすべてとけた液
とかす前の全体の重さ：161 g　とかした後の全体の重さ：161 g

▶水の中でものが均一《きんいつ》に広がり、すき通った(とうめいな)液になることを「ものが水にとけた」といい、ものが水にとけた液のことを(③ **水よう液**)という。

▶水にとけたものは、目に見えなくなっても、とけた液の中に(④ (ある)・ ない)。

食塩
ミョウバン
水

ものをとかした水をじょう発させた後

コーヒーシュガーが水にとけ、均一に広がったところ(水よう液)。

2 決まった量の水にとけるものの量には、限《かぎ》りがあるのだろうか。　教科書 145ページ

▶メスシリンダーを使うと、液体《えきたい》の(① **体積**)を正確《せいかく》にはかることができる。
- メスシリンダーを水平なところに置き、液をやや少なめに入れる。
- 真横から見ながら、はかり取る体積の目もりまで、スポイトで液を入れていく。

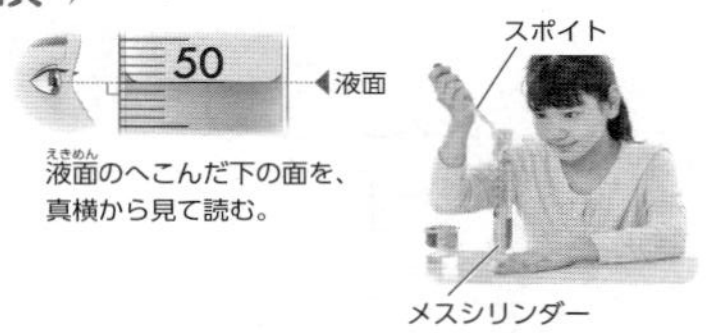

50
液面
液面《えきめん》のへこんだ下の面を、真横から見て読む。
スポイト
メスシリンダー

ここがだいじ!
①ものが水にとけた液を水よう液という。
②ものの重さは、水にとけても変わらない。
③水にとけたものは、目には見えなくなっても、水よう液の中にある。

ぴたトリビア 水にとけると、とけたものは目に見えないほど小さくなっています。なくなったのではなく水の中にあるので、とけたものの重さもなくなりません。

ぴったり2 練習　57ページ

8. もののとけ方
①とけたもののゆくえ
②水にとけるものの量(1)

教科書 142～145ページ　答え 29ページ

1 食塩が水にとけるようすを観察しました。

(1)「ものが水にとけた」といえるのは、どちらですか。あてはまるほうに○をつけましょう。
①(○)すき通っている。　②(　)にごっている。

(2) コーヒーシュガーを水に入れてかきまぜたところ、写真のように、色がついていてとうめいな液《えき》になりました。コーヒーシュガーは水にとけたといえますか、いえませんか。
(**いえる。**)

(3) ものが水にとけた液のことを何といいますか。
(**水よう液**)

2 水に食塩をとかす前と、とかした後の全体の重さをはかって、比《くら》べました。

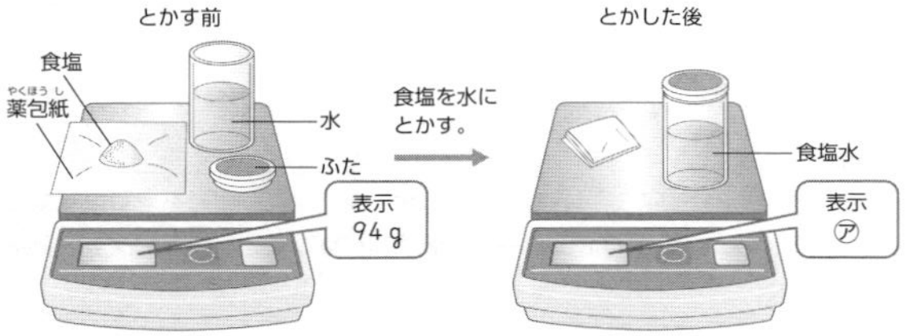

とかす前
とかした後
食塩
薬包紙《やくほうし》
水
ふた
表示 94 g
食塩を水にとかす。
食塩水
表示 ㋐

(1) ものの重さをはかるために使った図の器具の名前をかきましょう。
(**電子てんびん**)

(2) 水に食塩をとかした後の重さ(表示㋐)は何 g ですか。
(**94** g)

(3) 水に食塩をとかしてできた食塩水の重さは、どのように表されますか。正しいものに○をつけましょう。
①(　)水の重さ＝食塩水の重さ
②(○)水の重さ＋食塩の重さ＝食塩水の重さ
③(　)水の重さ－食塩の重さ＝食塩水の重さ

ヒント
1 (2)色がついていても、すき通っていれば、「水にとけている」といえます。
2 (3)ものを水にとかす前後で、全体の重さは変わりません。

57ページ　てびき

1 (1)(2)色がついていても、すき通った(とうめいな)液《えき》になっていれば、ものが水にとけたといえます。

2 (1)電子てんびんを使うと、ものの重さをはかることができます。
(2)水に食塩をとかす前と後で、全体の重さは変わらないので、重さはとかす前と同じ、94 g です。
(3)ものは、水にとけても重さは変わりません。

おうちのかたへ　8. もののとけ方
ものが水に溶けるときの規則性について学習します。水溶液とは何か、水の量や温度を変えたときに溶ける量が変化するか、水に溶けたものを取り出すにはどうすればよいか、といったことを理解しているかがポイントです。

ぴったり1 準備

8. もののとけ方
②水にとける物の量(2)

58ページ

決まった量の水にとけるものの量のきまりについて、かくにんしよう。

教科書 145～148ページ　答え 30ページ

下の(　)にあてはまる言葉をかくか、あてはまるものを○で囲《かこ》もう。

1 決まった量の水にとけるものの量には、限《かぎ》りがあるのだろうか。
教科書 145～146ページ

▶食塩やミョウバンをそれぞれ水にとかし、とける量を調べる。
・水 50 mL に、計量スプーンにすり切り 1 ぱいずつ入れて、混《ま》ぜる。これを、とけ残りが出るまでくり返す。

8ぱいめでとけ残りが出たら、7はいとけたということだね。

水 50 mL にとけるものの量

とかしたもの	とけた量
食塩	7はい
ミョウバン	2はい

とけ残ったミョウバン

▶決まった量の水にとけるものの量には限りが(① (ある)・ ない)。
▶ものによって、決まった量の水にとける量は(② 同じ ・(ちがう))。

2 水の量を増《ふ》やすと、水にとけるものの量はどのように変わるのだろうか。
教科書 147～148ページ

▶水の量を変えて、食塩やミョウバンをそれぞれ水にとかし、とける量を調べる。

変える条件《じょうけん》	同じ条件
水の量(50 mL、100 mL)	水の温度

結果(例)　水の量ととけるものの量

水の量(mL)	50	100
食塩	7はい	14 はい
ミョウバン	2はい	4はい

ぼうグラフに表す。

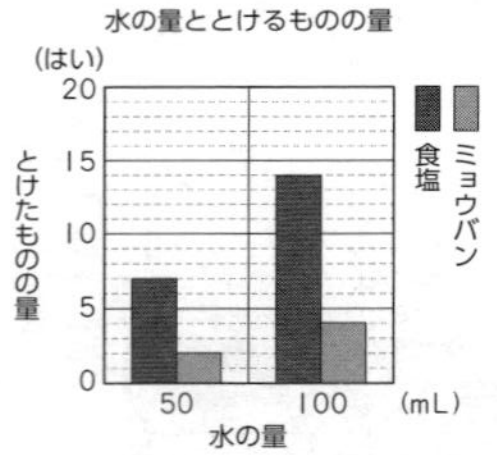

▶水の量を増やすと、水にとけるものの量も(① (増える)・ 変わらない)。
水の量を2倍に増やすと、水にとけるものの量も(② 2倍)になる。

ここがだいじ!
①決まった量の水にとけるものの量には、限りがある。
②ものによって、決まった量の水にとける量はちがう。
③水の量を増やすと、水にとけるものの量も増える。

ぴたトリビア　水の量が半分になると、水にとけるものの量も半分になります。

ぴったり2 練習

8. もののとけ方
②水にとけるものの量(2)

59ページ

教科書 145～148ページ　答え 30ページ

1 水 50 mL に食塩を計量スプーンですり切り 1 ぱいずつ入れて、ふり混《ま》ぜることをくり返しました。

(1) 食塩を 1 ぱいずつ、水に入れてふり混ぜることをくり返していくと、どうなりますか。正しいほうに○をつけましょう。
①(　)食塩を何はい入れても、すべて水にとける。
②(○)ある量で、食塩は水にとけ切れなくなる。

(2) 食塩をミョウバンに変えて、同じように水に入れていくとどうなりますか。正しいものに○をつけましょう。
①(　)ミョウバンを何はい入れても、すべて水にとける。
②(　)ある量で、ミョウバンは水にとけ切れなくなるが、その量は食塩と同じ。
③(○)ある量で、ミョウバンは水にとけ切れなくなるが、その量は食塩とちがう。

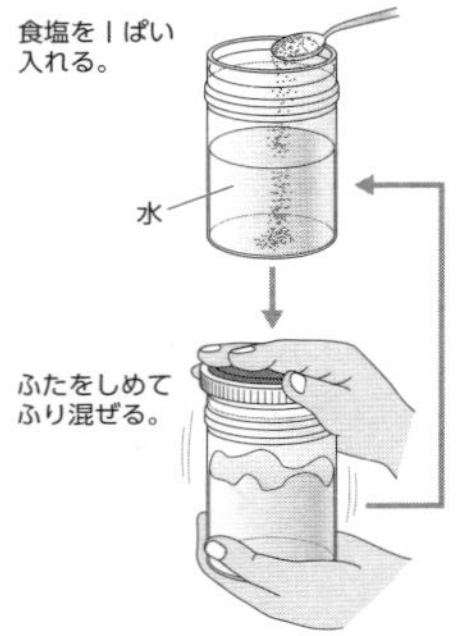

2 水の量を変えて、食塩とミョウバンを計量スプーンですり切り 1 ぱいずつそれぞれ水にとかしていき、とける量を調べたところ、表のようになりました。

水の量(mL)	50	100
食塩	7はい	14 はい
ミョウバン	2はい	㋐

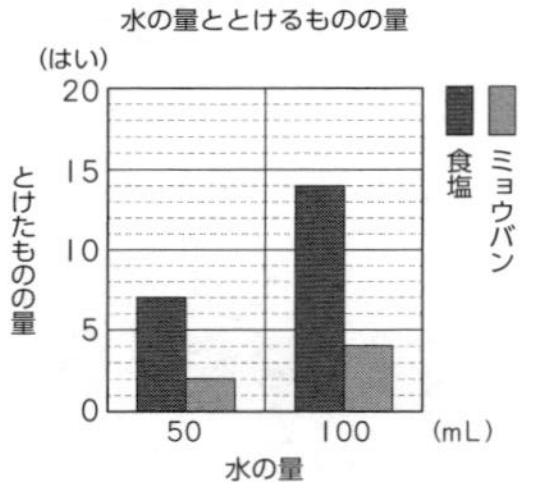

(1) 右のようなグラフを何といいますか。
(ぼうグラフ)

(2) 水の量が 100 mL のときのミョウバンがとけた量㋐は何はいですか。
(4 はい)

(3) 水の量を増《ふ》やすと、水にとける量は増えますか、増えませんか。
(増える。)

(4) 水の量を2倍にすると、水にとけるものの量は何倍になりますか。
(2倍)

59ページ　てびき

❶ 決まった量の水にとけるものの量には、限《かぎ》りがあります。ものによって、その量はちがいます。食塩もミョウバンも、やがてとけ切れなくなりますが、その量はちがいます。

❷ (2)～(4)水の量を増《ふ》やすと、水にとけるものの量も増えます。水の量を2倍に増やすと、水にとけるものの量も2倍になります。

ぴったり1 準備

8. もののとけ方
②水にとけるものの量(3)
③とかしたものを取り出すには(1)

60ページ

水の温度ととけるものの量の関係をかくにんしよう。

教科書 148〜153ページ　答え 31ページ

下の(　)にあてはまる言葉をかくか、あてはまるものを○で囲《かこ》もう。

1 水の温度を上げると、水にとけるものの量はどのように変わるのだろうか。　教科書 148〜150ページ

▶水の温度を変えて、食塩やミョウバンをそれぞれ水にとかし、とける量を調べる。

変える条件《じょうけん》	同じ条件
水の温度（水道水の温度、30℃、60℃）	水の量(50 mL)

結果(例)　水の温度ととけるものの量(水 50 mL)

水の温度(℃)	10	30	60
食塩	7はい	7はい	7はい
ミョウバン	2はい	4はい	16はい

ぼうグラフに表す。

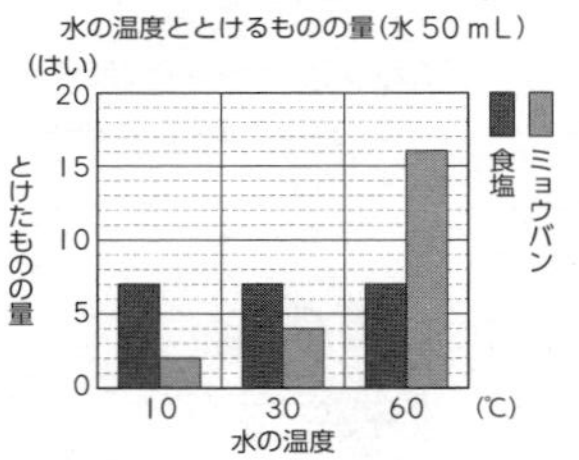
水の温度ととけるものの量(水 50 mL)
(はい)
20
15
10
5
0
とけたものの量
10
30
60
(℃)
水の温度
食塩
ミョウバン

▶水の温度を変化させたとき、とける量の変化のしかたは、とかすものによって(① 変わらない ・ ちがう)。

水の温度を上げたとき、食塩はとける量が変わらないけど、ミョウバンはとける量が増えるね。

2 どうすれば、水にとかしたものを取り出せるのだろうか。　教科書 151〜153ページ

▶液《えき》の中にとけ切れなかったつぶがあるとき、ろ紙でこして、つぶと水《すい》よう液《えき》を分けることができる。ろ紙などを使って固体と液体《えきたい》を分けることを、(① ろ過)という。

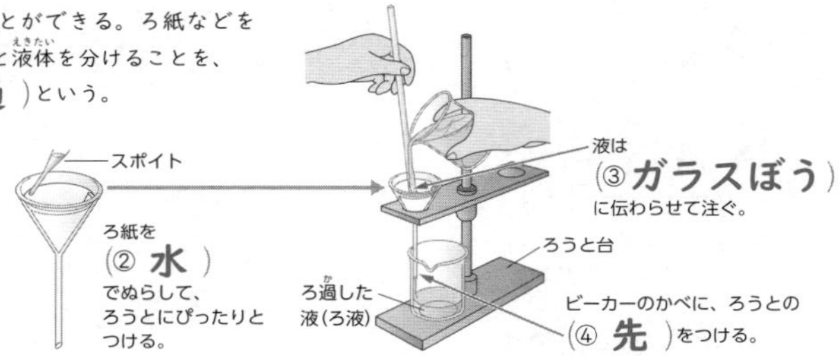
スポイト
ろ紙を
(② 水)
でぬらして、
ろうとにぴったりとつける。
液は
(③ガラスぼう)
に伝わらせて注ぐ。
ろうと台
ろ過《か》した
液(ろ液)
ビーカーのかべに、ろうとの
(④ 先)をつける。

ここがだいじ！ ①水の温度を変化させたとき、とける量の変化のしかたは、とかすものによってちがう。

ぴたトリビア 水にとける量だけでなく、水以外の液体にとける量と温度の関係も、ものによってちがいます。

ぴったり2 練習

8. もののとけ方
②水にとけるものの量(3)
③とかしたものを取り出すには(1)

61ページ

教科書 148〜153ページ　答え 31ページ

1 水の温度を変えて、食塩とミョウバンがそれぞれ 50 mL の水にとける量を調べて、ぼうグラフにまとめました。

(1) 次の温度のとき、食塩とミョウバンは、それぞれ何はいとけますか。
① 10℃のとき
食塩(7 はい)　ミョウバン(2 はい)
② 30℃のとき
食塩(7 はい)　ミョウバン(4 はい)
③ 60℃のとき
食塩(7 はい)　ミョウバン(16 はい)

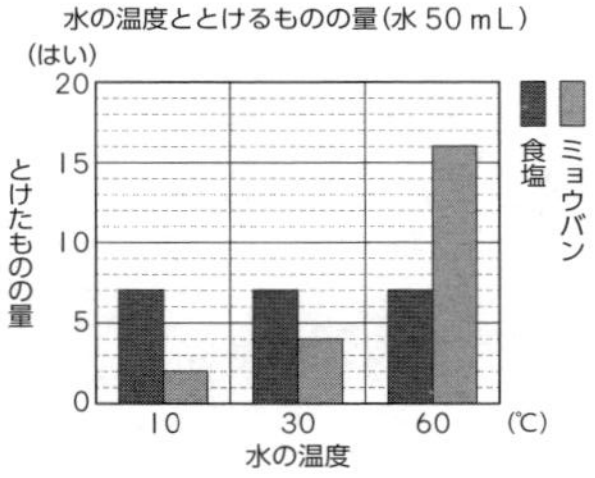
水の温度ととけるものの量(水 50 mL)
(はい)
20
15
10
5
0
とけたものの量
10
30
60
(℃)
水の温度
食塩
ミョウバン

(2) この実験で、水にとかしたときのことについて、食塩にあてはまるもの、ミョウバンにあてはまるものを①〜③から１つずつ選び、記号をかきましょう。
①水の温度が高いほど、よくとける。
②水の温度が低いほど、よくとける。
③水の温度によって、とける量は変わらない。

食塩(③)　ミョウバン(①)

2 とけ残りのある食塩水をろ過《か》しました。

(1) ろ過のしかたとして、正しいものに○をつけましょう。
①(　)　②(○)　③(　)

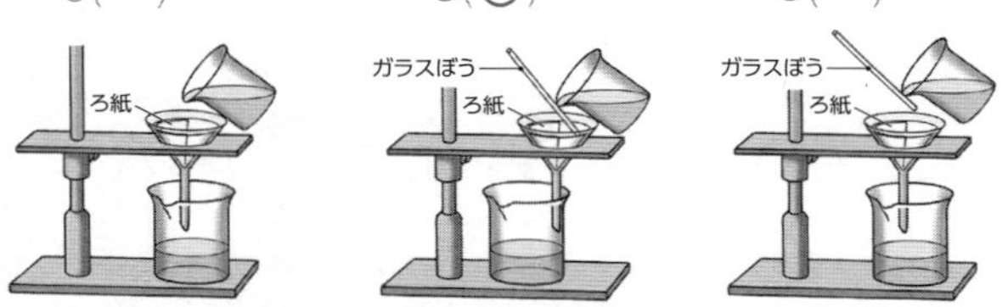
ろ紙
ガラスぼう
ろ紙
ガラスぼう
ろ紙

(2) ろ過した液《えき》には、食塩のつぶは見えますか、見えませんか。
(見えない。)

(3) ろ過した液には、食塩はとけていますか、とけていませんか。
(とけている。)

ヒント **2** (3)ろ過する前の液はとけ残りが出ていたので、その液には、これ以上とけないぐらい、とかしたものが入っています。

61ページ てびき

1 (1)ぼうグラフから、水に何はいとけるか読み取ります。
(2)食塩は、水の温度を上げても、とける量が変わりません。ミョウバンは、水の温度を上げると、とける量が増《ふ》えます。

2 (1)ろ過《か》のしかたでは、液《えき》はガラスぼうに伝わらせて注いでいるか、ビーカーのかべにろうとの先をつけているかに注目します。
(2)ろ過することで、液《えき》の中にとけ切れなかった食塩のつぶを取り出すことができます。
(3)ろ過した液には、これ以上とけないぐらい、食塩がとけています。

ぴったり1 準備

8. もののとけ方
③とかしたものを取り出すには(2)

62ページ

学習の目標：水よう液からとけているものを取り出す方法をかくにんしよう。

教科書 151〜156ページ　答え 32ページ

下の(　)にあてはまる言葉をかくか、あてはまるものを○で囲《かこ》もう。

1 水《すい》よう液《えき》を冷やすと、とけているものを取り出せるのだろうか。 教科書 151〜154ページ

▶水よう液を氷水で冷やし、つぶが取り出せるか調べる。
・ミョウバンの水よう液を冷やしたものから、ミョウバンのつぶを取り出すことが(① (できる)・ できない)。
・食塩水を冷やしたものから、食塩のつぶを取り出すことが(② できる ・(できない))。

▶ミョウバンは、水の(③ **温度**)が下がると、とける量が減るので、冷やすととけ切れなくなったミョウバンが出てくる。

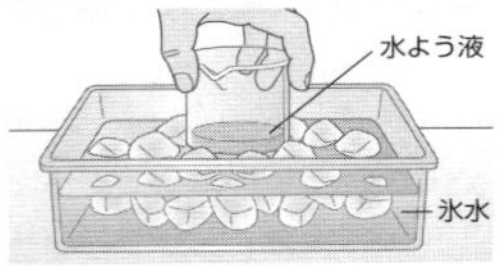

水よう液
氷水

30℃から10℃に冷やしたとき、出てくるミョウバンの量(水 50 mL)

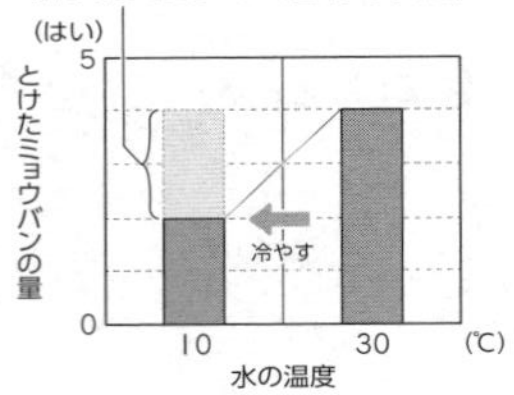

(はい)
5
とけたミョウバンの量
冷やす
0
10
30
(℃)
水の温度

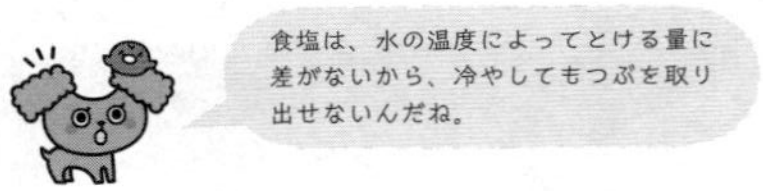

食塩は、水の温度によってとける量に差がないから、冷やしてもつぶを取り出せないんだね。

2 水よう液から水をじょう発させると、とけているものを取り出せるのだろうか。 教科書 155〜156ページ

▶水よう液を熱して水をじょう発させて、つぶが取り出せるか調べる。
・ミョウバンの水よう液を熱したものから、ミョウバンのつぶが(① (出てくる)・ 出てこない)。
・食塩水を熱したものから、食塩のつぶが(② (出てくる)・ 出てこない)。

▶ミョウバンの水よう液も食塩水も、水をじょう発させると、とけていたものを取り出すことが(③ (できる)・ できない)。

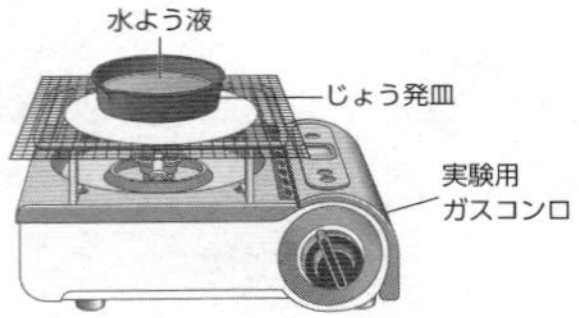

水よう液
じょう発皿
実験用
ガスコンロ

ここが だいじ!
①ミョウバンの水よう液の温度を下げると、つぶを取り出すことができる。
②ミョウバンの水よう液や食塩水から水をじょう発させると、つぶを取り出すことができる。

ぴたトリビア　海水も水よう液ですが、食塩(塩化ナトリウム)以外にもいろいろなものがとけています。

ぴったり2 練習

8. もののとけ方
③とかしたものを取り出すには(2)

63ページ

教科書 151〜156ページ　答え 32ページ

1 食塩水やミョウバンの水《すい》よう液《えき》を冷やして、食塩やミョウバンを取り出すことができるか実験しました。

(1) 水よう液の入ったビーカーを氷水につけて冷やしたところ、㋐の水よう液からはつぶが出てきましたが、㋑の水よう液からはつぶが出てきませんでした。食塩の水よう液は、㋐、㋑のどちらですか。記号をかきましょう。

(㋑)

㋐

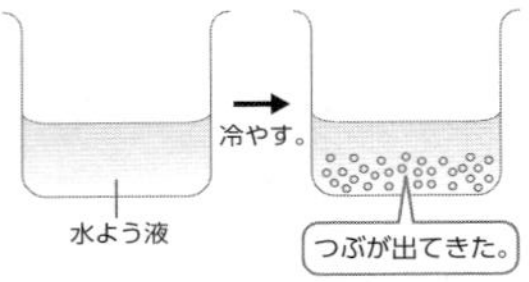

冷やす。
水よう液
つぶが出てきた。

㋑

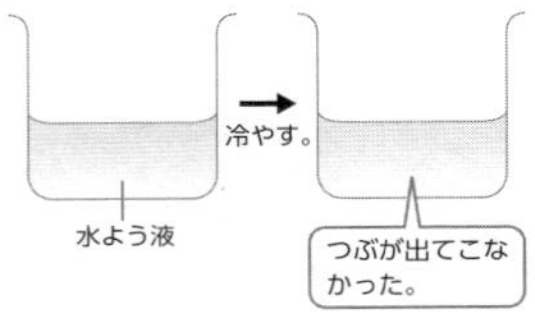

冷やす。
水よう液
つぶが出てこなかった。

(2) ㋐の水よう液からつぶが出てきた理由について、次の(　)にあてはまる言葉をかきましょう。

㋐の水よう液では、温度が(**下がる**)と、とける量が(**減る**)ので、とけ切れなくなった㋐が出てくる。

2 食塩水やミョウバンの水よう液を熱して水をじょう発させて、食塩やミョウバンを取り出すことができるか実験しました。

(1) 水よう液を熱するときに使った器具㋐の名前をかきましょう。

(**じょう発皿**)

㋐
水よう液
実験用
ガスコンロ

(2) 器具㋐に食塩水を少し入れて、水をじょう発させました。食塩のつぶは出てきますか、出てきませんか。

(**出てくる。**)

(3) 器具㋐にミョウバンの水よう液を少し入れて、水をじょう発させました。ミョウバンのつぶは出てきますか、出てきませんか。

(**出てくる。**)

(4) 水よう液の温度を下げる方法でも、水よう液を熱して水をじょう発させる方法でも、水よう液からつぶを取り出すことができるのは、食塩水ですか、ミョウバンの水よう液ですか。

(**ミョウバンの水よう液**)

63ページ　てびき

❶ (1)食塩水を冷やしても、食塩を取り出すことはできません。
(2)ミョウバンは、水の温度によってとける量にちがいがあるので、水《すい》よう液《えき》を冷やす方法で(ミョウバンの水よう液の温度を下げると)、ミョウバンを取り出すことができます。

❷ (2)(3)食塩水もミョウバンの水よう液も、水をじょう発させると、とけていたものを取り出すことができます。

おうちのかたへ
小学校では「結晶」「再結晶」といった用語は扱っていません。これらの用語は中学校で学習します。水溶液を冷やしたり、水を蒸発させたりして出てきたものは「つぶ」と書いています。

64ページ

ぴったり3 確かめのテスト

8. もののとけ方

/100 合格 70 点

教科書 140〜161ページ　答え 33ページ

1 ものが水にとけるということや、水《すい》よう液《えき》について調べました。①〜④で、正しいものには○を、まちがっているものには×をつけましょう。 1つ5点(20点)

①(×)水に入れたとき、時間がたってにごったままでも、水よう液である。
②(○)水の中でものが均一《きんいつ》に広がり、すき通った(とうめいな)液になることを「ものが水にとけた」という。
③(×)すき通っていても、色がついているものは水よう液とはいわない。
④(○)時間がたっても、とけたものは、水と分かれない。

よく出る

2 ミョウバンを水にとかす前後で全体の重さを調べ、水にとけたものの重さがどうなるかを調べました。 1つ6点(18点)

(1) 図の㋑の調べ方には、正しくないところがあります。それは何ですか。(　)に言葉をかきましょう。 技能
(薬包紙)の重さをはかっていない。
(2) ㋐のとき、電子てんびんは97.2gを示していました。㋑の調べ方を正しくしてから全体の重さをはかると、何gになりますか。
(97.2g)

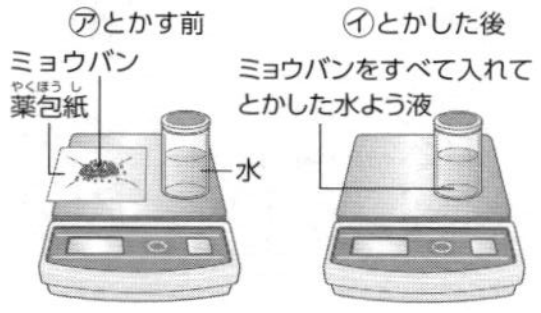

㋐とかす前
ミョウバン
薬包紙《やくほうし》
水
㋑とかした後
ミョウバンをすべて入れてとかした水よう液

(3) 70gの水にミョウバンをとかして、73gのミョウバンの水よう液ができたとすると、ミョウバンは何gとかしたことになりますか。
(3g)

3 水の量を変えて、食塩とミョウバンをそれぞれ計量スプーンですり切り1ぱいずつ水にとかしていき、とける量を調べたところ、表のようになりました。 1つ6点(18点)

(1) ㋐、㋑にあてはまるのは何ばいか、かきましょう。
㋐(14 はい)
㋑(2 はい)
(2) 水の量を3倍にすると、水にとけるものの量は何倍になると考えられますか。
(3倍)

10℃の水にとける量

水の量(mL)	50	100
食塩	7はい	㋐
ミョウバン	㋑	4はい

65ページ

学習

4 水の温度を変えて、食塩やミョウバンをそれぞれ計量スプーンですり切り1ぱいずつ水にとかしていき、水にどれだけとけるかを調べたところ、表のようになりました。 1つ6点(12点)

(1) 水の温度とものがとける量について、正しいものに○をつけましょう。
①(　)どんなものでも、水の温度を上げると、とける量は増《ふ》える。
②(　)どんなものでも、水の温度を上げてもとける量は変わらない。
③(○)水の温度を変化させたとき、とける量の変化のしかたは、とかすものによってちがう。

水50mLにとける量

水の温度(℃)	10	30	60
食塩	7はい	7はい	7はい
ミョウバン	2はい	4はい	16はい

(2) 60℃の水にとけるだけとかしてつくった水よう液の温度が30℃まで下がったとき、水よう液からつぶが出てくるのは、食塩水ですか、ミョウバンの水よう液ですか。
(ミョウバンの水よう液)

5 とけ残りのある食塩水をろ過《か》しました。 (1)、(2)は1つ6点、(3)は全部できて6点(18点)

(1) ろ紙をろうとにぴったりとつけるために、ろ紙をろうとに入れた後、どのようにしますか。正しいものに○をつけましょう。 技能
①(　)ろ紙を入れたろうとをふる。
②(　)ろ紙をろうとに手で強く押しつける。
③(○)ろ紙を水でぬらす。
(2) ろ過した液㋐について、正しいほうに○をつけましょう。
①(　)食塩のつぶが、底にしずんでいる。
②(○)目に見えないが、液の中に食塩がふくまれている。

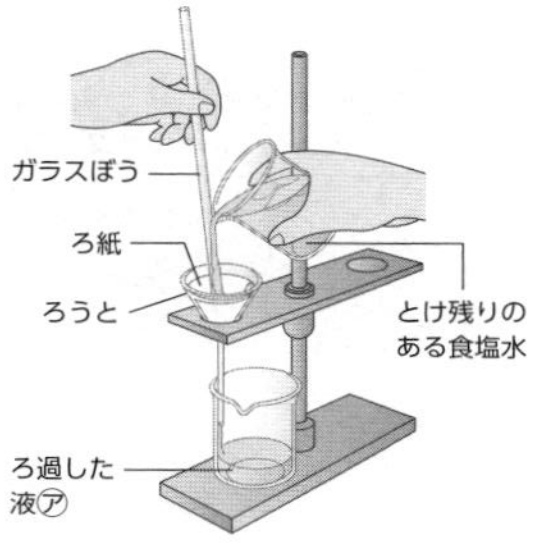

ガラスぼう
ろ紙
ろうと
とけ残りのある食塩水
ろ過した液㋐

(3) ろ過した液㋐から食塩を取り出せるものすべてに○をつけましょう。
①(　)ビーカーを湯につけて、液をあたためる。
②(　)ビーカーを氷水につけて、液を冷やす。
③(○)液を熱して、水をじょう発させる。

できたらスゴイ！

6 50mLの水に、食塩とミョウバンをそれぞれとかしたところ、表のようになりました。 思考・表現 1つ7点(14点)

(1) 30℃の水100mLには、食塩は何はいまでとけると考えられますか。
(14はい)
(2) 30℃の水100mLには、ミョウバンは何はいまでとけると考えられますか。
(8はい)

水50mLにとける量

水の温度(℃)	10	30
食塩	7はい	7はい
ミョウバン	2はい	4はい

ふりかえり 2がわからないときは、56ページの1にもどってかくにんしてみましょう。
6がわからないときは、58ページの2と60ページの1にもどってかくにんしてみましょう。

64〜65ページ てびき

1 水《すい》よう液《えき》とは何かを見直しておきましょう。

2 (1)とかした後も、薬包紙《やくほうし》の重さをはかります。
(2)(3)水にとかす前後で、全体の重さは変わりません。

3 (1)水の量を2倍に増《ふ》やすと、水にとけるものの量も2倍になります。

4 (2)ミョウバンは、水の温度によってとける量にちがいがあるので、ミョウバンの水よう液を冷やすとつぶが出てきます。

5 (2)とけ残りのある食塩水をろ過《か》した液には、これ以上とけないぐらい、食塩がとけています。
(3)食塩は、水の温度によってとける量がほとんど変わらないので、食塩水を冷やしても、食塩のつぶは出てきません。

6 水の量を増やすと、水にとけるものの量も増えます。

ぴったり1 準備

9. 電流と電磁石《でんじしゃく》
①電磁石の極の性質《せいしつ》

3分でまとめ

学習のめあて 電磁石のはたらきと、その極の性質をかくにんしよう。

教科書 163～168ページ　答え 34ページ

下の(　)にあてはまる言葉をかこう。

1 電磁石とは、どのようなものだろうか。 教科書 163～166ページ

▶導線《どうせん》を同じ向きに何回もまいたものを(① コイル)という。

▶(①)に鉄心を入れ、電流を流すと、鉄心が鉄を引きつけるようになる。
これを(② 電磁石)という。

▶かん電池をつないで電流を流すと、電磁石はぼう磁石のように、(③ 鉄)のゼムクリップを引きつける。

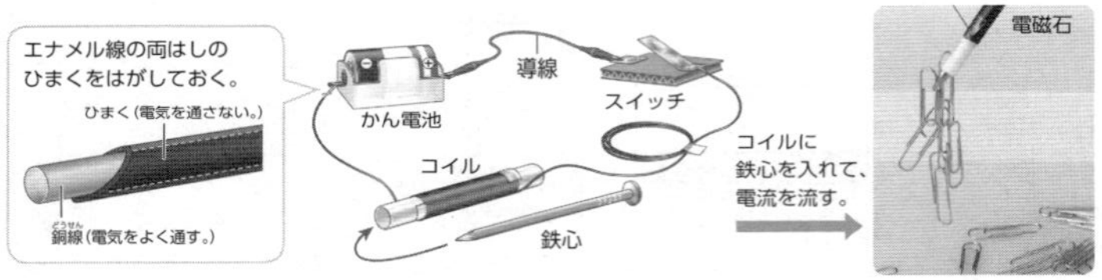

2 電磁石には、どんな性質があるのだろうか。 教科書 166～168ページ

▶電磁石は、コイルに(① 電流)が流れているときだけ、磁石の性質をもつ。

▶電磁石には、ぼう磁石のように、N《エヌ》極と(② S極)がある。

▶コイルに流れる電流の(③ 向き)が逆《ぎゃく》になると、電磁石のN極と(②)が入れかわる。

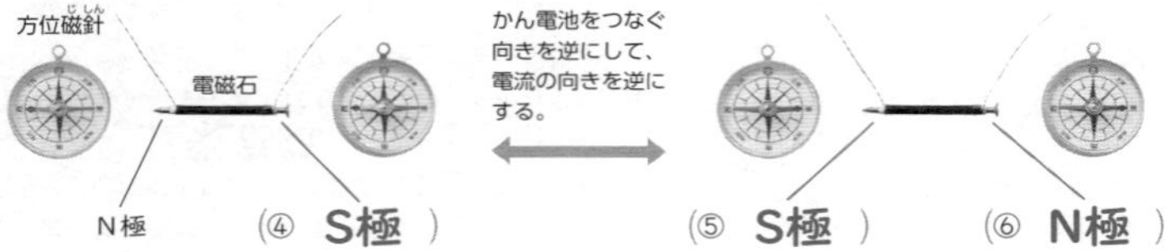

(④ S極)　(⑤ S極)　(⑥ N極)

ここがだいじ!
①電磁石は、コイルに電流が流れているときだけ、磁石の性質をもつ。
②電磁石にも、ぼう磁石と同じように、N極とS《エス》極がある。
③コイルに流れる電流の向きが逆になると、電磁石のN極とS極が入れかわる。

ぴたトリビア 電流を流したコイルを方位磁針に近づけると、針《はり》は向きを変えますが、コイルに鉄心を入れると、磁石の力はより強くなります。

ぴったり2 練習

9. 電流と電磁石《でんじしゃく》
①電磁石の極の性質《せいしつ》

教科書 163～168ページ　答え 34ページ

1 ストローにエナメル線をまいてコイルをつくり、コイルを回路につなぎ、鉄心を入れました。

(1) エナメル線をまいてコイルをつくるとき、エナメル線はどのようにまきますか。正しいほうに○をつけましょう。
①(○)同じ向きにくり返しまく。
②(　)向きを変えながらまく。

(2) エナメル線について正しく説明しているものに○をつけましょう。
①(　)㋐の部分だけ電気を通す。
②(○)㋑の部分だけ電気を通す。
③(　)㋐の部分も㋑の部分も電気を通す。
④(　)㋐の部分も㋑の部分も電気を通さない。

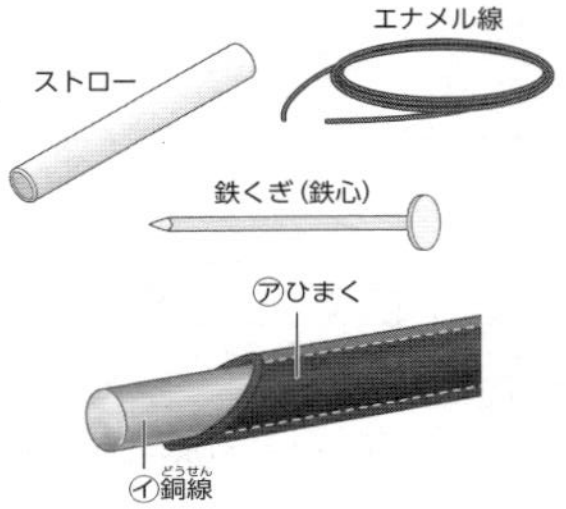

(3) コイルに鉄心を入れ、電流を流すと、鉄心が鉄を引きつけるようになります。これを何といいますか。
(電磁石)

2 電磁石を使って図のような回路をつくり、鉄心にした鉄くぎの先に、方位磁針《じしん》を置きました。

(1) スイッチを入れてコイルに電流を流すと、方位磁針のN《エヌ》極が㋐に引きつけられました。このとき、㋐は何極になっていますか。
(S極)

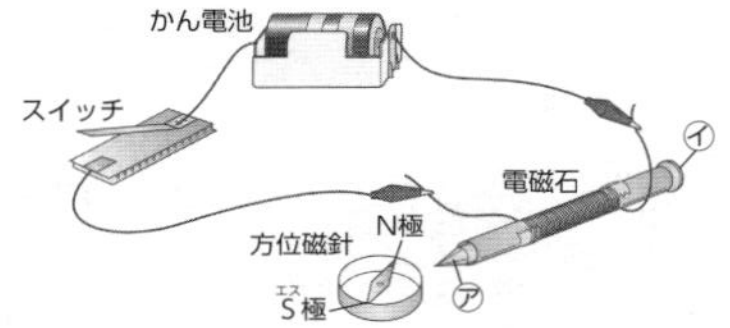

(2) (1)のとき、㋑は何極になっていますか。
(N極)

(3) かん電池の向きを逆《ぎゃく》にしてスイッチを入れると、回路に流れる電流の向きはどうなりますか。
(逆になる。)

(4) (3)のとき、㋐は何極になっていますか。
(N極)

(5) (3)のとき、㋑は何極になっていますか。
(S極)

おうちのかたへ　9. 電流と電磁石

電磁石の極の性質や強さについて学習します。電磁石とはどのようなものか、電磁石の強さを変化させるにはどのようにすればよいかを理解しているか、などがポイントです。

67ページ　てびき

❶ (2)エナメル線は銅線《どうせん》のまわりにひまくがあり、銅線は電気を通しますが、ひまくは電気を通しません。

❷ (1)㋐に方位磁針《じしん》のN《エヌ》極がひきつけられたので、㋐はS《エス》極になっています。
(2)㋐の反対側の㋑はN極になっています。
(3)～(5)かん電池の向きを逆《ぎゃく》にすると、回路に流れる電流も逆になります。すると、コイルに流れる電流の向きも逆になるので、電磁石《でんじしゃく》のN極とS極が入れかわります。つまり、S極だった㋐がN極に、N極だった㋑がS極になります。

おうちのかたへ
磁石の異極どうしは引き合い、同極どうしはしりぞけ合うことは、3年で学習しています。乾電池をつなぐ向きを変えると、回路に流れる電流の向きが変わることは、4年で学習しています。これらをもとにして、電磁石の極の性質を考えます。

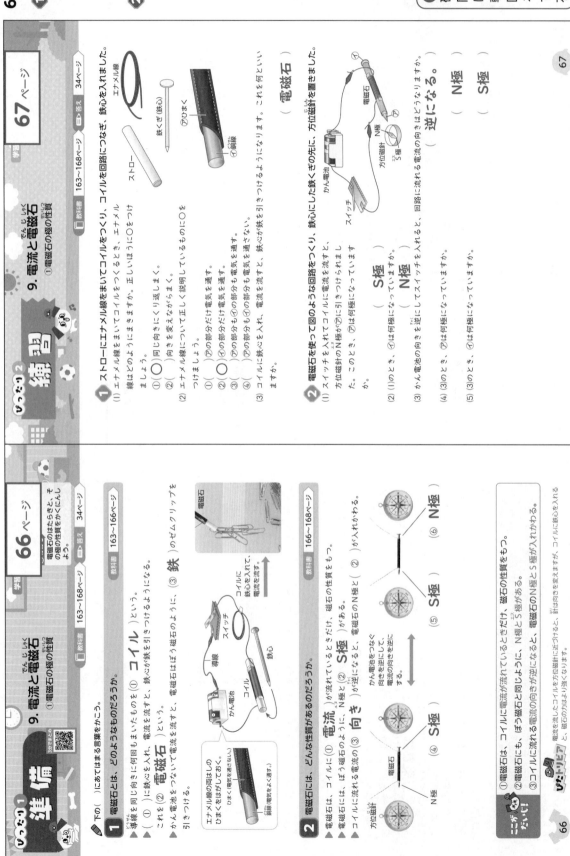

ぴったり1
準備

9. 電流と電磁石《でんじしゃく》
②電磁石の強さ

学習 68ページ

電磁石の強さを変える方法をかくにんしよう。

教科書 169〜174ページ　答え 35ページ

下の(　)にあてはまる言葉をかくか、あてはまるものを○で囲《かこ》もう。

1 電磁石を強くするには、どうすればよいのだろうか。

教科書 169〜174ページ

変える条件《じょうけん》	電流の大きさ(かん電池1個《こ》と2個)	コイルのまき数(100回まきと200回まき)
同じ条件	コイルのまき数(100回まき)	電流の大きさ(かん電池1個)
	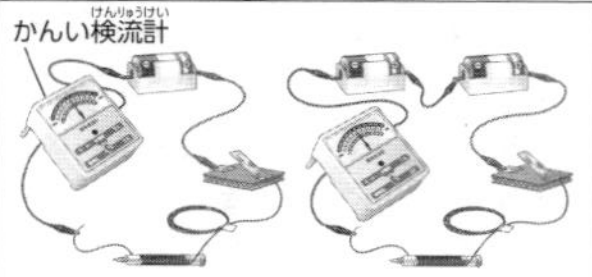 かん検流計《けんりゅうけい》 かん電池1個　かん電池2個	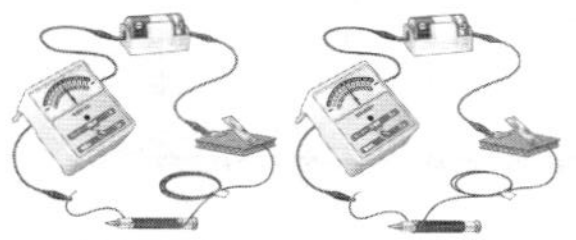 100回まき　200回まき (100回まきと200回まきでは、同じ長さのエナメル線を使う。)

▶電流が大きいほうが、電磁石に引きつけられるゼムクリップの数は(①(多い)・ 少ない)。

▶コイルのまき数が多いほうが、電磁石にひきつけられるゼムクリップの数は(②(多い)・ 少ない)。

▶電流を大きくすると、電磁石は(③(強く)・ 弱く)なる。

▶コイルのまき数を多くすると、電磁石は(④(強く)・ 弱く)なる。

▶電流計を使うと、回路に流れる電流の(⑤ **大きさ**)を調べることができる。
電流の(⑤)は、A(アンペア)という単位で表す。

▶電流計は、電流をはかりたい回路に(⑥ **直列**)つなぎ(1つの輪)になるようにつなぐ。

・電流計の(⑦ **＋たんし**)に、かん電池の＋《プラス》極側の導線《どうせん》をつなぐ。

・電流計の−《マイナス》たんしに、かん電池の−極側の導線をつなぐ。最初は、最も大きい電流がはかれる(⑧ **5A**)の−たんしにつなぐ。

・針《はり》のふれが小さいときは、−たんしを500mA《ミリアンペア》(0.5A《アンペア》)、50mA(0.05A)の順につなぎかえる。

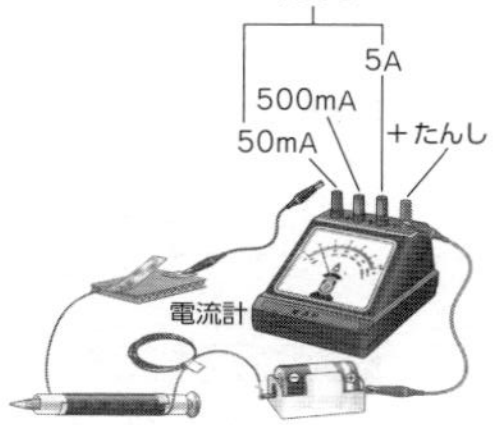

−たんし
5A
500mA
50mA
＋たんし
電流計

ここがだいじ!
①電流を大きくすると、電磁石は強くなる。
②コイルのまき数を多くすると、電磁石は強くなる。

ぴたトリビア　磁石についていた鉄くぎが、磁石からはなれても鉄を引きつけることがあるように、電磁石の鉄心にしていた鉄くぎが、電流を切ったあとも鉄を引きつけることがあります。

ぴったり2
練習

9. 電流と電磁石《でんじしゃく》
②電磁石の強さ

学習 69ページ

教科書 169〜174ページ　答え 35ページ

1 図のように、回路につなぐかん電池の数だけを変えて、電磁石がゼムクリップを何個《こ》持ち上げるかを調べました。

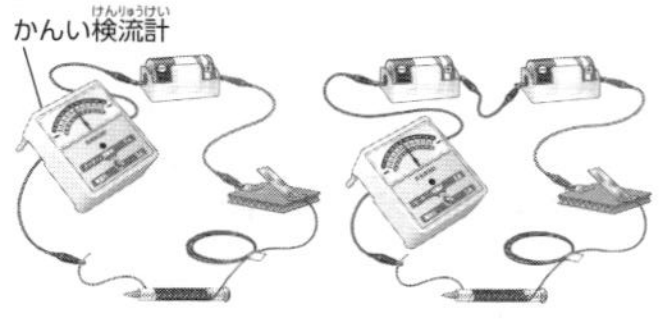

かんい検流計《けんりゅうけい》

かん電池1個　かん電池2個

(1) この実験では、何の条件《じょうけん》を変えていますか。正しいものに○をつけましょう。
①(　)電流の向き
②(○)電流の大きさ
③(　)コイルのまき数

(2) スイッチを入れて電磁石をゼムクリップに近づけたところ、㋐、㋑のようになりました。かん電池1個のときの結果はどちらですか。
(㋐)

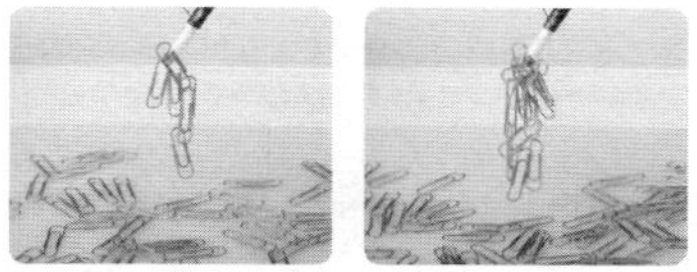

㋐
㋑

(3) 電流を大きくすると、電磁石の強さはどうなりますか。
(強くなる。)

2 図のように、コイルのまき数だけを変えて、電磁石がゼムクリップを何個持ち上げるかを調べました。

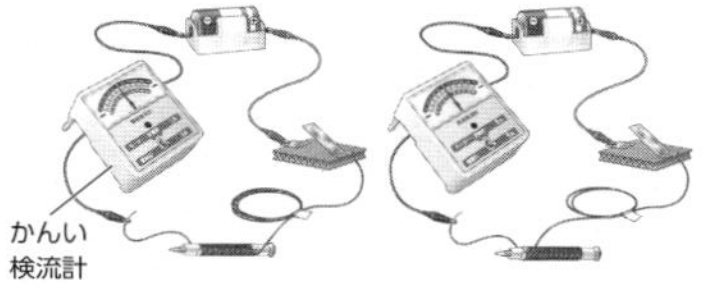

かんい検流計

100回まきの電磁石　200回まきの電磁石

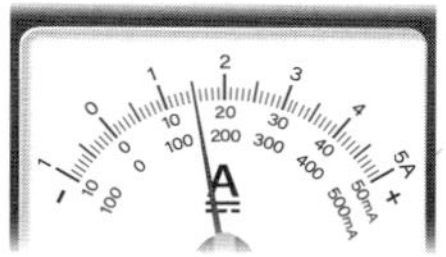

㋐
A
5A
500mA

(1) スイッチを入れて電磁石をゼムクリップに近づけたとき、ゼムクリップがたくさんついた電磁石は、100回まきと200回まきのどちらの電磁石ですか。
(200回まき)

(2) コイルのまき数を多くすると、電磁石の強さはどうなりますか。
(強くなる。)

(3) かんい検流計を電流計に変えてスイッチを入れたとき、電流計の針《はり》が㋐のようになりました。このとき、5A《アンペア》の−《マイナス》たんしにつないでいました。回路を流れる電流の大きさはいくらですか。
(1.5A)

ヒント　**2** (3)電流計を使うと、電流の大きさをはかることができます。つないでいる−たんしに合わせて、電流計の目もりを読みます。

69ページ　てびき

1 (1)2つの回路で、かん電池の向きはそのままで、同じ電磁石《でんじしゃく》を使っていますので、電流の向きやコイルのまき数は変えていません。かん電池の数だけを変えているので、変えている条件《じょうけん》は電流の大きさです。

(2)(3)電流を大きくすると、電磁石は強くなり、引きつけるゼムクリップの数が多くなります。よって、㋐はかん電池1個《こ》のとき、㋑はかん電池2個のときの結果となります。

2 (1)(2)コイルのまき数を多くすると、電磁石は強くなります。よって、ゼムクリップがたくさんつくのは、まき数が多い200回まきの電磁石です。

(3)5A《アンペア》の−《マイナス》たんしにつないでいるとき、目もりにかかれた「1」のところが1Aです。短い目もり1つ分は0.1Aなので、1.5Aと読み取れます。

ぴったり3 確かめのテスト

9. 電流と電磁石《でんじしゃく》

70ページ

/100 合格 70 点

教科書 162〜179ページ　答え 36ページ

よく出る

1 電磁石の極の性質《せいしつ》を調べて、ぼう磁石と比《くら》べながらまとめました。(　　)にあてはまる言葉をかきましょう。　思考・表現　1つ5点(15点)

	電磁石	ぼう磁石
磁石のはたらき	コイルに(① 電流)を流すと、鉄を引きつける。 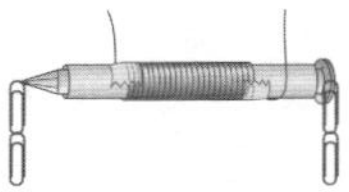	いつでも鉄を引きつける。強く鉄を引きつけるところを(② 極)という。 
N《エヌ》極とS《エス》極	ぼう磁石と同じように、N極とS極がある。S極 N極　S極 N極　コイルに流れる電流の(③ 向き)が逆になると、N極とS極は入れかわる。 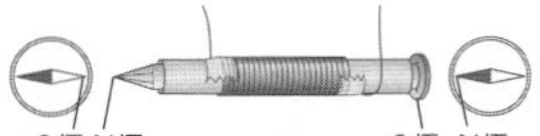	N極とS極がある。S極　N極　N極とS極は入れかわらない。 

2 電流計を使うと、回路に流れる電流の大きさを調べることができます。　技能　1つ7点(21点)

(1) 赤いたんしにつなぐのは、どちらですか。正しいほうに○をつけましょう。

①(○)かん電池の＋《プラス》極側の導線《どうせん》

②(　　)かん電池の−《マイナス》極側の導線

(2) 電流をはかるとき、最初につなぐ−たんしは、どれですか。正しいものに○をつけましょう。

①(○)5A《アンペア》の−たんし

②(　　)500mA《ミリアンペア》の−たんし

③(　　)50mAの−たんし

(3) 500mAの−たんしにつないでいるとき、電流計の針《はり》が㋐のようになっていました。このときの電流の大きさをかきましょう。

(150mA)

㋐

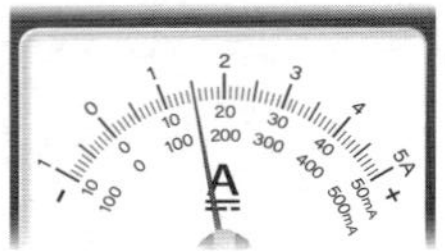

71ページ

3 電流の大きさやコイルのまき数を変えて、電磁石の強さが変わるかどうか実験しました。

(1)、(2)は1つ7点、(3)は8点(22点)

㋐ かん電池　1個　コイルのまき数　100回

㋑ かん電池　1個　コイルのまき数　200回

㋒ かん電池　2個　コイルのまき数　100回

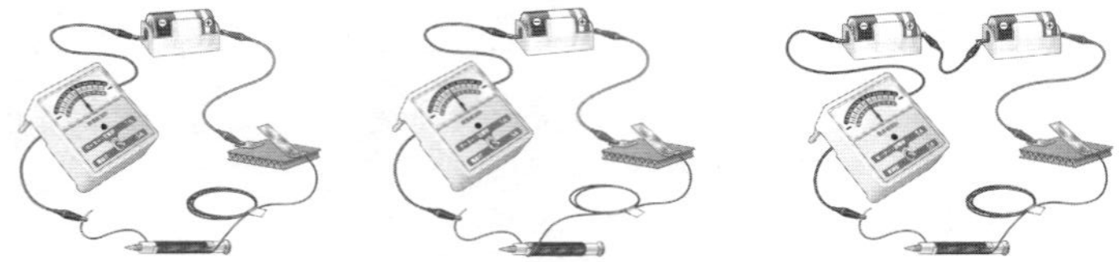

(エナメル線の長さはどれも同じ。)

(1) 電流の大きさだけを変えて、電磁石の強さが変わるかを調べるには、どれとどれを比《くら》べればよいですか。正しいものに○をつけましょう。

①(　　)㋐と㋑　②(○)㋐と㋒

③(　　)㋑と㋒　④(　　)㋐と㋑と㋒

(2) コイルのまき数だけを変えて、電磁石の強さが変わるかを調べるには、どれとどれを比べればよいですか。正しいものに○をつけましょう。

①(○)㋐と㋑　②(　　)㋐と㋒

③(　　)㋑と㋒　④(　　)㋐と㋑と㋒

(3) スイッチを入れて、電磁石がゼムクリップを何個《こ》持ち上げるか調べたとき、㋐〜㋒の中で持ち上がるゼムクリップがいちばん少ないのはどれですか。記号をかきましょう。　(㋐)

できたらスゴイ！

4 図のように、100回まきのコイルでつくった電磁石の近くに方位磁針《じしん》を置いて、コイルに電流を流しました。　1つ7点(42点)

(1) コイルに電流を流したとき、①の方位磁針の針の色のついたほうが、㋐のほうを向きました。このとき、㋐、㋑は何極か、それぞれ答えましょう。

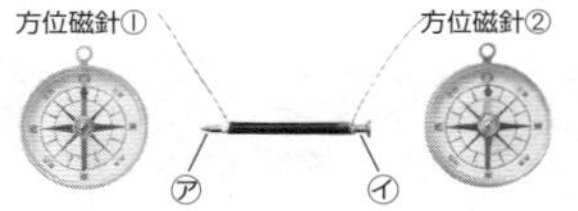

㋐(S極)　㋑(N極)

(2) コイルをほどいて50回まきにした後、コイルをほどく前と同じように電磁石と方位磁針を置いてコイルに電流を流しました。このとき、㋐、㋑は何極か、それぞれ答えましょう。

㋐(S極)　㋑(N極)

(3) (2)の後、かん電池の向きを逆《ぎゃく》にして、コイルに電流を流しました。このとき、㋐、㋑は何極か、それぞれ答えましょう。

㋐(N極)　㋑(S極)

ふりかえり　1がわからないときは、66ページの1や2にもどってかくにんしてみましょう。
4がわからないときは、66ページの2と68ページの1にもどってかくにんしてみましょう。

70〜71ページ　てびき

1 電磁石《でんじしゃく》は、電流を流したときだけ、磁石の性質《せいしつ》をもちます。

2 (3)500mA《ミリアンペア》の−《マイナス》たんしにつないでいるとき、目もりにかかれた「100」のところが100mAです。短い目もり1つ分は10mAなので、150mAと読み取れます。

3 (1)(2)㋐と㋑はコイルのまき数、㋐と㋒はかん電池の数(電流の大きさ)、㋑と㋒はかん電池の数とコイルのまき数がちがいます。

(3)電流を大きくすると、また、コイルのまき数を多くすると、電磁石は強くなります。よって、㋐と㋑では㋐、㋐と㋒でも㋐のほうが、持ち上がるゼムクリップの数が少ないです。

4 (1)針《はり》の色のついたほう(N《エヌ》極)を引きつけた㋐はS《エス》極、反対側の㋑はN極です。

(2)電流の向きは変わっていないので、(1)と極は変わりません。

(3)電流の向きが逆《ぎゃく》になるので、(1)のときと極が入れかわります。

ぴったり1 準備

★ 理科で使う器具

72ページ

理科の観察や実験で使う器具をかくにんしよう。

答え 37ページ

下の(　)にあてはまる言葉をかこう。

1 これまで使ってきた器具には、どのようなものがあっただろうか。

▶虫眼鏡《むしめがね》
・虫眼鏡を使うと、(① **小さな**)ものを大きく見ることができる。

▶方位磁針《じしん》
・方位磁針を使うと、(② **方位**)を調べることができる。
・針《はり》は、北と南を指して止まり、針の色がついたほうが(③ **北**)を指す。
・方位磁針は、磁石《じしゃく》の性質《せいしつ》を利用していて、北を指すほうが(④ **N極**)で、南を指すほうが(⑤ **S極**)である。

▶温度計
・温度計を使うと、(⑥ **液だめ**)にふれている土や水、空気の(⑦ **温度**)をはかることができる。

▶電子てんびん
・電子てんびんを使うと、ものの(⑧ **重さ**)をはかることができる。

▶実験用ガスコンロ
・実験用ガスコンロは、熱するときに使う。

虫眼鏡

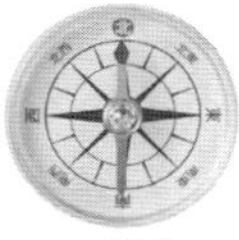
方位磁針

温度計

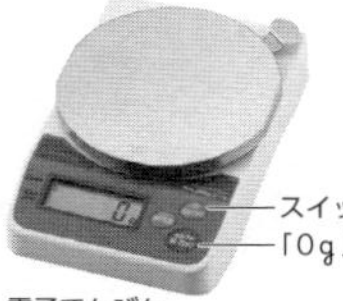

電子てんびん

実験用ガスコンロ

正しい使い方を覚えて、安全に楽しく観察・実験をしましょう。

この本の終わりにある「春のチャレンジテスト」をやってみよう！

この本の終わりにある「学力診断《しんだん》テスト」をやってみよう！

72　A　啓林館版・小学理科５年

72ページ　**てびき**

○虫眼鏡《むしめがね》
動かせるものを見る場合も、動かせないものを見る場合も、虫眼鏡は目の近くに持ちます。目をいためるので、絶対《ぜったい》に太陽など強い光を見てはいけません。

○方位磁針《じしん》
方位磁針は、磁石《じしゃく》や鉄でできたものの近くで使ってはいけません。

○温度計
液《えき》の先が動かなくなってから、液の先の目もりを真横から読みます。

○電子てんびん
平らなところにおいて使います。
決められた重さより、重いものをのせてはいけません。

○実験用ガスコンロ
平らなところに置き、ガスボンベを正しく取りつけて使いましょう。

おうちのかたへ　★ **理科で使う器具**
3・4年で使った器具を5年でも使います。ここでは、よく使う器具を紹介していますので、振り返らせましょう。

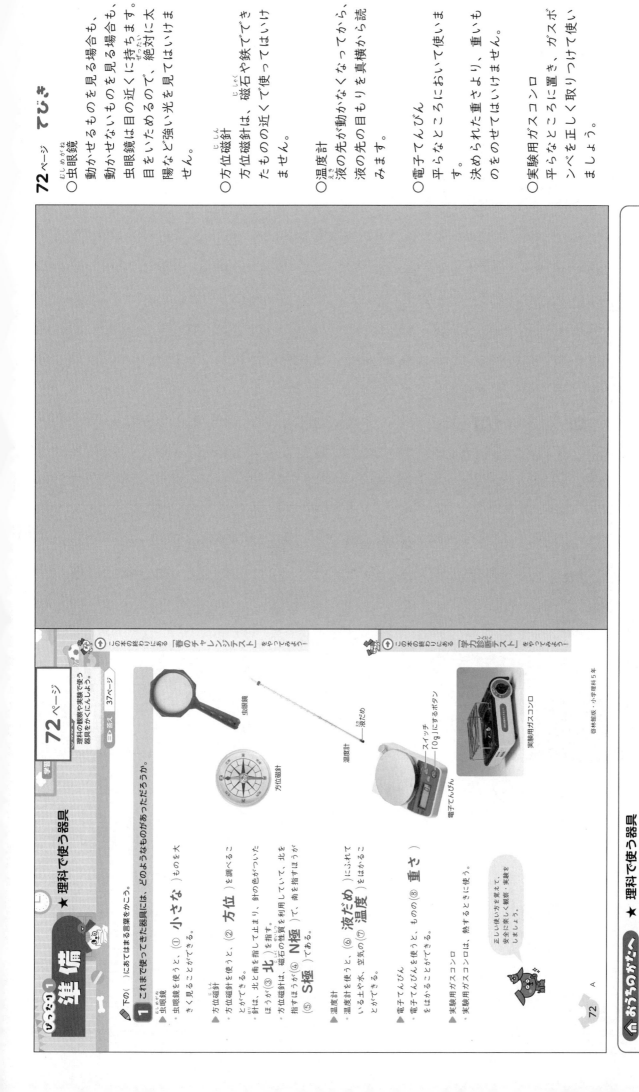

夏のチャレンジテスト

教科書 8〜69ページ

名前　　　　月　　日

時間 40分

知識・技能	思考・判断・表現	合格80点
/60	/40	/100

答え 38〜39ページ

知識・技能

1 アプラナの花のつくりを調べました。

1つ4点(12点)

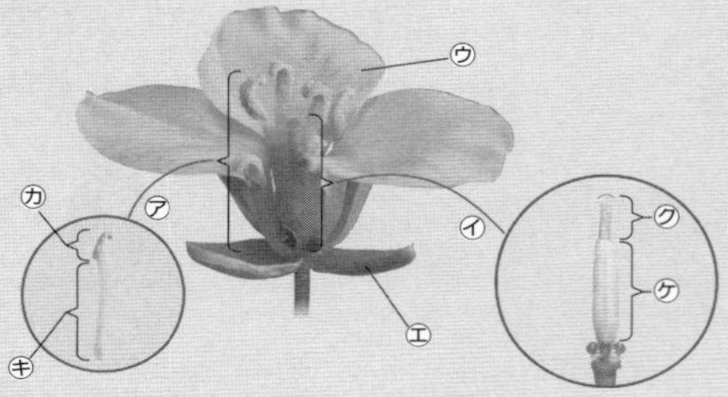

ウ
カ
ア
イ
ク
ケ
キ
エ

(1) おしべは、㋐〜㋓のどれですか。

（ ㋐ ）

(2) やがて実になるのは、㋕〜㋗のどの部分ですか。

（ ㋘ ）

(3) 実の中には、何がありますか。

（ 種子 ）

2 インゲンマメの発芽《はつが》前の種子と、発芽後の子葉を調べました。

(1)は4点、(2)は1つ5点(14点)

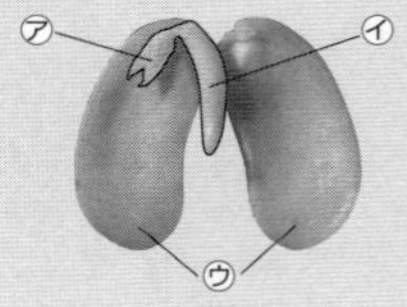

ア
イ
ウ
発芽前の種子

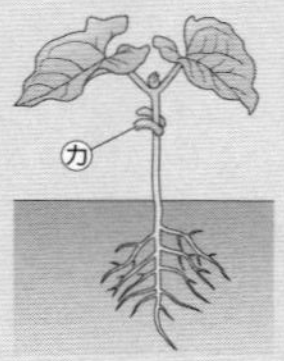

カ

(1) 発芽後に㋕になるのは、㋐〜㋒のどの部分ですか。

（ ㋒ ）

(2) 発芽前の種子と発芽後の㋕の部分を半分に切って、ある液《えき》体《たい》をつけたところ、発芽前の種子は青むらさき色になりましたが、㋕は色がほとんど変化しませんでした。

①養分があるかどうかを調べるために使ったこの液体の名前をかきましょう。

（ ヨウ素液 ）

②発芽前の種子には何がふくまれていることがわかりますか。

（ でんぷん ）

3 メダカの受精卵《じゅせいらん》が育ち、子メダカがたんじょうしました。

1つ4点(20点)

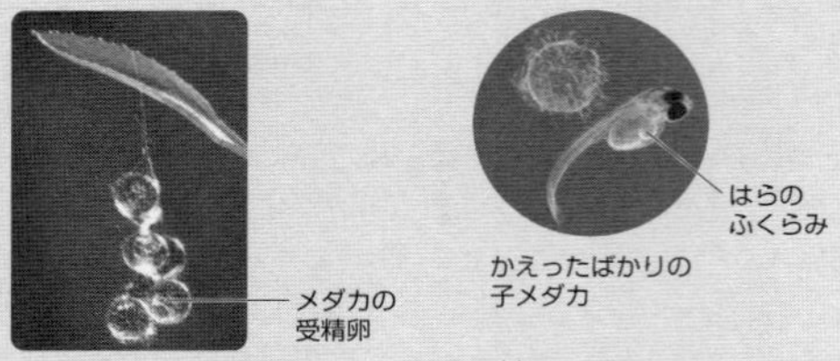

メダカの受精卵
はらのふくらみ
かえったばかりの子メダカ

(1) 受精卵は、めすが産んだたまご(卵《らん》)と、おすが出した何が結びついてできたものですか。

（ 精子 ）

(2) 次の写真のメダカは、めすとおすのどちらですか。

（ おす ）

(3) メダカが産んだたまごを、次の図の器具で観察しました。この器具の名前をかきましょう。

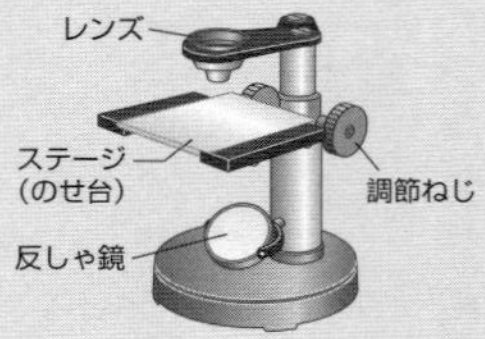

レンズ
ステージ（のせ台）
調節ねじ
反しゃ鏡

（ かいぼうけんび鏡 ）

(4) 子メダカがたんじょうするのは、たまご(卵)が受精してどれぐらいたってからですか。正しいものに○をつけましょう。

①（　）約3日
②（　）約1週間
③（ ○ ）約11日
④（　）約3週間

(5) たまごからかえったばかりの子メダカのはらには、ふくらみがあります。この中には何が入っていますか。

（ 養分 ）

●うらにも問題があります。

夏のチャレンジテスト　おもて　てびき

1 (1)㋑はめしべ、㋒は花びら、㋓はがくです。
(2)花がさいた後、めしべのもとのふくらんだ部分が育って、実になります。
(3)実の中には、たくさんの種子があります。

2 (1)㋕は子葉がしぼんだものです。㋐・㋑は根・くき・葉になる部分、㋒は子葉です。
(2)でんぷんがあるかどうかは、ヨウ素液《そえき》で調べることができます。でんぷんにうすめたヨウ素液をつけると、青むらさき色になります。

3 (1)めすが産んだたまご(卵《らん》)と、おすが出す精子《せいし》が結びつくことを受《じゅ》精《せい》といいます。
(2)せびれに切れこみがあり、しりびれの後ろが長いので、おすです。
(3)かいぼうけんび鏡を使うと、観察するものを10〜20倍にして見ることができます。
(5)たんじょうしたメダカは、2〜3日ははらの中の養分を使って育っていきます。

4 次の写真は、ある日の日本付近の雲のようすです。

(1)、(2)は1つ4点、(3)は6点(14点)

(1) うずをまいたような雲のかたまりは何ですか。

(台風)

(2) この雲のかたまりが発生したのは、日本のどちら側ですか。正しいものに○をつけましょう。

①(　)東
②(　)西
③(○)南
④(　)北

(3) 記述 この雲が近づくと、どのような天気になりますか。

(強い風がふいたり、(短い時間に)大雨がふったりする。)

思考・判断・表現

5 ㋐～㋒は、ある月の20日から22日までの3日間の雲のようす(白色のところ)を示したものです。

(1)は4点、(2)、(3)は1つ3点(10点)

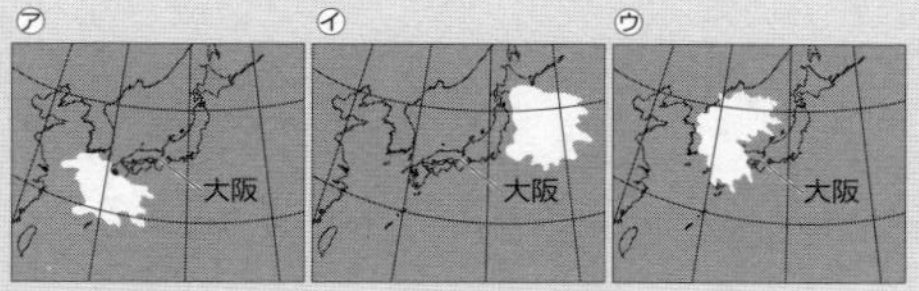
㋐
大阪
㋑
大阪
㋒
大阪

(1) ㋐～㋒を、20日から22日の順にならべると、どうなりますか。

(㋐→㋒→㋑)

(2) 23日の大阪市の天気について、話し合いました。正しいほうの意見に○をつけましょう。

22日に大阪市より西側の上空に雲がないので、晴れになると思うよ。

①(○)

22日に大阪市より東側の上空に雲があるので、くもりか雨になると思うよ。

②(　)

(3) 「晴れ」と「くもり」のちがいは、何によって決められていますか。正しいものに○をつけましょう。

①(　)雲の動き
②(　)雲の色
③(　)雲の形
④(○)雲の量

6 インゲンマメの種子が発芽する条件《じょうけん》を調べました。

(1)、(3)、(4)は1つ4点、(2)は6点(30点)

㋐
水でしめらせただっし綿《めん》
→発芽した。
㋑
かわいただっし綿
→発芽しなかった。
㋒
水
水の中にしずめた。
→発芽しなかった。
㋓
おおいをする。
水でしめらせただっし綿
→発芽した。
㋔
冷ぞう庫の中に置く。
水でしめらせただっし綿
→発芽しなかった。

(1) ①～③の2つの結果を比《くら》べることで、種子の発芽にはそれぞれ何が必要かを調べることができますか。

①㋐と㋑　(水)
②㋐と㋒　(空気)
③㋓と㋔　(適当な温度)

(2) 記述 ㋐と㋓の結果から、どんなことがわかりますか。次の文の(　)にあてはまる文をかきましょう。

㋐と㋓では明るさがちがい、それ以外の条件は同じである。どちらも発芽していることから、発芽には(　)ことがわかる。

(明るさ(光)は関係しない(必要ない))

(3) 発芽には肥料《ひりょう》が必要かどうか、話し合いました。正しいほうの意見に○をつけましょう。

①(　)

肥料をあたえて実験していないから、この実験だけではわからないと思うよ。

②(○)

肥料をあたえていなくても発芽しているから、発芽に肥料は必要ないと思うよ。

(4) 植物がよく成長していくには、発芽に必要な条件のほかに、2つ必要な条件があります。その2つの条件をかきましょう。

(日光)と(肥料)

夏のチャレンジテスト　うら　てびき

4 (1)(2)台風《たいふう》は日本のはるか南の海上で発生し、北へ向かって進むことが多いです。

(3)台風が近づくと、強い風がふいたり、短時間に大雨がふったりします。強い風で電柱がたおれたり、農作物の実が落ちたりすることがあります。また、大雨が川に流れこんで橋がこわれたり、川から水があふれたり、水をふくんだしゃ面がくずれたりするなど、災害《さいがい》が起こることがあります。

5 (1)日本付近では、雲はおよそ西から東へ動いていきます。この動きに合うように、3つの図をならべます。

(2)天気は雲の動きとともに、およそ西から東へ変化していきます。㋑(22日)の雲を見ると、大阪より西に雲はないので、23日の大阪市の天気は晴れと考えられます。

(3)天気のうち、「晴れ」か「くもり」かは、雲の量で決めます。空全体の広さを10として、そのうち雲がおおっている空の広さが0～8のときを「晴れ」、9～10のときを「くもり」とします。

6 (1)2つを比《くら》べて、変えている条件《じょうけん》を考えます。2つの結果がちがったら、その条件は発芽《はつが》に必要であるとわかります。

(2)㋐も㋓も発芽したので、㋐と㋓で変えている条件は、発芽には関係しないことがわかります。

(3)㋐と㋓は、肥料《ひりょう》をあたえなくても発芽しているので、発芽に肥料は必要ないことがわかります。

(4)植物は、日光に当てるとよく成長します。また、肥料をあたえるとよく成長します。さらに、植物の成長には、発芽に必要な水・適《てき》当《とう》な温度・空気も必要です。

冬のチャレンジテスト

教科書 72～135ページ

名前　　　月　　日

時間 40分

知識・技能	思考・判断・表現	合格80点
/60	/40	/100

答え40～41ページ

知識・技能

1 ヘチマの花のつくりを調べました。

1つ3点(15点)

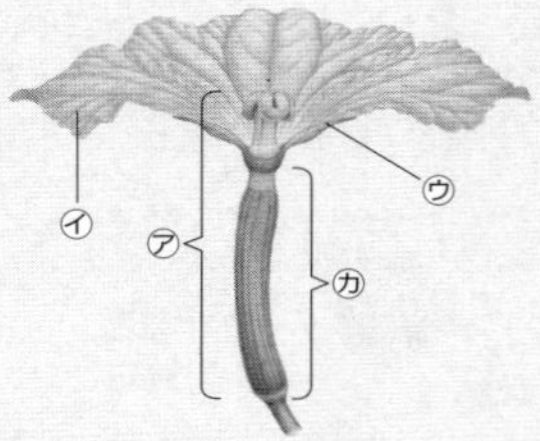

(1) ㋐～㋒の部分を、それぞれ何といいますか。

㋐(めしべ)
㋑(花びら)
㋒(がく)

(2) ㋕は、何になる部分ですか。

(実)

(3) この花は、めばな、おばなのどちらですか。

(めばな)

2 次の図は、母親の体内にいるヒトの子どものようすです。

1つ4点(16点)

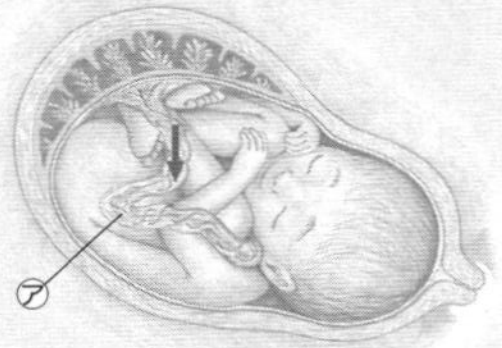

(1) 子どもがいるのは、母親の体内の何というところですか。

(子宮)

(2) ㋐の部分を何といいますか。

(へそのお)

(3) ㋐の中を矢印の向きに移動《いどう》するものは何ですか。正しいほうに○をつけましょう。

①(○)養分
②(　)いらないもの

(4) 子どもがたんじょうするのは、母親の体内で育ち始めておよそ何週間後ですか。正しいものに○をつけましょう。

①(　)約20週間後
②(○)約38週間後
③(　)約56週間後
④(　)約70週間後

3 水が流れた地面を観察しました。

(1)、(2)は1つ3点、(3)は1つ4点(20点)

(1) ①～③の流れる水のはたらきを、それぞれ何といいますか。

①地面をけずるはたらき
(しん食)

②土を運ぶはたらき
(運ぱん)

③土を積もらせるはたらき
(たい積)

(2) 曲がっているところを流れた水のはたらきについて、正しいものに○をつけましょう。

①(○)流れの外側では地面をけずるはたらきが大きく、流れの内側では土を積もらせるはたらきが大きい。
②(　)流れの外側では土を積もらせるはたらきが大きく、流れの内側では地面をけずるはたらきが大きい。
③(　)流れの外側も内側も、地面をけずるはたらきが大きい。
④(　)流れの外側も内側も、土を積もらせるはたらきが大きい。

(3) 流れがおそいところと速いところではそれぞれ、地面をけずるはたらきと土を積もらせるはたらきのどちらが大きいですか。

流れがおそいところ
(土を積もらせるはたらき)

流れが速いところ
(地面をけずるはたらき)

●うらにも問題があります。

冬のチャレンジテスト　おもて　てびき

1 (2)受粉《じゅふん》すると、めしべのもとのふくらんだ部分は、実になります。
(3)めしべがあるのは、めばなです。花に実になる部分があるかどうかで、めばなかおばなかを見分けることができます。

2 (1)ヒトの受精卵《じゅせいらん》は、母親の体内にある子宮《しきゅう》で育ちます。
(2)(3)たいばんと子どもはへそのおでつながっており、子どもは母親から養分など必要なものを受け取ります。子どもは母親にいらないものをわたします。
(4)ヒトでは、受精して約38週間で子どもがたんじょうします。

3 (1)流れる水が地面をけずるはたらきをしん食、土を運ぶはたらきを運ぱん、積もらせるはたらきをたい積といいます。
(2)曲がって流れているところでは、流れが速い外側で地面がけずられ、流れがおそい内側は土が積もります。
(3)流れが速いところでは地面がしん食され、流れがゆるやかなところでは土がたい積します。

4 山の中を流れる川と平地を流れる川で、川のようすを観察しました。 (1)は4点、(2)は全部できて5点(9点)

㋐
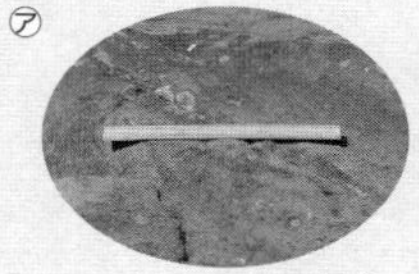
㋑

(1) 平地を流れる川の川原《かわら》の石は、㋐、㋑のどちらですか。
(㋑)

(2) 山の中を流れる川のようすにあてはまるものすべてに○をつけましょう。
①(○)流れが速く、しん食や運ぱんのはたらきが大きい。
②(   )流れがおそく、たい積のはたらきが大きい。
③(   )川原には、すなやどろが積もっている。
④(○)大きくて角ばった石が多く見られる。

思考・判断・表現

5 ヘチマの花は、どのようにすれば実になるのかを調べました。 (1)、(2)は3点、(3)、(4)は1つ4点(18点)

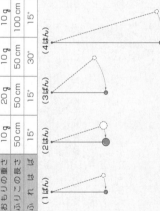

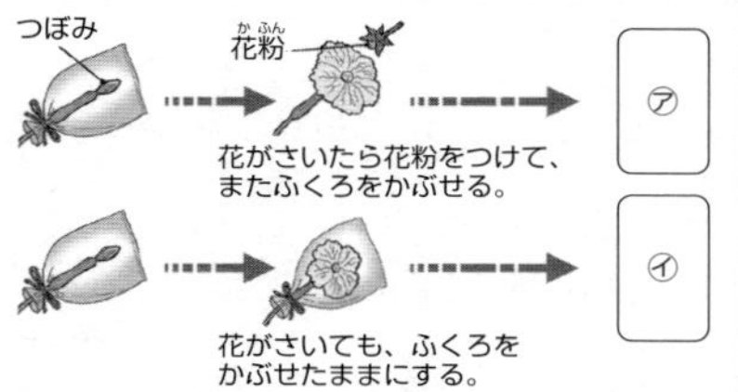
つぼみ
花粉《かふん》
花がさいたら花粉をつけて、またふくろをかぶせる。
㋐
花がさいても、ふくろをかぶせたままにする。
㋑

(1) ふくろをかぶせたままにしておくのは、おばな、めばなのどちらですか。
(めばな)

(2) 花粉がめしべの先につくことを何といいますか。
(受粉)

(3) 記述 花がさく前にふくろをかぶせるのは、なぜですか。
(花(めばな)がさいたときに、花粉がつかない(受粉しない)ようにするため。)

(4) 記述 ㋐、㋑はどうなるか、それぞれかきましょう。
㋐(めしべのふくらんだ部分が大きくなり、実になる。(実の中には種子ができる。))
㋑(かれ落ちる。(かれ落ちて、実ができない。))

6 ふりこが1往復《おうふく》する時間に関係する条件《じょうけん》について調べる実験をしました。 (1)、(5)は3点、(3)、(4)、(6)は4点、(2)は全部できて4点(22点)

は　ん	1ぱん	2はん	3ぱん	4はん
おもりの重さ	10g	20g	10g	10g
ふりこの長さ	50cm	50cm	50cm	100cm
ふ れ は ば	15°	15°	30°	15°

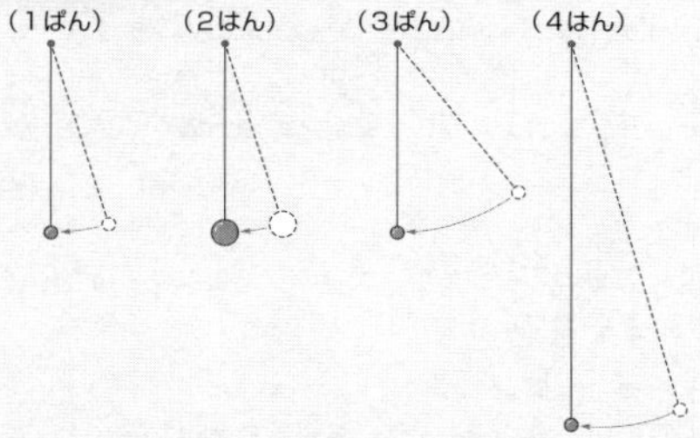
(1ぱん)
(2はん)
(3ぱん)
(4はん)

(1) おもりの重さと1往復する時間との関係を調べるには、何はんと何はんの結果を比《くら》べるとよいですか。
(1ぱん と 2はん)

(2) 2はんと3ぱんでは、何の条件がちがいますか。あてはまるものすべてに○をつけましょう。
(○)おもりの重さ
(   )ふりこの長さ
(○)ふれはば

(3) 記述 ふりこが1往復する時間は、ふりこが10往復する時間をはかって求めます。このようにして求めるのはなぜですか。
(1回だけで正確に調べるのがむずかしいから。(はかり方のちがいで結果が同じにならないことがあるから。))

(4) ふりこが10往復する時間をはかったところ、16.08秒でした。ふりこが1往復する時間を、小数第2位を四捨五入《ししゃごにゅう》して求めましょう。
16.08÷10=1.608
小数第2位を四捨五入すると1.6 (1.6秒)

(5) 1ぱんから4はんのふりこで、1往復する時間がいちばん長いのはどれですか。
(4はん)

(6) 記述 (5)のはんのふりこが1往復する時間を、さらに長くするには、何をどのように変えればよいですか。
(ふりこ(の長さ)を長くする。)

冬のチャレンジテスト　うら　てびき

4 (1)平地を流れる川の川原《かわら》には、丸みのある石やすなが積もっています。大きくて角ばった石は、山の中を流れる川で見られます。
(2)海や湖の近くでは、川の流れがおそく、たい積のはたらきが大きく(②)、すなやどろが積もっています(③)。

5 (1)～(3)ふくろをかぶせないと、花(めばな)がさいたときに、どこかから花粉《かふん》が運ばれてきて、めしべに花粉がついてしまう（受粉《じゅふん》してしまう）ことがあります。それを防《ふせ》ぐため、花がさく前のつぼみのときから、ふくろをかぶせておきます。
(4)実ができるためには受粉が必要です。㋐は受粉しているので、めしべのふくらんだ部分が育って実になります。㋑は受粉していないので、やがてかれ落ちて、実ができません。

6 (1)おもりの重さだけがちがい、おもりの重さ以外は同じ条件《じょうけん》のふりこを比《くら》べます。
(3)ふりこのふらせ方やストップウォッチのおし方などにより、実際《じっさい》にかかった時間と、はかった時間にずれが生じます（このずれを誤《ご》差《さ》といいます）。誤差があるため、はかった時間にもばらつきが出るので、これをならすために平均《へいきん》を使って、1往復《おうふく》する時間を求めます。
(4)計算をした後、答えに「秒」を書きわすれないようにしましょう。
(5)ふりこを長くすると、1往復する時間は長くなるので、1往復する時間がいちばん長いのは4はんのふりこです。
(6)ふりこを長くすると、1往復する時間は長くなるので、ふりこ(の長さ)を長くすればよいです。

春のチャレンジテスト

教科書 140～179ページ

月　日

名前

時間 40分

知識・技能	思考・判断・表現	合格80点
/60	/40	/100

答え42～43ページ

知識・技能

1 ビーカーの水に食塩を入れてかき混《ま》ぜ、すべてとかして食塩水をつくりました。 1つ3点(6点)

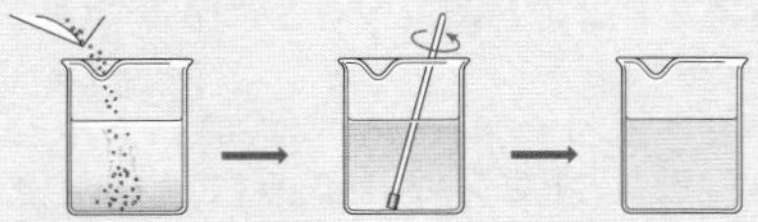

(1) 食塩水について、正しいものに○をつけましょう。

①(　)とけた食塩のつぶが、液《えき》にういて見える。

②(○)すき通っている。

③(　)色がついている。

(2) できた食塩水を、水の量や温度が変わらないようにしたまま置いておくと、とけている食塩は水と分かれますか、分かれませんか。

(分かれない。)

2 50 mL の水に、食塩やミョウバンを1gずつ入れてかき混ぜることをくり返しました。 1つ3点(9点)

(1) 50 mL の水にとける食塩やミョウバンの量には、限《かぎ》りがありますか、ありませんか。 ((限りが)ある。)

(2) 50 mL の水にとける量は、食塩とミョウバンで同じですか、ちがいますか。 (ちがう。)

(3) 水の量を100 mL にすると、とける食塩やミョウバンの量はどうなりますか。正しいものに○をつけましょう。

①(　)水の量が50 mL のときと変わらない。

②(○)水の量が50 mL のときの2倍になる。

③(　)水の量が50 mL のときの4倍になる。

④(　)水の量が50 mL のときの$\frac{1}{2}$になる。

3 ミョウバンが水にとける量を調べました。 1つ3点(24点)

(1) 50gの水に、2gのミョウバンを入れてかき混ぜたところ、ミョウバンはすべて水にとけました。できたミョウバンの水《すい》よう液《えき》の重さはいくらですか。

(52g)

(2) 水にとけたものの重さについて、正しいものに○をつけましょう。

①(　)ものは、水にとけると軽くなる。

②(　)ものは、水にとけると重くなる。

③(○)ものは、水にとけても重さは変わらない。

(3) 60℃の水にミョウバンをとかした後、ミョウバンの水《すい》よう液《えき》を冷やすと、ミョウバンのつぶが現《あらわ》れてきたので、図のようにして、つぶを取り出しました。

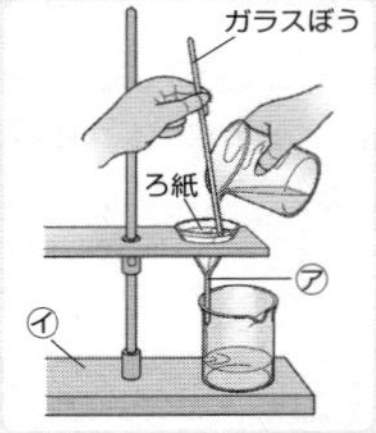

①このようにして、ろ紙を使ってこすことを何といいますか。

(ろ過)

②㋐、㋑の器具の名前をかきましょう。

㋐(ろうと)

㋑(ろうと台)

③ア～エのそうさでまちがっているものを2つ選び、○をつけましょう。

ア(　)㋐の先は、ビーカーのかべにつける。

イ(○)ろ紙にあなをあけて、ガラスぼうでおしつける。

ウ(○)ろ紙は水でぬらして、㋐からはなしておく。

エ(　)液は、ガラスぼうを伝わらせて注ぐ。

(4) 水よう液の温度を下げる以外に、ミョウバンの水よう液や食塩水から、とけていたものを取り出す方法をかきましょう。

((水よう液から)水をじょう発させる。)

うらにも問題があります。

春のチャレンジテスト　おもて　てびき

1 (1)水《すい》よう液《えき》では、水の中でものが均一《きんいつ》に広がり、すき通っています。色がついている水よう液もありますが、食塩水(食塩の水よう液)は色がついていません。

(2)水よう液は、時間がたっても、水とものに分かれません。

2 (1)一定の量の水にものがとける量には、限《かぎ》りがあります。

(2)ものによって、水にとける量はちがいます。

(3)水の量を増《ふ》やすと、水にとけるものの量も増えます。水の量を2倍に増やすと、水にとけるものの量も2倍に増えます。

3 (1)(2)ものは、水にとけても重さは変わりません。水の重さととけたものの重さを合わせた重さが、できた水よう液の重さになります。

(3)ろ紙はやぶってあなをあけたりしません。ろ紙はガラスぼうでおしつけず、水でぬらしてろうとにぴったりとつけます。

(4)水よう液から水をじょう発させると、とけているものを取り出すことができます。

4 ㋐〜㋓のような回路をつくり、電磁石《でんじしゃく》が鉄を引きつける強さを調べました。 1つ3点(21点)

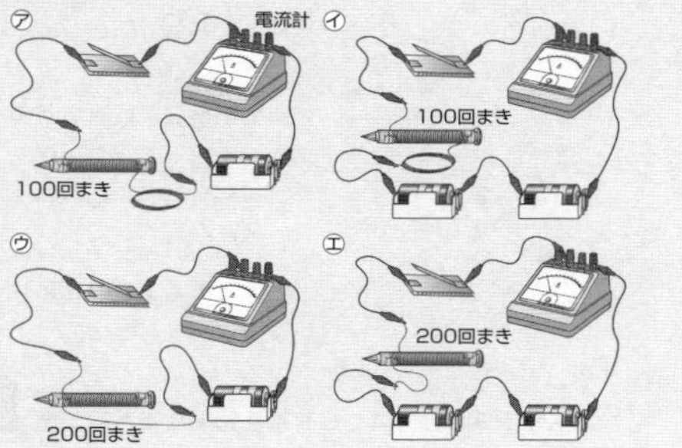

(1) 次の(　)にあてはまる言葉をかきましょう。

導線《どうせん》を同じ向きに何回もまいた(コイル)に鉄心を入れ、電流を流すと、鉄心が鉄を引きつけるようになります。これを電磁石といいます。

(2) 回路には電流計をつないでいます。

①電流計を使うと、何を調べることができますか。 (電流の大きさ)

②①は、Aという単位を使って表します。この読み方をかきましょう。 (アンペア)

③50 mAの−《マイナス》たんしにつないでいるとして、図の電流計の目もりを読みましょう。

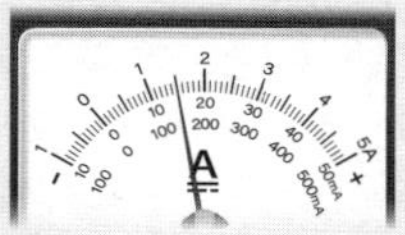

(15mA)

(3) コイルのまき数と電磁石の強さの関係を調べるには、㋐〜㋓のどれとどれの結果を比《くら》べればよいですか。2つかきましょう。

(㋐ と ㋒)
(㋑ と ㋓)

(4) ㋐〜㋓の回路に電流を流して、電磁石が引きつける鉄のゼムクリップの数を調べました。引きつける鉄のゼムクリップがいちばん多いのは、㋐〜㋓のどれですか。 (㋓)

思考・判断・表現

5 次のグラフは、いろいろな温度の水50 mLにとける食塩(㋐)とミョウバン(㋑)の量を表したものです。 1つ5点(15点)

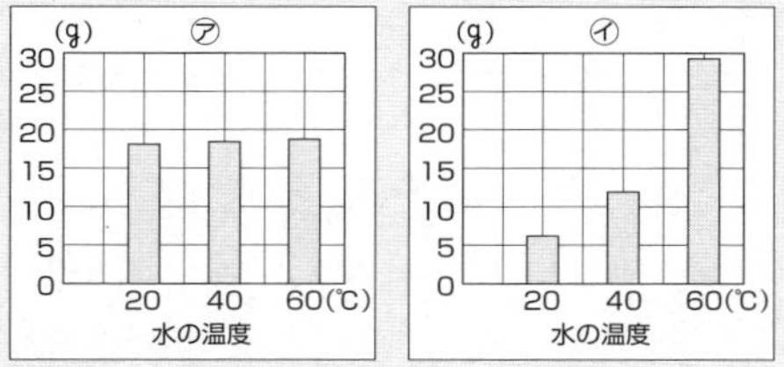

(1) 60℃の水50 mLにとけるだけとかした水《すい》よう液《えき》を冷やして40℃になったとき、つぶがたくさん現《あらわ》れるのは、㋐と㋑のどちらですか。 (㋑)

(2) ㋑がとけるだけとけた60℃の水よう液を冷やして40℃になったとき(あ)と、40℃から20℃になったとき(い)とでは、どちらのほうがつぶがたくさん現れますか。あ、いで答えましょう。 (あ)

(3) 記述 (2)のように答えた理由をかきましょう。

(とけるミョウバンの量の差が、40℃と20℃の間より、60℃と40℃の間のほうが大きいから。)

6 電磁石に流れる電流と極のでき方を調べました。 1つ5点(25点)

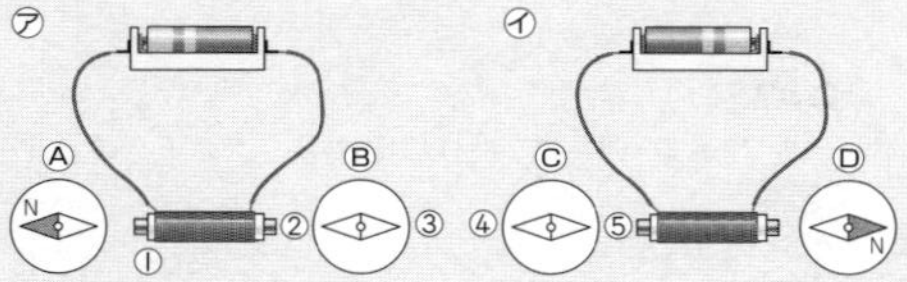

(1) 上の図で、電磁石の極①は何極になっていますか。 (N極)

(2) 上の図で、ⒷとⒸの方位磁針《じしん》のN《エヌ》極は、それぞれ②〜⑤のどちらを向いていますか。

Ⓑ(②)　Ⓒ(⑤)

(3) 電磁石の極の性質《せいしつ》について、(　)にあてはまる言葉をかきましょう。

電磁石は、(電流の向き)が逆《ぎゃく》になると、N極とS《エス》極が(入れかわる)。

春のチャレンジテスト　うら　てびき

4 (2)電流計を使うと、回路を流れる電流の大きさを調べることができます。電流の大きさはアンペア(A)という単位で表します。
(3)まき数がちがい、ほかは同じ条件《じょうけん》の2つの回路を選びます。
(4)電流を大きくすると、電磁石《でんじしゃく》は強くなります。また、コイルのまき数を多くすると、電磁石は強くなります。㋓は（かん電池の数が多いので）電流が大きく、コイルのまき数も多いので、引きつける鉄のゼムクリップがいちばん多いと考えられます。

5 (1)〜(3)食塩(㋐)は、水の温度によってとける量がほとんど変わりませんが、ミョウバン(㋑)は、水の温度によってとける量が変わります。ミョウバンの水《すい》よう液《えき》の温度を下げると、とけ切れなくなった量のミョウバンが出てきます。

6 (1)①はⒶの方位磁針《じしん》のS《エス》極を引きつけているので、N《エヌ》極になっていると考えられます。
(2)①がN極とすると、その電磁石の反対側はS極になっていることになります。Ⓑの方位磁針のN極は、S極に引きつけられるので、②のほうを向くと考えられます。㋐と㋑では、かん電池の向きが逆《ぎゃく》になっているので、電磁石に流れる電流の向きが逆になり、電磁石の極も入れかわります。そうすると、Ⓒの方位磁針は電磁石のS極に引きつけられるので、方位磁針のN極は⑤のほうを向くと考えられます。

5年 理科のまとめ 学力診断《しんだん》テスト

月　日
名前

時間 40分

合格80点 ／100

答え44～45ページ

1 条件《じょうけん》を変えてインゲンマメを育てて、植物の成長の条件を調べました。 (1)、(2)は全部できて3点、(3)は3点(9点)

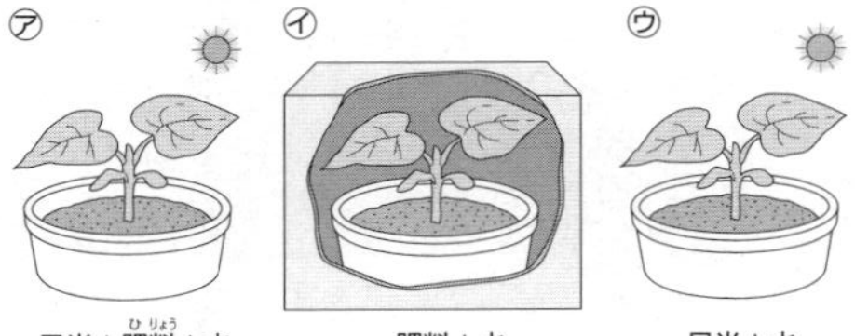

(1) 日光と成長の関係を調べるには、㋐～㋒のどれとどれを比《くら》べるとよいですか。　(㋐)と(㋑)

(2) 肥料と成長の関係を調べるには、㋐～㋒のどれとどれを比べるとよいですか。　(㋐)と(㋒)

(3) 最もよく成長するのは、㋐～㋒のどれですか。　(㋐)

2 メダカを観察しました。 1つ3点(9点)

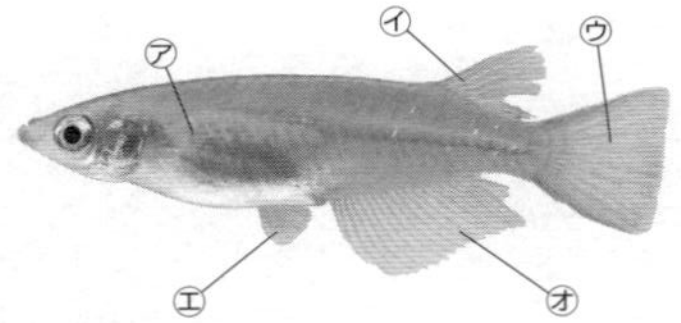

(1) 図のメダカは、めすですか、おすですか。　(おす)

(2) めすとおすを見分けるには、㋐～㋔のどのひれに注目するとよいですか。2つ選び、記号で答えましょう。　(㋑)と(㋔)

3 図は、母親の体内で成長するヒトの赤ちゃんです。 1つ3点(9点)

(1) ①、②の部分を、それぞれ何といいますか。
①(たいばん)
②(へそのお)

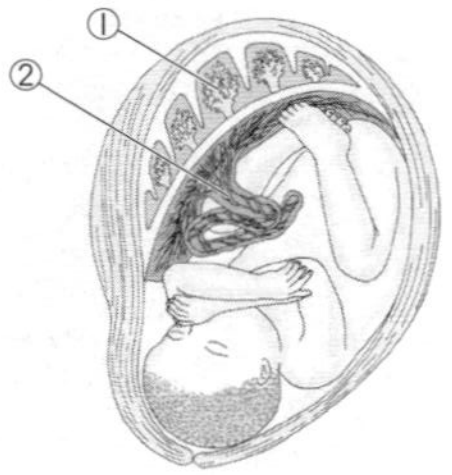

(2) 赤ちゃんが、母親の体内で育つ期間は約何週間ですか。　約(38)週間

4 アサガオの花のつくりを観察しました。 1つ2点(14点)

(1) ㋐～㋓の部分を、それぞれ何といいますか。
㋐(めしべ)
㋑(おしべ)
㋒(がく)
㋓(花びら)

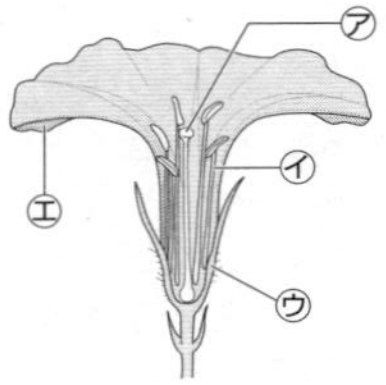

(2) おしべの先から出る粉《こな》のようなものを、何といいますか。　(花粉)

(3) めしべの先に(2)がつくことを、何といいますか。　(受粉)

(4) 実ができると、その中には何ができていますか。　(種子)

5 天気の変化を観察しました。 1つ2点(10点)

(1) 下の雲のようすは、それぞれ晴れとくもりのどちらの天気ですか。

㋐(晴れ)　㋑(晴れ)　㋒(くもり)

(2) 下の図は、台風《たいふう》の動きを表しています。①～③を、日にちの早いものから順にならべましょう。

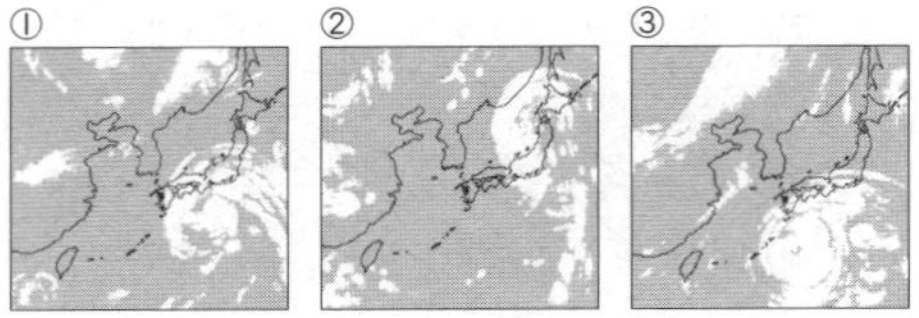

(③ → ① → ②)

(3) 台風はどこで発生しますか。㋐～㋓から選んで、記号で答えましょう。　(㋓)

㋐日本の北のほうの陸上　㋑日本の北のほうの海上
㋒日本の南のほうの陸上　㋓日本の南のほうの海上

うらにも問題があります。

学力診断《しんだん》テスト　おもて　てびき

1 (1)(2) 1つの条件《じょうけん》について調べるときには、調べる条件だけを変えて、それ以外の条件はすべて同じにします。
(3)植物は、日光と肥料《ひりょう》があると、よく成長します。

2 (1)(2)メダカのめすとおすを見分けるときは、せびれ(㋑)としりびれ(㋔)に注目します。おすのせびれには切れこみがありますが、めすにはありません。おすのしりびれは後ろが長く、平行四辺形に近いですが、めすのしりびれは後ろが短いです。

3 (1)おなかの中の赤ちゃんは、たいばんとへそのおを通して、母親から養分を受け取ったり、いらなくなったものをわたしたりします。
(2)ヒトは、受精《じゅせい》してから約38週間でたんじょうします。

4 (1)アサガオは1つの花にめしべとおしべがあり、中心にあるものがめしべです。
(4)めしべが受粉《じゅふん》すると、やがて実ができ、中に種子ができます。

5 (1)空全体の広さを10として、空をおおっている雲の広さが0～8のときを「晴れ」、9～10のときを「くもり」とします。
(2)(3)台風《たいふう》は、日本のはるか南の海上で発生し、日本付近では、北東に進むことが多いです。

6 流れる水のはたらきについて調べました。

1つ2点(14点)

(1) 図のように、川が曲がっているところについて、①～③にあてはまるのは、㋐、㋑のどちらですか。記号で答えましょう。

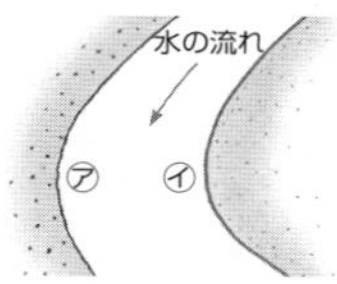

①水の流れが速い。 (㋐)
②小石やすながたまりやすい。 (㋑)
③川岸にてい防《ぼう》をつくるほうがよい。 (㋐)

(2) 流れる水が、土地をけずるはたらきを何といいますか。
(**しん食**)

(3) 川のようすや川原《かわら》の石について、①～③にあてはまるのは、㋮、㋑のどちらですか。記号で答えましょう。
①水の流れがおそい。 (㋑)
②大きく角ばった石が多い。 (㋮)
③川はばが広い。 (㋑)

㋮ 山の中を流れる川
㋑ 海の近くを流れる川

7 ふりこのきまりについて調べました。

1つ3点(12点)

(1) ふりこの１往復《おうふく》は、㋐～㋒のどれですか。記号で答えましょう。
(㋒)

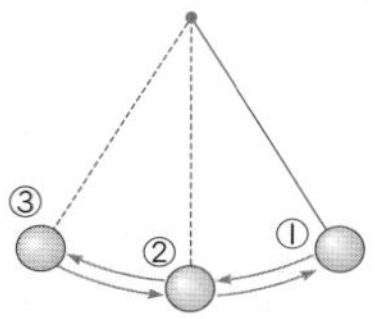

㋐ ①→②
㋑ ①→②→③
㋒ ①→②→③→②→①

(2) ふりこが１往復する時間は、ふりこが１０往復する時間をはかって求めます。このようにして求めるのはなぜですか。
(**１回だけで正確に調べるのがむずかしいから。(はかり方のちがいで結果が同じにならないことがあるから。)**)

(3) ふりこが１０往復する時間をはかったところ、１４.２５秒でした。ふりこが１往復する時間を、小数第２位を四捨五入《ししゃごにゅう》して求めましょう。
１４.２５÷１０＝１.４２５
小数第２位を四捨五入すると１.４ (**１.４秒**)

(4) ふりこが１往復する時間は、ふりこの何によって決まりますか。
(**(ふりこの)長さ**)

活用力をみる

8 イチゴとさとうを使って、イチゴシロップを作りました。

1つ4点(8点)

イチゴシロップの作り方

① イチゴとさとうをびんに入れる。
② １日に数回びんをゆらしてよく混《ま》ぜる。
③ ２週間後、イチゴシロップの完成。

(1) さとうがとける前のびん全体の重さと、とけ切った後のびん全体の重さは、同じですか、ちがいますか。
(**同じ。**)

(2) 完成したイチゴシロップの味見をします。イチゴシロップにとけているさとうのこさを正しく説明しているものに、○をつけましょう。
ア(　　)さとうのこさは、上のほうが下のほうよりこい。
イ(　　)さとうのこさは、下のほうが上のほうよりこい。
ウ(○)さとうのこさは、びんの中ですべて同じ。

9 鉄心を入れたコイルにかん電池をつなぎ、図のような魚つりのおもちゃを作りました。

1つ5点(15点)

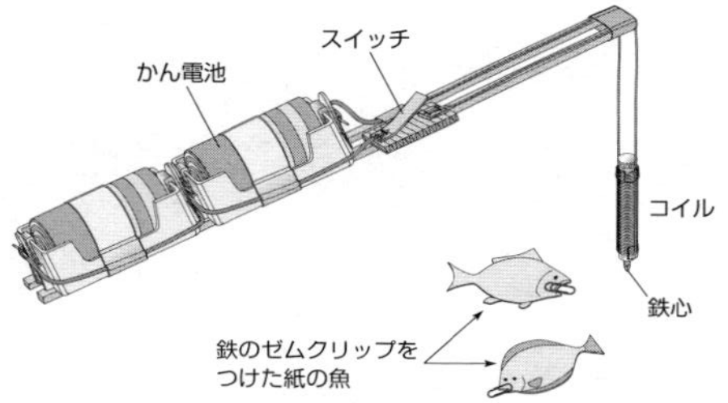

(1) スイッチを入れてコイルに電流を流すと、ゼムクリップのついた紙の魚は鉄心に引きつけられますか、引きつけられませんか。
(**引きつけられる。**)

(2) (1)のように、電流を流したコイルに入れた鉄心が磁石《じしゃく》になるしくみを何といいますか。 (**電磁石**)

(3) ゼムクリップを引きつける力を強くするためには、どうすればよいですか。正しいものに○をつけましょう。
①(　　)どちゅうの導線《どうせん》の長さを長くする。
②(○)コイルのまき数を多くする。
③(　　)かん電池の数を少なくする。

学力診断《しんだん》テスト　うら　てびき

6 (1)川が曲がって流れているところでは、外側は流れが速く、けずるはたらきが大きいです。一方、内側は流れがおそく、積もらせるはたらきが大きいです。
(3)山の中を流れる川は、流れが速く、大きくて角ばった石が多く見られます。一方、海の近くを流れる川は、流れがおそく、川はばは広くてすなやどろがたい積します。

7 (2)ふりこのふらせ方やストップウォッチのおし方などにより、実際《じっさい》にかかった時間と、はかった時間にずれが生じます（このずれを誤《ご》差《さ》といいます）。誤差があるため、はかった時間にもばらつきが出るので、これをならすために平均《へいきん》を使って、１往復《おうふく》する時間を求めます。
(3)計算をした後、答えに「秒」を書きわすれないようにしましょう。

8 (1)ものをとかす前の全体の重さと、ものをとかした後の全体の重さは変わりません。
(2)さとうはとけて全体に広がっているので、さとうのこさは、びんの中ですべて同じです。

9 (1)(2)コイルの中に鉄心を入れ、電流を流すと、鉄心が鉄を引きつけます。これを電磁石《でんじしゃく》といいます。
(3)コイルのまき数を多くしたり、電流を大きくしたりすると、電磁石は強くなります。

メモ

メモ

付録　取りはずしてお使いください。

理科 スタートアップドリル

5年

このドリルを使って
4年生で学習した
ことをふり返ろう。

年　　組

1 季節と生き物

1 季節と生き物のようすについて、調べました。

(1) (　　) にあてはまる言葉を、あとの □ からえらんで書きましょう。

①あたたかい季節には、植物は大きく (　　　　　) し、
　動物は活動が (　　　　　) なる。

②寒い季節には、植物は (　　　　　) を残してかれたり、
　えだに (　　　　　) をつけたりして、冬をこす。
　動物は活動が (　　　　　) なる。

活発に	成長	たね	にぶく	花	芽

(2) オオカマキリのようすについて、㋐〜㋒が見られる季節はいつですか。
春、夏、秋、冬のうち、あてはまるものを答えましょう。

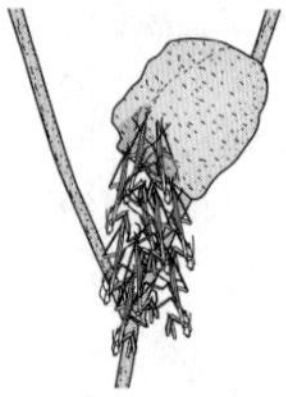

㋐たまごから、よう虫が
たくさん出てきた。

(　　　　)

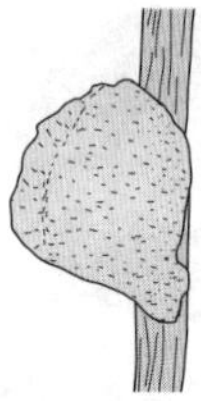

㋑たまごだけが見られた。
成虫は見られなかった。

(　　　　)

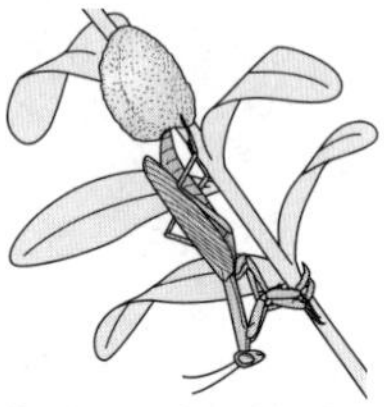

㋒成虫がたまごを
産んでいた。

(　　　　)

(3) サクラのようすについて、㋐〜㋓が見られる季節はいつですか。
春、夏、秋、冬のうち、あてはまるものを答えましょう。

㋐葉の色が
赤く変わった。

(　　　　)

㋑葉がすべて
落ちていた。

(　　　　)

㋒花がたくさん
さいていた。

(　　　　)

㋓たくさんの葉が
ついていた。

(　　　　)

2 天気と1日の気温

1 天気の調べ方や気温のはかり方について、
(　　)にあてはまる言葉を書きましょう。

①雲があっても、青空が見えているときを(　　　　　)、
雲が広がって、青空がほとんど見えないときを
くもりとする。

②気温は、風通しのよい場所で、(　　　　　)から
1.2～1.5 mの高さのところではかる。
このとき、温度計に(　　　　　)が
ちょくせつ当たらないようにする。

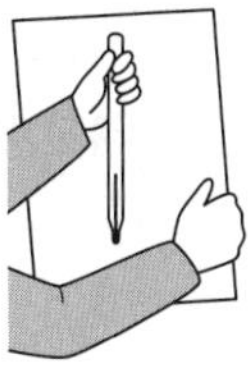

2 一日中晴れていた日と、一日中雨がふっていた日にそれぞれ気温をはかって、
グラフにしました。

(1)　このようなグラフを何グラフといいますか。

(　　　　　　グラフ)

(2)　一日中雨がふっていた日のグラフは、
㋐、㋑のどちらですか。

(　　　　)

(3)　一日中晴れていた日で、いちばん気温が
高いのは何時ですか。
また、そのときの気温は何℃ですか。

時こく(　　　　　時)

気温(　　　　　℃)

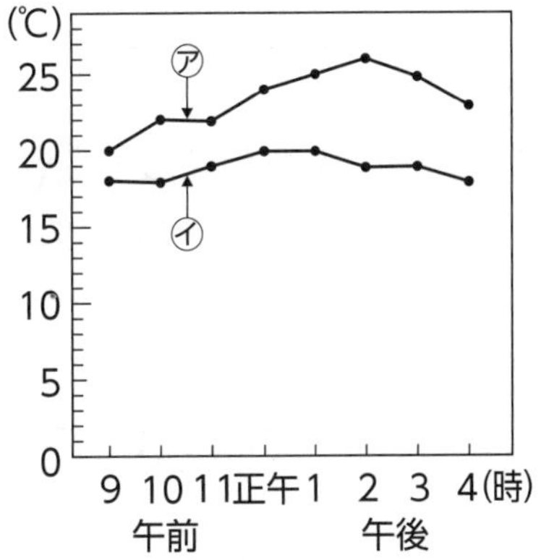

(4)　天気による1日の気温の変化のしかたのちがいについて、
(　　)にあてはまる言葉を書きましょう

○(　　　　　　)の日は気温の変化が大きく
(　　　　　　)や雨の日は気温の変化が小さい。

3 地面を流れる水のゆくえ

1 雨がふった日に、地面を流れる水のようすを調べました。

(1) ビー玉を入れたトレーを、地面においたところ、図のようになりました。

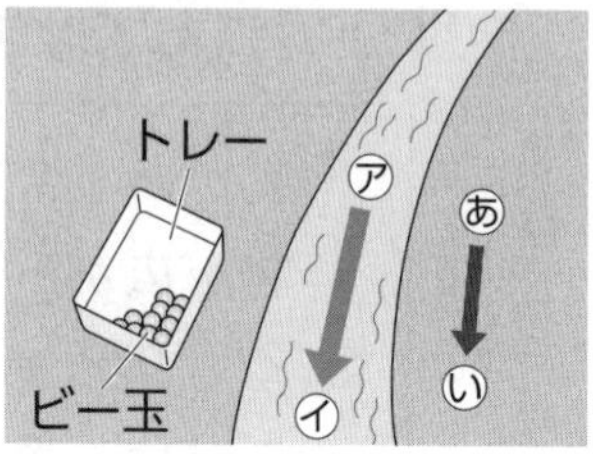

①あといでは、地面はどちらが低いですか。

(　　　)

②地面を流れる水は、㋐→㋑、㋑→㋐のどちら向きに流れていますか。

(　　　→　　　)

(2) (　　)にあてはまる言葉を書きましょう。

> ①雨がふるなどして、水が地面を流れるとき、
> (　　　　)ところから(　　　　)ところに向かって流れる。
> ②水たまりは、まわりの地面より(　　　　)なっていて、
> くぼんでいるところに水が集まってできている。

2 図のようなそうちを作って、水のしみこみ方と土のようすを調べました。

(1) 校庭の土とすな場のすなを使って、それぞれそうちに同じ量の土を入れて、同じ量の水を注いだところ、校庭の土のほうがしみこむのに時間がかかりました。
つぶの大きさが大きいのは、どちらですか。

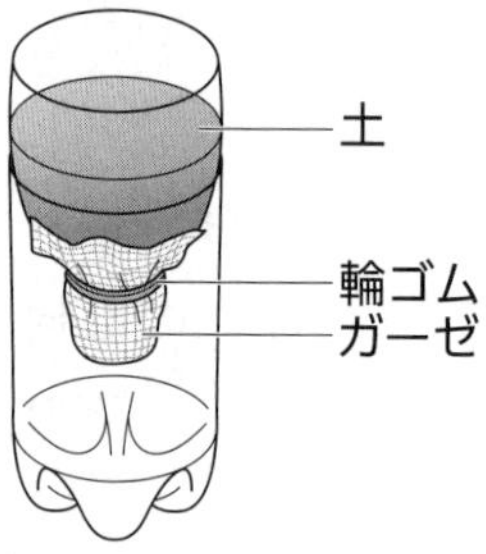

(　　　　　)

(2) (　　)にあてはまる言葉を書きましょう。

> ○水のしみこみ方は地面の土のつぶの大きさによってちがいがある。
> 土のつぶが大きさが(　　　　)ほど、水がしみこみやすく、
> 土のつぶが大きさが(　　　　)ほど、水がしみこみにくい。

4 電気のはたらき

1 電流のはたらきについて、調べました。

(1) （　）にあてはまる言葉を書きましょう。

○かん電池の＋極と－極にモーターのどう線をつなぐと、
回路に電流が流れて、モーターが回る。
かん電池をつなぐ向きを逆にすると、回路に流れる電流の向きが
（　　　　）になり、モーターの回る向きが（　　　　）になる。

(2) 電流の大きさと向きを調べることができるけん流計を使って、モーターの回り方を調べました。

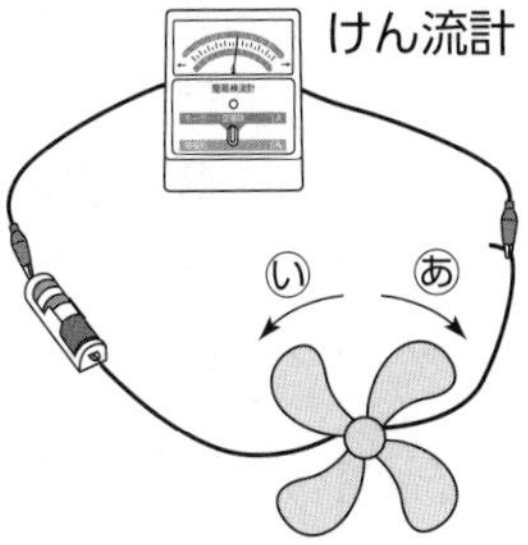

①はじめ、けん流計のはりは右にふれていました。
かん電池のつなぐ向きを逆にすると、
けん流計のはりはどちらにふれますか。

（　　　　）

②はじめ、モーターはあの向きに回っていました。かん電池のつなぐ向きを逆にすると、モーターはあ、いのどちら向きに回りますか。

（　　）

2 電流の大きさとモーターの回り方について、調べました。

(1) （　）にあてはまる言葉を書きましょう。

①かん電池２こを直列つなぎにすると、かん電池１このときよりも
回路に流れる電流の大きさが（　　　　）なり、
モーターの回る速さも（　　　　）なる。
②かん電池を２こへい列つなぎにすると、かん電池１このときと
回路に流れる電流の大きさは（　　　　）。
また、モーターの回る速さも（　　　　）。

(2) ア、イのかん電池２このつなぎ方をそれぞれ何といいますか。

ア
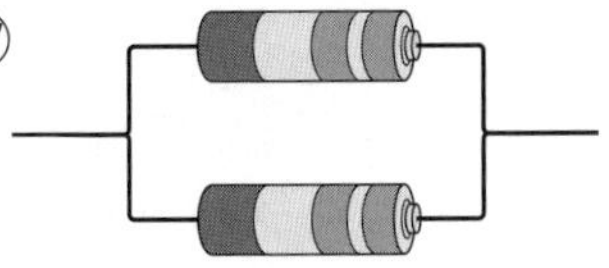

イ
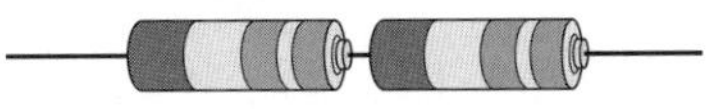

ア（　　　　）　イ（　　　　）

5 月や星の動き

1 月の動きや形について、調べました。

(1) ㋐、㋑の月の形を何といいますか。
（　　）にあてはまる言葉を書きましょう。

㋐（　　　　　）
㋑（　　　　　）

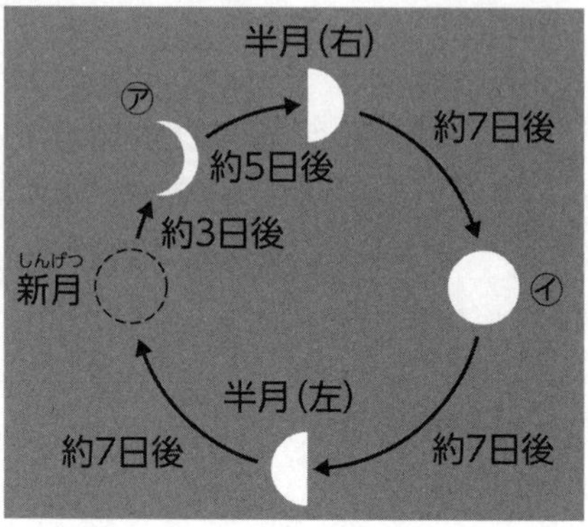

(2) （　　）にあてはまる言葉を書きましょう。

①月の位置は、太陽と同じように、
時こくとともに（　　　　）から
南の空の高いところを通り、
（　　　　）へと変わる。
②月の形はちがっても、
位置の変わり方は（　　　　）である。

2 星の動きや色、明るさについて、調べました。

(1) （　　）にあてはまる言葉を書きましょう。

①星の集まりを動物や道具などに見立てて名前をつけたものを
（　　　　）という。
②時こくとともに、星の見える（　　　　）は変わるが、
星の（　　　　　）は変わらない。

(2) こと座《ざ》のベガ、わし座のアルタイル、はくちょう座のデネブの
3つの星をつないでできる三角形を何といいますか。

（　　　　　　）

(3) 夜空に見える星の明るさは、どれも同じですか。ちがいますか。

（　　　　　　）

(4) はくちょう座のデネブ、さそり座のアンタレスは、それぞれ何色の星ですか。
白、黄、赤からあてはまる色を書きましょう。

デネブ（　　　　）
アンタレス（　　　　）

6 とじこめた空気や水

1 空気や水のせいしつを調べました。（　　）にあてはまる言葉を書きましょう。

①とじこめた空気をおすと、体積は（　　　　　　）なる。
　このとき、もとの体積にもどろうとして、
　おし返す力(手ごたえ)は（　　　　　　）なる。
②とじこめた水をおしても、体積は（　　　　　　　）。

2 プラスチックのちゅうしゃ器に空気や水をそれぞれ入れて、ピストンをおしました。

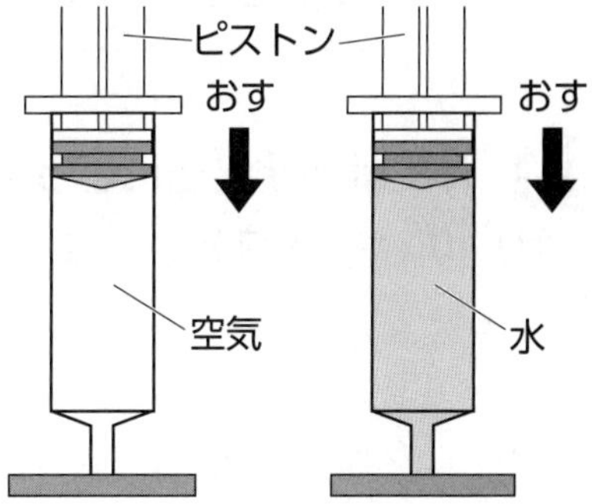

(1) 空気をとじこめたちゅうしゃ器のピストンを手でおしました。このとき、ピストンをおし下げることはできますか、できませんか。

（　　　　　　　）

(2) (1)のとき、ピストンから手をはなすと、ピストンはどうなりますか。正しいものに○をつけましょう。

①（　　　）ピストンは下がって止まる。
②（　　　）ピストンの位置は変わらない。
③（　　　）ピストンはもとの位置にもどる。

(3) 水をとじこめたちゅうしゃ器のピストンを手でおしました。このとき、ピストンをおし下げることはできますか、できませんか。

（　　　　　　　）

(4) とじこめた空気や水をおしたときの体積の変化について、正しいものに○をつけましょう。

①（　　　）空気も水も、おして体積を小さくすることができる。
②（　　　）空気だけは、おして体積を小さくすることができる。
③（　　　）水だけは、おして体積を小さくすることができる。
④（　　　）空気も水も、おして体積を小さくすることができない。

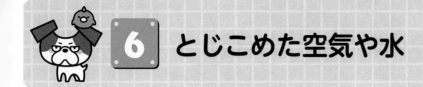

7 ヒトの体のつくりと運動

1 ヒトの体のつくりや体のしくみについて、調べました。（　）にあてはまる言葉を書きましょう。

①ヒトの体には、かたくてじょうぶな（　　　　　）と、やわらかい（　　　　　）がある。
②ほねとほねのつなぎ目を（　　　　　）といい、ここで体を曲げることができる。
③（　　　　　）がちぢんだりゆるんだりすることで、体を動かすことができる。

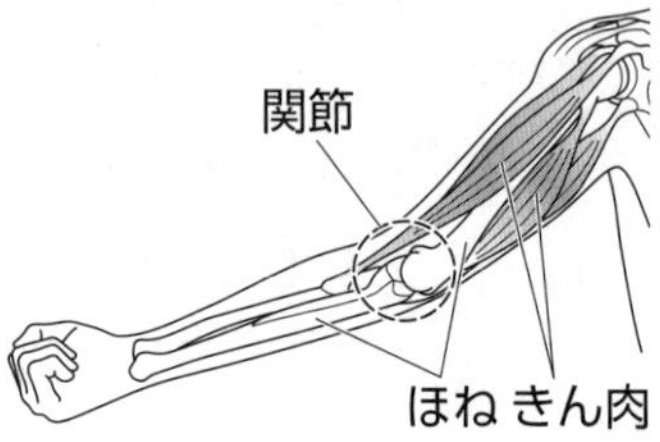

2 体を動かすときにどうなっているのか、調べました。

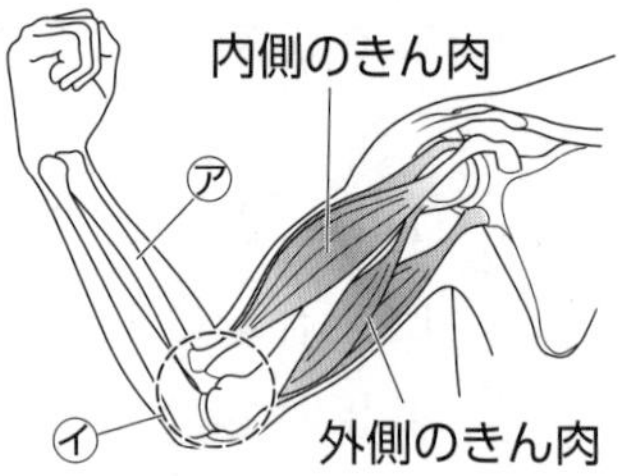

(1) ㋐、㋑を何といいますか。名前を答えましょう。

㋐（　　　　　）
㋑（　　　　　）

(2) ①〜④の文章は、それぞれ(あ)内側のきん肉、(い)外側の筋肉のどちらに関係するものですか。(あ)、(い)で答えましょう。

①うでをのばすとゆるむ。（　　　）

②うでをのばすとちぢむ。（　　　）

③うでを曲げるとちぢむ。（　　　）

④うでを曲げるとゆるむ。（　　　）

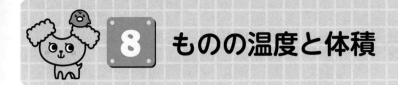

8 ものの温度と体積

1 ものの温度と体積の変化について、調べました。
（　　）にあてはまる言葉をえらんで、○でかこみましょう。

①空気は、あたためると体積は（　大きく　・　小さく　）なる。
　また、冷やすと体積は（　大きく　・　小さく　）なる。
②水は、あたためると体積は（　大きく　・　小さく　）なる。
　また、冷やすと体積は（　大きく　・　小さく　）なる。
　空気とくらべると、その変化は（　大きい　・　小さい　）。
③金ぞくは、あたためると体積は（　大きく　・　小さく　）なる。
　また、冷やすと体積は（　大きく　・　小さく　）なる。
　空気や水とくらべると、その変化はとても（　大きい　・　小さい　）。

2 ものの温度と体積の変化を調べて、表にまとめました。

	空気	水	金ぞく
（　㋐　）	体積が小さくなった。	体積が小さくなった。	体積が小さくなった。
（　㋑　）	体積が大きくなった。	体積が大きくなった。	体積が大きくなった。

(1) ㋐、㋑には「温度を高くしたとき」または「温度を低くしたとき」が入ります。
あてはまるものを書きましょう。

㋐（　　　　　　　　　　）
㋑（　　　　　　　　　　）

(2) 空気の入っているポリエチレンのふくろを氷水につけたり湯につけたりして、
体積の変化を調べました。
[あ]、[い]には「あたためたとき」または「冷やしたとき」が入ります。
あてはまるものを書きましょう。

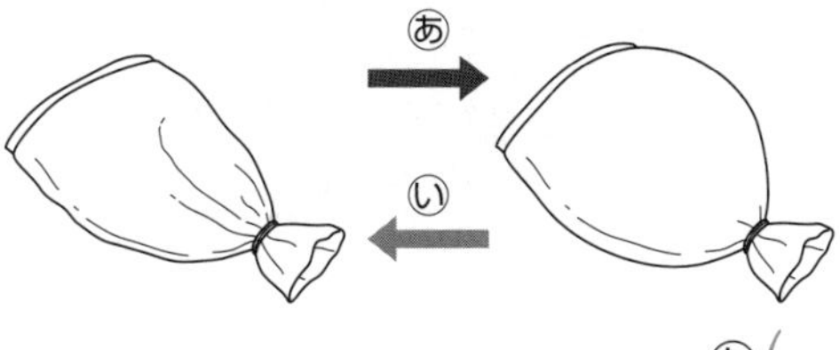

[あ]（　　　　　　　　　　）
[い]（　　　　　　　　　　）

9 もののあたたまり方

1 もののあたたまり方について、調べました。
（　　）にあてはまる言葉を書きましょう。

①金ぞくは、熱した部分から（　　　　　）に熱がつたわって、
全体があたたまる。
②水や空気はあたためられた部分が（　　　　　）に動いて、
全体があたたまる。

2 金ぞくぼうを使って、金ぞくのあたたまり方を調べました。
①、②のように熱したとき、㋐〜㋔があたたまっていく順を
それぞれ答えましょう。

①

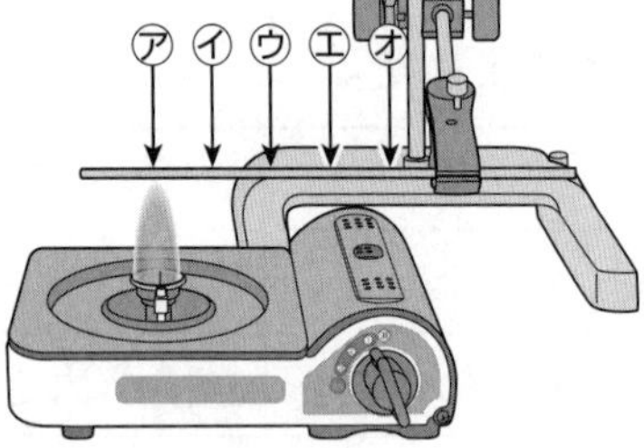

②

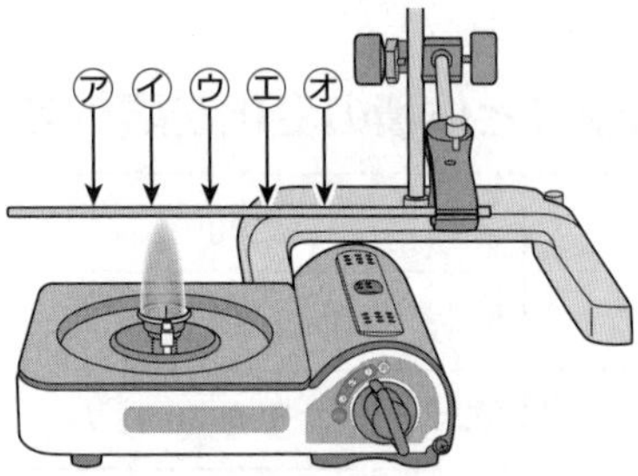

①（　　　→　　　→　　　→　　　→　　　）
②（　　　→　　　→　　　→　　　→　　　）

3 水を入れたビーカーの底のはしを熱して、水のあたたまり方を調べました。
㋐〜㋒があたたまっていく順を答えましょう。

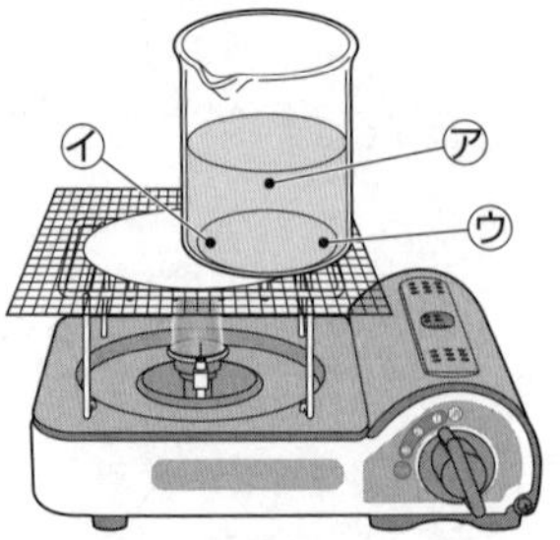

（　　　→　　　→　　　）

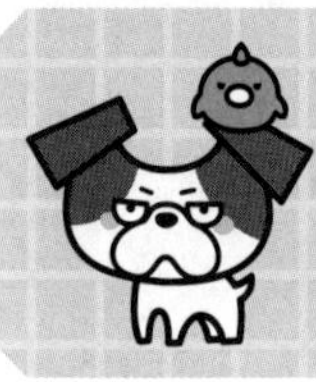

10 水のすがた

1 水のすがたの変化について、調べました。

(1) 水は、熱したり冷やしたりすることで、すがたを変えます。
㋐、㋑にあてはまる言葉を書きましょう。

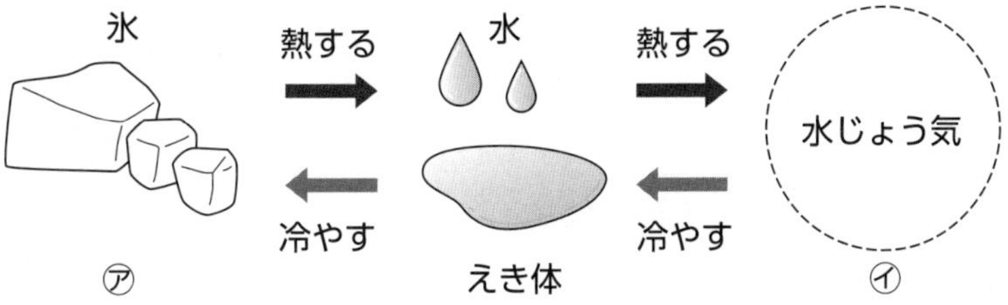

㋐(　　　　　)
㋑(　　　　　)

(2) (　　)にあてはまる言葉を書きましょう。

①水を熱し続けると、(　　　　　　℃)近くでさかんにあわを出しながらわき立つ。これを(　　　　　　)という。
②水を冷やし続けると、(　　　　　　℃)でこおる。
③水が水じょう気や氷になると、体積は(　　　　　)なる。

2 水を熱したときの変化について、調べました。

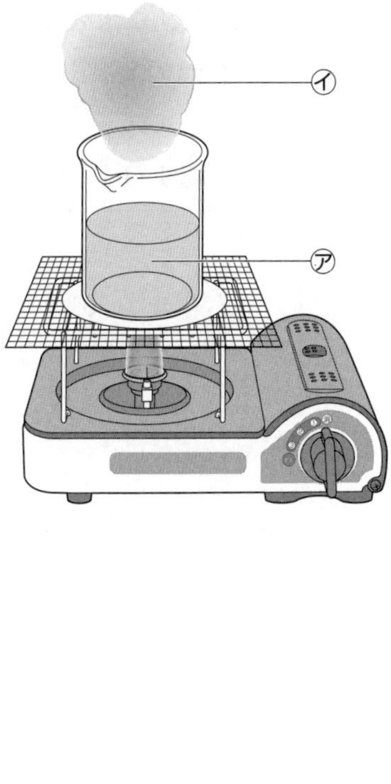

(1) 水を熱し続けたとき、水の中からさかんに出てくるあわ㋐は何ですか。

(　　　　　　　)

(2) ㋐は空気中で冷やされて、目に見える水のつぶ㋑になります。㋑は何ですか。

(　　　　　　　)

(3) 水が㋐になることを、何といいますか。

(　　　　　　　)

11 水のゆくえ

1 **2つの同じコップに同じ量の水を入れて、1つにだけラップシートをかけました。水面の位置に印をつけて、日なたに置いておくと、2日後にはどちらも、水の量がへっていました。**

(1) 2日後、水の量が多くへっているのは、㋐、㋑のどちらですか。

（　　　）

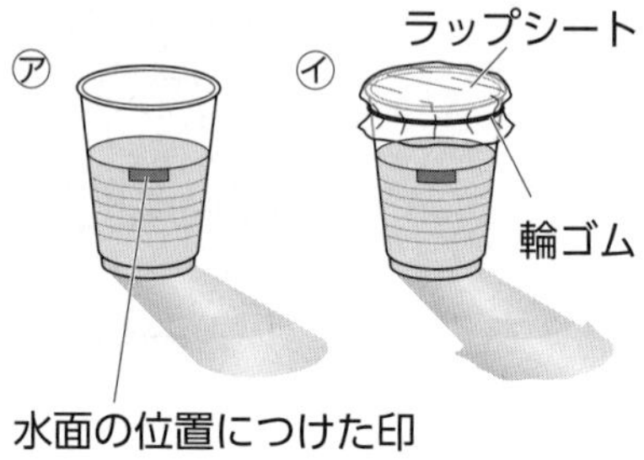

(2) ㋑には、どのような変化が見られましたか。正しいものに○をつけましょう。

①（　　　）何も変化は見られなかった。

②（　　　）ラップシートの内側に水てきがついていた。

③（　　　）コップの外側に水てきがついていた。

(3) （　）にあてはまる言葉を書きましょう。

①水はふっとうしなくても（　　　　　）し、水じょう気に変わる。
②水じょう気に変わった水は、（　　　　　）に出ていく。

2 **コップに氷水を入れて、ラップシートをかけました。水面の位置に印をつけて、しばらく置いておきました。**

(1) ビーカーの外側には何がつきますか。

（　　　　　）

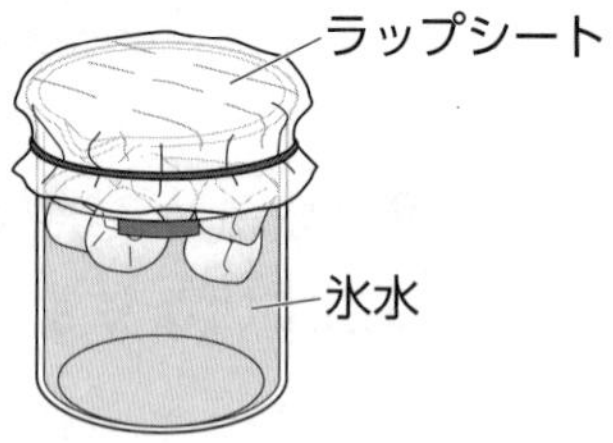

(2) （　）にあてはまる言葉を書きましょう。

○（　　　　　）には水じょう気がふくまれていて、（　　　　　）と水になる。

答え

1 季節と生き物

1 ⑴①成長、活発に
②たね、芽、にぶく
⑵㋐春　㋑冬　㋒秋
⑶㋐秋　㋑冬　㋒春　㋓夏

2 天気と１日の気温

1 ①晴れ
②地面、日光
★気温をはかるとき、温度計に日光がちょくせつ当たらないように、紙などで日かげをつくってはかる。

2 ⑴折れ線（グラフ）
⑵㋑
★気温の変化が大きいほうが晴れの日。気温の変化が小さいほうが雨の日。
⑶時こく　午後２（時）
気温　26（℃）
★一日中晴れていた日のグラフは㋐なので、㋐のグラフから読み取る。
⑷晴れ、くもり

3 地面を流れる水のゆくえ

1 ⑴①(い)
②㋐（→）㋑
★ビー玉が集まっているほうが地面が低い。
⑵①高い、低い
②低く

2 ⑴すな場のすな
⑵大きい、小さい

4 電気のはたらき

1 ⑴逆、逆
⑵①左
②(い)
★けん流計のはりのふれる大きさで電流の大きさがわかり、ふれる向きで電流の向きがわかる。

2 ⑴①大きく、速く
②変わらない、変わらない
⑵㋐へい列つなぎ
㋑直列つなぎ

5 月や星の動き

1 ⑴㋐三日月
㋑満月
⑵①東、西
②同じ

2 ⑴①星座《せいざ》
②位置、ならび方
⑵夏の大三角
⑶ちがう。
⑷デネブ　白
アンタレス　赤

6 とじこめた空気や水

1 ①小さく、大きく
②変わらない

2 ⑴できる。
⑵③
⑶できない。
⑷②

7 ヒトの体のつくりと運動

1 (1)①ほね、きん肉
②関節
③きん肉

2 (1)㋐ほね　㋑関節
(2)①(あ)
②(い)
③(あ)
④(い)

8 ものの温度と体積

1 ①大きく、小さく
②大きく、小さく、小さい
③大きく、小さく、小さい

2 (1)㋐温度を低くしたとき
㋑温度を高くしたとき
(2)(あ)あたためたとき
(い)冷やしたとき

9 もののあたたまり方

1 ①順
②上

2 ①㋐→㋑→㋒→㋓→㋔
②㋑→㋒→㋐→㋓→㋔
★金ぞくは熱した部分から順に熱がつたわるので、熱しているところから近い順に記号を選ぶ。

3 ㋑→㋐→㋒

10 水のすがた

1 (1)㋐固体
㋑気体
(2)①100（℃）、ふっとう
②0（℃）
③大きく

2 (1)水じょう気
(2)湯気
(3)じょう発

11 水のゆくえ

1 (1)㋐
(2)②
(3)①じょう発
②空気中

2 (1)水てき（水）
(2)空気中、冷やす